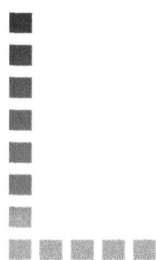

激光诱导动态光栅

[德] 汉斯 · 约阿希姆 · 艾希勒（Hans Joachim Eichler）
[瑞士] 彼得 · 甘特（Peter Gunter）
[瑞士] 迪特 · W. 波尔（Dieter W. Pohl）

著

胡东霞 彭志涛 赵军普 孙志红 **译**

上海交通大学出版社
SHANGHAI JIAO TONG UNIVERSITY PRESS

内容提要

本书是关于激光诱导动态光栅论述较为系统全面的著作,涵盖动态光栅有关的机理、光栅类型与检测技术,分别从激光诱导动态光栅的概念、动态光栅的产生、光栅分类、光学检测和受迫光散射几个方面概述了动态光栅的基本物理知识,光栅材料与光诱导折射率和吸收变化的机制,以及介绍了实时全息、相位共轭和四波混频理论。

本书可作为从事动态光栅理论、光学瞬态检测和相关实验一线科研人员和相关专业研究生的参考资料和工具书。

图书在版编目(CIP)数据

激光诱导动态光栅 / (德)汉斯·约阿希姆·艾希勒
(Hans Joachim Eichler),(瑞士)彼得·甘特
(Peter Gunter),(瑞士)迪特·W. 波尔
(Dieter W. Pohl) 著;胡东霞等译. -- 上海:上海交
通大学出版社,2025.5. -- ISBN 978-7-313-31051-4

Ⅰ. O433.5;O437.4

中国国家版本馆 CIP 数据核字第 2024S10K33 号

First published in English under the title
Laser-Induced Dynamic Gratings, edition:1
by Hans Joachim Eichler, Peter Günter and Dieter W. Pohl
Copyright © Springer-Verlag Berlin Heidelberg, 1986
This edition has been translated and published under licence from
Springer-Verlag GmbH, part of Springer Nature.

上海市版权局著作权合同登记号:图字:09-2024-719

激光诱导动态光栅
JIGUANG YOUDAO DONGTAI GUANGSHAN

著　　者:[德]汉斯·约阿希姆·艾希勒(Hans Joachim Eichler)　　译　　者:胡东霞　彭志涛　赵军普　孙志红
　　　　　[瑞士]彼得·甘特(Peter Gunter)
　　　　　[瑞士]迪特·W. 波尔(Dieter W. Pohl)

出版发行　上海交通大学出版社　　　　　　　　　　　　地　　址:上海市番禺路 951 号
邮政编码　200030　　　　　　　　　　　　　　　　　　电　　话:021-64071208
印　　制　上海万卷印刷股份有限公司　　　　　　　　　经　　销:全国新华书店
开　　本　710 mm×1000 mm　1/16　　　　　　　　　印　　张:16.5
字　　数　278 千字
版　　次　2025 年 5 月第 1 版　　　　　　　　　　　印　　次:2025 年 5 月第 1 次印刷
书　　号　ISBN 978-7-313-31051-4
定　　价　138.00 元

25 年前激光器的发明,作为强大的光源让人们观察到了意想不到的现象。全息术和非线性光学等领域的发展构成了本书的基础,光波线性叠加的经典原理不再成立,两束激光在一定的材料中叠加会产生一组不同方向和频率的新光束。

本书介绍在重叠区域形成的光栅结构,可以让人们理解光波的相互作用。材料的光学性质在两个光波的干涉区内产生空间调制。例如,通过照相工艺以这种方式制作的全息光栅是一种永久光栅。如果关闭诱导光源(通常是激光器),材料的激发态逐渐消失,则材料的这种调制形成的光栅称为动态光栅或瞬态光栅。这种动态光栅可在大量固体、液体和气体中被诱导产生,并通过第三束探测光的衍射、"受迫光散射"或诱导光栅的光波自衍射来检测。在非线性光学中,干涉和衍射的组合效应相当于四波混频(FWM)。如果三个入射波和散射波的频率相等,这个过程称为简并,简并四波混频(DFWM)是一种实现相位共轭的简单方法,即产生相对于入射波传播时间反演的波。

激光诱导动态光栅的研究已有 20 年的历史,这种光栅在许多科学技术领域得到应用,但直到最近才引起人们的强烈兴趣。本书目的是梳理最重要的研究结果,以便对这个迅速发展的领域进行总结,并指出今后的研究方向。本书主要涉及以下主题:

(1)光栅材料、光致折射率和吸收变化的机制,包括光折变、半导体和具有大的三阶非线性光学系数的其他体系;

（2）光栅和四波混频理论；

（3）通过受迫光散射研究动态现象，如固态物理中的弛豫和传输动力学、激光诱导超声波、流体研究和光化学；

（4）实时全息术、光学计算和相位共轭；

（5）光子器件应用、激光空间烧孔、分布反馈、光束偏转、放大和调制。

我们向美国布朗大学的 H. Gerritsen 教授、维尔尼夫物理学院的 K. Jarasivnas 博士和苏联乌克兰科学院的 S. Odulov 博士表示诚挚的感谢！感谢他们对本书提出的非常有益的意见，还要感谢 IBM 出版公司的工作人员 Rüschlikon，感谢 C. Thiel 女士作为秘书所做的一切工作，以及施普林格-维拉格（Springer Verlag）的 A. Rapp 女士，该系列的编辑 T. Tamir 教授和施普林格-维拉格（Springer-Verlag）的 H. Lotsch 博士的仔细修改及所提出的许多好的建议。

汉斯·约阿希姆·艾希勒（Hans Joachim Eichler）

彼得·甘特（Peter Gunter）

迪特·W. 波尔（Dieter W. Pohl）

1985 年 10 月

目录
CONTENTS

第 1 章
概　论

本书主要介绍了激光诱导动态光栅的概念,描述了如何从实验上产生和检测动态光栅,研究了各种材料中的光栅激发机制,给出了动态光栅在四波混频和光散射实验中的重要性,总结了其在全息和相位共轭中的应用。

1.1　概述

由于在激光诱导光栅方面的研究成果越来越多,因此有必要梳理总结最重要的结果,为下一步研究工作提供依据,本书对受迫光散射和实时全息术的讨论,有助于这两个领域之间的交流。本书使读者进一步认识激光诱导动态光栅这一主题,将有助于相关专业交流,促进相关科学和技术领域的发展。

1.1.1　永久光栅和动态光栅

材料的光学特性(如折射率和吸收系数)在两个强光束的干涉区内发生空间调制,以这种方式通过照相工艺制作出永久光栅。Wiener[1.1]的实验首次展示了驻波,Lippmann[1.2]在其一年后,在早期的彩色摄影过程中使用了驻波,之后,Gabor[1.3]提供了各种全息实验结果。除了众所周知的卤化银照相乳剂外,光致变色、热塑性和其他材料也可以用于永久全息图的记录(可参见文献[1.4])。

相比之下,本书论述的是在诱导光源,通常是激光器关闭后消失的动态光栅或瞬态光栅,这些光栅在大量固体、液体和气体中产生,并通过探测光束的衍射(受迫光散射)或诱导光栅的光波自衍射来检测。

激光最适合产生类光栅结构,作为材料激发源,为相干、准直和强度提供了强干涉图案,而波长可调性和短脉冲适用于一定情况下的光与物质相互作用。

来自这种光栅的光的衍射与来自随机波动的光的经典(或自发)散射密切相关,瞬态光栅的形成基础是实时全息、相位共轭和四波混频。

在介绍本主题时,我们将分成三个过程:泵浦光干涉、光栅形成/材料响应和光栅检测,这三个步骤的划分对于本书的大部分工作来说是合理的,并且有助于对本书中讨论的实验进行分析。后文将介绍这三个过程,第 2 章将从现象出发进行讨论,随后的章节将进行更详细的论述。

1.1.2 光栅的产生

为了产生光栅,两束光(通常来自同一个激光源)用于干涉,在大多数情况下,可以方便地使用接近理想平面波的准直 TEM_{00} 光束,在两束光交叉时得到平面光栅。对激光束传播和平面波干涉的主要内容分别见 2.1 节和 2.2 节。

干涉产生空间周期性的光强度或偏振分布,从而改变放置在干涉区域中的材料的光学特性,光学材料常数的空间调制相当于一个衍射光栅。

1.1.3 光栅的类型

激光引起的光学性质变化总是由某些材料激发引起的,即偏离(热)平衡,这与折射率或者吸收系数有关。例如,光的吸收首先在样品材料的电子伏(eV)能量范围内填充激发电子态。因此,在干涉图样内部,可以产生一个粒子数密度光栅。在这种电子激发的衰变过程中,各种低能电子、振动或其他状态份额变多,可能会形成二次光栅。在这方面特别重要的是空间电荷光栅,它在光折变材料的辐照过程中形成。最后,激发热,从而不可避免地产生温度光栅。后者伴随着应力、应变和密度的变化。在不同成分的混合物中,它甚至可能产生浓度光栅,所有这些激发与折射率或者吸收系数有关,统称为光学光栅。

关于材料响应的现象讨论见 2.3 节,第 3 章详细讨论了光栅形成的物理机制及其动力学。

大量的光诱导光栅结构是准稳态的,即光栅的最大值和最小值既不振荡也不传播,当激励辐射不存在时,这种光栅的振幅单调衰减而不振荡。在经典(自发)光散射中,这些机制导致了所谓的瑞利线或中心峰,即散射光谱中以入射光束频率为中心的一条线。

然而,光诱导光栅形成的一些机制涉及光栅振幅的快速振荡,主要与类似波传播有关,例如,密度变化会产生声波,即凝聚态物质中的声子。同样,分子振动振幅中的光栅也可能被激发,即固体中的光学声子。这种光栅会产生众所周知的受激布里渊和拉曼散射(见 1.2.2 节),其特征是探测光和散射光之间存在明显的频率偏移,人们对拉曼散射和布里渊散射过程有大量研究,但大多没有使用光栅图像去解释。

对于激光诱导的准稳态光栅的研究情况则不同,本书集中介绍此类准静态光栅,首次尝试给出统一的且尽可能覆盖完整的内容,振荡光栅仅展示共同特征,并且给出一些典型示例(见 4.7 节和 5.3 节)。

1.1.4 光栅检测

光栅通常通过探测光束的衍射来检测,不同方法的使用详见 2.4 节。第 4 章阐述了适用激光诱导光栅的衍射理论,该理论最初使用在永久光栅(如全息光栅),但必须要包含自衍射效应,其中不仅可以描述光栅对光波的作用,还可以描述光波同时产生光栅而导致波传播的非线性问题,这种情况类似于耦合波在非线性光学材料中的传播,详细讨论见 2.7 节。

衍射光既可以直接记录,也可以用探测光中分离的光束进行外差记录,前者的优点是简单,但需要足够强的信号,后者的方法灵敏度高,但实验更复杂,不同探测技术的讨论见 2.4.4 节和 2.5 节。

1.1.5 四波混频

四个光波的非线性相互作用已经有大量的实验研究,两个反向平行的泵浦光束与另一个传播方向的第三个光束(物光)在动态记录介质中混频,如果所有光束具有相同的频率,称为简并四波混频(degenerate four-wave mixing, DFWM)。在最简单的方法中,其中一个反向平行光束与第三个光束形成光栅,第三个光束由与第一个光束反向传播的第二个泵浦光束读出。

衍射(第四)光波与目标光束反向平行传播,具有非常不寻常的图像变换特性,这种新光束与目标光波的路径一致,方向相反,当目标光束再次通过像差源(光学相位共轭)时,衍射波中出现的任何相位畸变都会被抵消。因此,在动态介质中的四波混频,高质量的光束二次通过质量差或者瞬时波动的光学系统的情况下,光束质量没有影响。

这个例子表明激光诱导光栅的衍射类似于光波的非线性混频,可以通过使用移动光栅的概念进一步研究。

第 4 章将利用衍射理论讨论四波理论、实时全息术和相位共轭,四波混频的应用详细讨论见第 6 章,这些领域的历史发展介绍见 1.2.5 节。

1.1.6 受迫光散射

激光诱导光栅是一种有趣的物理现象,其衍射可以观察到新现象,显而易见相比已建立的经典光散射技术(见 2.6 节),研究其他效应比传统方法可以更详细、更方便地检测。

自发光散射(如瑞利散射)在宏观材料特性(如熵或温度)的微弱随机波动下发生,瞬态光栅技术用激光诱导光栅的强相干激发来代替这种波动,这种激发的特性可以通过探测光束的受迫散射来研究,从而获得比自发散射实验中大得多的信号。

激光诱导光栅衍射已发展成为研究光激发材料的一种方法。NaF 中次声的检测、液晶中各向异性热传导的测量(见 3.7.1 节)、半导体中表面复合速度的测量(见 5.5 节)以及有机和无机晶体中激子扩散的检测(见 5.6 节),这些可以作为主要例子。

受迫散射具有实用性和高灵敏度的根本原因包括以下几方面。

(1)采用光学方法探测空间调制激发,比空间均匀激发具有更高的灵敏度。

(2)传输现象(如扩散)需要调制激发才能被检测到。

(3)受迫涨落的振幅比热力学涨落大很多个数量级。

(4)因为与探测光束的相互作用定义明确且易于评估,折射率的光栅状正弦调制很容易解释。

(5)脉冲激励后光栅的衰减和相应的时间常数通常是从瞬态光栅实验中获得的最重要信息。根据光栅的性质,衰减时间可能在皮秒(或更短)和秒(或更长)之间变化。因此,对于不同的应用,实验要求有很大差异。受迫散射需要能够区分不同的衰变机制。例如,如果衰变是通过局部弛豫发生的,当线性扩散输运产生的效应与光栅常数 q 呈二次方关系,则观察到的时间常数与 q 无关。

(6)从光栅实验中获得的另外两个重要参数,一个是材料激发与泵浦光之间的耦合常数,另一个是与探测光之间的耦合常数,这两个常数及其变化(例如,随温度、压力或样品方向变化)与材料激发和电磁辐射的相互作用强度有关。

1.1.7 在全息术和相位共轭中的应用

在技术方面,激光诱导瞬态光栅可用于全息术的光场实时处理(见第 6 章)。

实时全息术早在 1967 年就被提出,近年来,由于光学波前的相位共轭或时间反转的提出,全息术再次引起了人们的关注[1.5],利用这些知识,可以设计自适应光学系统,以补偿高增益激光振荡器和放大器中的时变相位畸变,或通过大气、水或光纤的光传输线中的时变相位畸变。目前,实时全息术是一个快速发展的研究领域。

除了相位共轭外,本书还给出了红外光到可见光的图像转换、图像放大和光学逻辑运算(加法、减法、卷积、相关性),在一定的材料中的泵浦光束和探测光束之间的强相互作用是此类光学功能器件高效运行的必备条件。

1.2　历史发展

历史上,动态光学光栅最初不是由激光或其他光源产生,而是由超声波产生的。Debye 和 Sears[1.6a] 以及 Lucas 和 Biquard[1.6b] 的超声诱导光衍射实验给出了用光学探针研究这种瞬态光栅的早期实验,用这种方法可以测定超声波的速度、色散和阻尼,超声光栅目前广泛用于光束偏转、扫描和调制。

干涉光波同样适用于在介质中产生类似光栅结构,由于普通光源太弱、不相干,除非在非常强的相互作用中(如摄影过程),否则无法产生相当大的振幅。待到激光的问世,情况完全不同了。

1960 年,红宝石激光器的发明,以及随后几年中大量其他脉冲高功率和连续激光的发明,促进研究者对意想不到的、引人注目的现象的观察和光学新领域的发展。高功率脉冲激光产生光学谐波、受迫激光散射和其他新的非线性效应。与经典光源相比,由于激光具有很好的相干性,这使得全息术从科学幻想成为容易实现的技术。依据激光光源,不同的方法途径产生光诱导光栅,并且理解其原理。光诱导光栅现象在各种激光相关领域引起了人们广泛兴趣。

1.2.1　激光烧孔

光诱导光栅是由激光腔内的驻波产生的,光波烧孔产生反向持续激光作用。空间烧孔的概念是 Haken 和 Sauermann[1.7] 以及 Tang 和 Statz[1.8] 提出的,用来描述脉冲固体激光器输出功率中观察到的统计的时间尖峰。后来,空间烧孔被认为是连续染料激光器获得高功率、单频发射的一个限制因素。这个问题用环形激光器行波运行方式解决[1,9]。Boersch 和 Eichler[1,10]在 1967 年首次给出了空间烧孔的验证实验，他们通过第二束激光的衍射检测到了相应的光栅（见图 1.1 和图 1.2）。

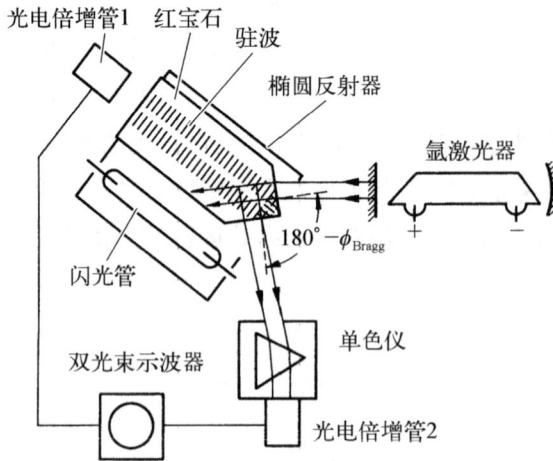

图 1.1　研究红宝石激光器的空间烧孔产生光栅衍射的实验装置

红宝石激光器棒长为 10 cm，直径为 1 cm

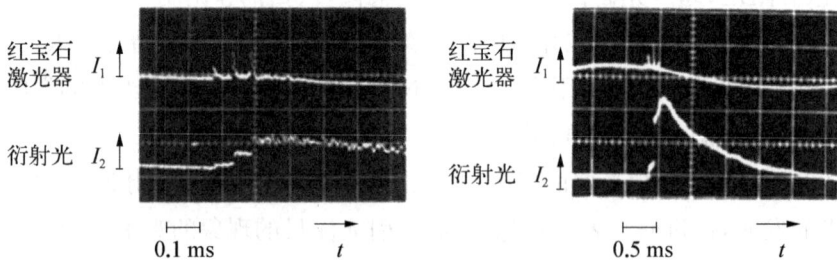

图 1.2　激光诱导光栅产生衍射

红宝石激光器输出 I_1（3～4 个尖峰），具有不同时间分辨的衍射光 I_2，曲线 I_2 中存在一些慢背景信号干扰

1.2.2　受激散射

在激光束传输中，一个特别引人注目的现象是通常透明的材料被足够强的脉冲入射时表现出明显的高反射率，反射光与入射光束方向相反而直接返回。此外，反射脉冲的频率通常与入射光束的频率略有偏移。

出现这些现象之后发现反射率增大是由强瞬态光栅引起的，这些光栅是由入射光和经典散射光的相互作用产生的随机起伏形成的。根据相互作用的主要类型,可以产生光学声子光栅、千兆赫兹声波(超声波)或者温度(熵)。与经典光散射类似,这些过程被称为受激热散射(STS)、受激热瑞利散射(STRS)、受激浓度散射(SCS)、受激瑞利翼散射(SRWS)、受激布里渊散射(SBS)和受激拉曼散射(SRS)。表 1.1 给出缩略语及其含义。

表 1.1 受激光散射过程的常用词缩写

缩写	含 义	涨 落 来 源
STS	受激热散射(stimulated thermal scattering)	熵,温度
STRS	受激热瑞利散射(stimulated thermal Rayleigh scattering)	熵,温度
SCS	受激浓度散射(stimulated concentration scattering)	浓度
SRWS	受激瑞利翼散射(stimulated Rayleigh wing scattering)	分子的方向
SBS	受激布里渊散射(stimulated Brillouin scattering)	声波,声光子
SRS	受激拉曼散射(stimulated Raman scattering)	分子振动,光学光子

受激光散射的典型实验装置如图 1.3(a)所示。强激光脉冲聚焦在样品材料上,自发散射光首先向各个方向发射,与入射脉冲相干涉产生多重叠加光栅结构,后者与具有适当性质的材料激发耦合,例如,源自布里渊散射产生的(移动)光栅图案将增强具有相同的波矢量和速度的声波,增强的材料激发反过来会增强相应方向上的散射强度。

散射体中最长散射光束路径的增强最强。在图 1.3(a)装置中,最佳增强路径指向向前和向后方向。因此,如果超过某个强度阈值,平行或反向平行于入射激光脉冲传播的散射辐射可以形成与入射脉冲相当的强度,入射脉冲的强度相应降低。由于这个原因,向其他方向的散射会受到抑制。最终,在这个被称为受激光散射的竞争过程中,无论是向前还是向后的方向都会存在,两者中哪一个占主导地位取决于脉冲宽度 t_p。

如果脉冲的物理长度,ct_p/n(c/n 为样品内部的光速)比样品长度小的多,由于散射脉冲在穿过样品的整个传输时间内与入射脉冲重叠(如果忽略色散),则前向受激散射占主导地位。另一种情况,如果 ct_p/n 大于样品厚度,则后向散射脉冲在整个路径上也与入射脉冲重叠。反向脉冲的另一个优点是,它与刚刚到达的入射脉冲相互作用。因此,它可能成为一个非常强的被压缩脉冲而直接返回激光源,如图 1.3(a)所示。分束器 BS 将部分入射光(P_L)和部分后向散射

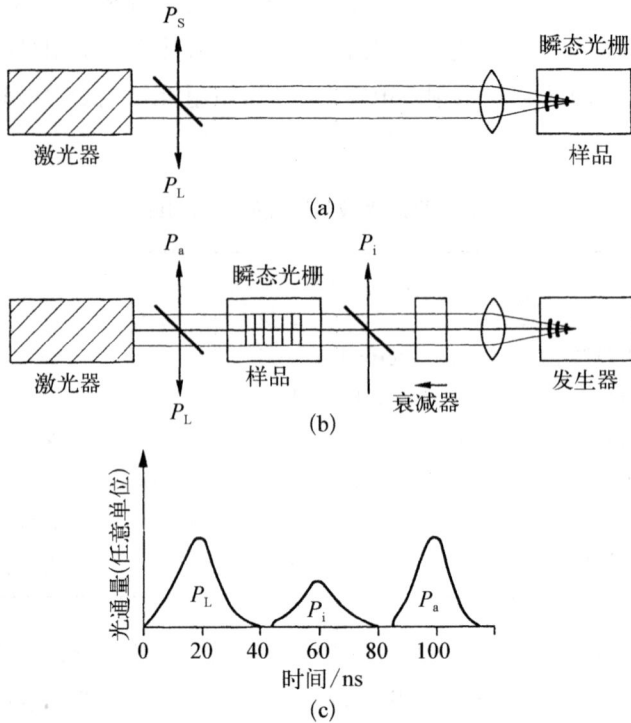

图 1.3　受激光散射

(a) 振荡器,散射光由噪声建立;(b) 光放大器,两光束在样品池内重叠;(c) 激光
脉冲,入射和放大的散射脉冲通过(b)方法测试

光(P_S)从主光路中取一部分用于探测和分析。

尽管这种方法实现了激光束诱导光栅实验,但这种实验装置很少用于光栅研究。本书将不深入讨论受激光散射,请读者阅读相关文献[1.11 - 1.15]。进一步的两个技术方向发展:① 具有皮秒脉冲的受激拉曼散射;② 用已知的第二个泵浦光源代替自发散射光作为诱发来源。

在技术①中,瞬态光栅与入射和散射的(拉曼)脉冲共线传播并沿样品移动,由于可以实现拉曼光的完全转换,所以这种技术被用于激光脉冲的频率移动,本书对于瞬态光栅的这种特性研究介绍不是太多。

Bloembergen 等[1.16]针对 SRS,Denariez 和 Bret[1.17]针对 SBS 和 SRW,Pohl等[1.18]针对 SBS 和 STS 等分别介绍了技术②。在受激光散射和放大组合中,来自 SRS、SBS、STS 或者仅仅来自平面镜的反射光束被衰减,并在第二个元件中与入射光束相互作用,在样品内部的两个光束干涉产生瞬态光栅,消耗了入射光束,反射光束得到放大。图 1.3(b)给出了这种光放大实验,衰减器是单向的,以便将 P_i 的强度调节到一定量级。

图 1.3(c)给出了按照图 1.3(b)[1.18]的实验方法的泵浦光(P_L)、入射散射光(P_i)和放大散射光(P_a)脉冲,利用光学延迟线实现时间分离,可以清楚地看到约 2 倍的放大。

光放大实验的结果比之前的受激光散射数据更容易解释。然而,所有信息都是经过放大单元前后的光强度差,当差值很小时,总是有些难以准确测量。

1.2.3 受迫散射或瞬态光栅技术

为了分离光栅的产生和检测,需要第三束探测光束,从而建立了受迫瑞利散射(fored Rayleigh scattering,FRS)或瞬态光栅技术。1972 年,Eichler 及其同事首次使用瞬态光栅技术[1.19]测定红宝石和甘油中的热扩散率,Pohl 及其同事[1.20]独立开发了 FRS,作为一种极其灵敏的方法用于研究低温下 NaF 中的热传播,尤其是向第二声的转换。

这种低能或热能 FRS 随后被用于非晶态材料中的热扩散、质量扩散和低能激发问题中。由于 FRS 获得的信息不容易通过其他方法得到,低温下的液晶、聚合物、临界混合物和玻璃引起了特别的关注。Woerdman[1.21]首次将瞬态光栅技术用于研究半导体中的电子(高能 FRS)过程[1.15],Phillion 等[1.22]将电子激发下的 FRS 与皮秒技术相结合处理短寿命问题。

1.2.4 光与光散射

受迫光散射技术发展的另一个来源是光与光散射的思想。在经典线性光学中,光波的强度很小,因此可以忽略相互作用,即可以使用无扰动叠加原理。当高功率激光器出现后,人们观察到激光改变了物质的光学性质,因此光与光的相互作用变得非常重要。Chiao 和 Kelley[1.23a]、Garmire 和 Carman[1.23b]在 1966 年首次展示了这种相互作用,这可以被解释为激光诱导光栅的自衍射。Boersch 和 Eichler[1.10]的工作已经提到了与空间烧孔有关的内容,也旨在显示光在驻波下的衍射,他们首次提出了光栅的思想。

1.2.5 全息、相位共轭和四波混频

全息是另一个引起人们对激光诱导光栅现象兴趣的重要领域。光栅是一个

基本的全息图,与一般全息图类似,由参考波和物波的干涉产生。全息图通常永久存储在照片或其他材料中,但 1967 年 Gerritsen 等[1.24]提出的全息图仅瞬时存储,用于实时处理变化的光场。在实验中,使用了染料溶液来记录瞬时全息图。通过展示成像和放大能力,证明了大景深全息显微镜的可行性。Woerdman[1.21]利用 Nd:YAG 激光器和硅作为记录材料,对实时全息术进行了早期研究,这项工作激发了人们对半导体光栅的极大兴趣。

近年来,有关实时全息的文章数量大幅增加,这是因为 Stepanov[1.25]和 Zel'dovich 等[1.26]提出使用这一技术来消除在相位干扰介质中传播而产生的激光束畸变[1.5]。这也可能与在大气或复杂光通信中的应用有关。Yariv[1.27]和 Hellwarth[1.28]分别提出了一种消除光束畸变的非线性光学方法,该方法被称为相位共轭法,并利用各种非线性光学过程开展了实验,如三波混频、四波混频、受激布里渊散射和光子回波。

在光折变材料中,即使使用低功率连续激光,也会引起较大的光致折射率变化,可以在放大过程同步消除光束畸变[1.29-1.30]。图 1.4 展示了一个使用 $KNbO_3$ 作为光折变材料的早期相位共轭实验[1.20],衍射极限光束(A)受到畸变玻璃板(B)的相位干扰,但相位共轭信号(C)在再次通过畸变玻璃板(D)时恢复了原始光束质量。在这种情况下,由于 $KNbO_3$ 中光折变强相互作用,可以使用低功率连续激光束。

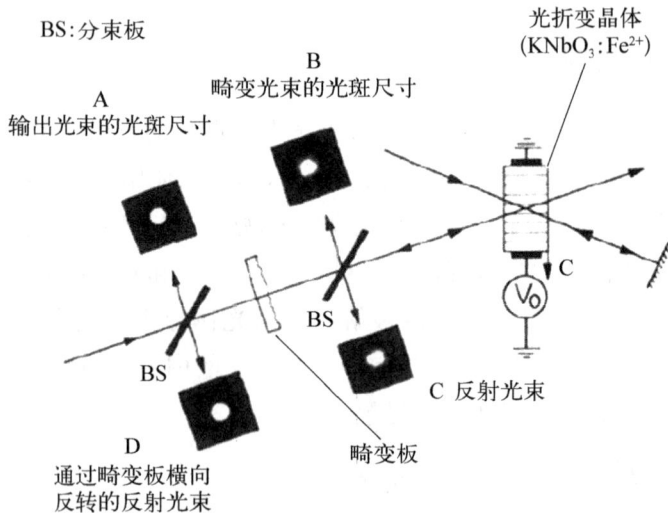

图 1.4　通过动态记录介质(如光折射晶体)实时校正相位畸变

需要强调的是,四波混频相位共轭与实时全息相位共轭只是同一现象的不同名称,对于描述基于瞬态或近瞬态光学响应的整个图像信息处理技术,"实时全息"则更具包容性,这些技术总是通过两个入射光束,以及第三个光波同时在全息光栅上的散射或稍微延迟的散射,对全息介质的光学特性(复折射率)进行类似光栅的改变。相位共轭和实时全息的综述文献见[1.5,1.27,1.31 − 1.33]。

第 2 章
动态光栅的产生和检测

　　动态光栅的产生是源自激光器的光束干涉结果。本章首先概括激光束的一些基本性质,深入地讨论双光束干涉,然后讨论光栅制作中的材料响应,在此仅给出现象,详细讨论见 3.3 节。光栅是通过衍射来检测的,相关理论介绍见 4.3 节,本章给出一些重要的结果和实验方法。

　　2.5 节给出动态光栅在光散射实验中的相关内容以及非线性光学的主要知识。

2.1　激光束和脉冲

　　本书所涉及光栅的物理机制都是基于激光激发和探测,所以必须先了解激光束参数及其传播[2.1],在此,考虑接近理想平面波的基本 TEM_{00} 模式:

$$\boldsymbol{E}(\boldsymbol{r}, t) = \frac{\boldsymbol{A}}{2} \exp[\mathrm{i}(\boldsymbol{k} \cdot \boldsymbol{r} - \omega t)] + \mathrm{c.c.} \tag{2.1}$$

式中,$\boldsymbol{E}$ 为瞬时和局部电场矢量,$\boldsymbol{A}$ 为波振幅,$\boldsymbol{k}$ 为波矢量,$\omega = 2\pi\nu$ 为角频率,$\boldsymbol{r}$ 和 t 分别为空间位置矢量和时间,c.c. 表示共轭复数。TEM_{00} 模式具有高斯旋转对称振幅分布:

$$A(\rho) = A_0 \exp(-\rho^2/w^2) \tag{2.2}$$

其中,ρ 是垂直于传播方向 z' 的柱坐标,w 称为光斑尺寸(见图 2.1)。

　　采用 SI 单位制,在位置 $\boldsymbol{r}$,t 时刻的光束强度 I 为

$$I(\boldsymbol{r}, t) = \frac{1}{2} \varepsilon_0 c n \mid \boldsymbol{A}(\boldsymbol{r}, t) \mid^2 = \frac{1}{2Z} \mid \boldsymbol{A} \mid^2 \tag{2.3}$$

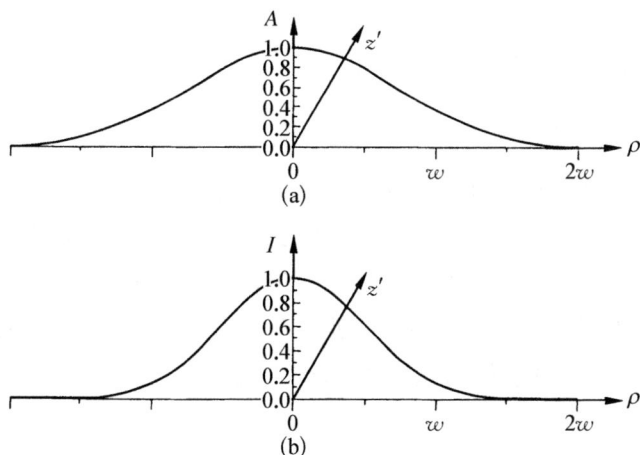

图 2.1　TEM$_{00}$ 模式的电场分布(a)和强度分布(b)

其中,c 是光速,ε_0 是真空介电常数,n 是折射率,Z 是材料的波阻抗。如图 2.1 (b)所示,高斯光束的强度分布为

$$I(\rho) = I_0 \exp(-2\rho^2/w^2) \tag{2.4}$$

在 $\rho = w$ 处,电场已达到其最大值 A_0 的 $1/\mathrm{e}$(约为 37%),而强度已达到 I_0 的 $1/\mathrm{e}^2$(约为 14%),TEM$_{00}$ 光束的总功率或光通量为

$$P_\mathrm{t} = 2\pi \int_0^\infty I(\rho)\rho\,\mathrm{d}\rho = \left(\frac{1}{2}\right)\pi w^2 I_0 \tag{2.5}$$

大约 90% 的通量包含在与光斑大小 w 相等的半径之内。

激光束的直径在传播过程中会发生变化。因此,除非通过焦点,否则波前不是完全平面的,光斑大小也不是恒定的,而是 z' 的函数。由于发散度与光束直径成反比,因此,光斑尺寸足够大($w \gg \lambda$)是满足平面波的必要条件。

短脉冲激光常用于光栅的激发和检测,如果脉冲宽度 t_p 足够小,则单位面积的总脉冲能量 E_p(即曝光量)或能流为

$$E_\mathrm{p} = \int_{-\infty}^{+\infty} I\,\mathrm{d}t \tag{2.6}$$

激光脉冲总能量(比瞬时强度和通量更重要的参数)为

$$W = 2\pi \int_0^\infty E_\mathrm{p}\rho\,\mathrm{d}\rho = \int_{-\infty}^{+\infty} P_\mathrm{t}\,\mathrm{d}t \tag{2.7}$$

13

2.2 双光束干涉和干涉光栅

两束光干涉在空间产生一个调制的光场,称为干涉光栅。在许多书[2.2-2.5]中只考虑偏振方向平行的两个平面光波的干涉。然而,动态光栅的激发也可以通过具有不同偏振方向(如垂直偏振)的光束来实现。因此,本章还讨论了具有不同偏振态光束叠加的情况,这就产生了用干涉张量表征振幅的干涉光栅,双光束干涉的张量表征与基于电场产生的非线性光学极化的泰勒展开密切相关。

2.2.1 两个平面波的叠加

激光诱导光栅的实验在理论上很简单,但在技术上有时要求很高,其原理如图 2.2 所示。来自强泵浦激光器的光束被分成 A 和 B 两束光,其波矢量分别为 k_A 和 k_B,电场振幅为 A_A 和 A_B,强度为 I_A 和 I_B,两光束在样品内以 θ 角相交形成干涉条纹,干涉条纹的光栅矢量 q 为

$$q = \pm(k_A - k_B) \tag{2.8}$$

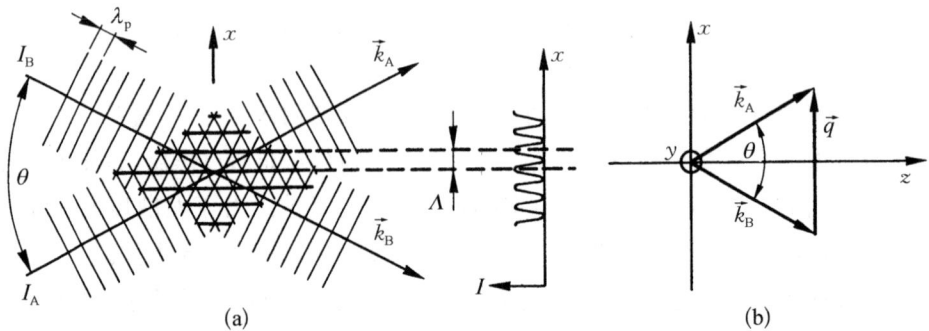

图 2.2　两个强度为 I_A 和 I_B,波矢量为 k_A 和 k_B 的两个光波干涉产生光栅

空间周期 Λ 为

$$\Lambda = \frac{2\pi}{q} \tag{2.9}$$

其中,$q = |q|$,Λ 可以用泵浦波长 λ_p 和角度 θ 表示:

$$\Lambda = \frac{\lambda_p}{2\sin\left(\dfrac{\theta}{2}\right)} \tag{2.10}$$

当 θ 很小时，光栅周期约为

$$\Lambda \approx \frac{\lambda_p}{\theta}, \text{当 } \theta \ll 1 \text{ 时} \tag{2.11}$$

注意，到目前为止，波矢量 $\boldsymbol{k}_A$、$\boldsymbol{k}_B$、泵浦波长 λ_p 和夹角 θ 都是在折射率为 n 的材料中测量的。对于近似正入射，如果波长 $\lambda_{0p} = n\lambda_p$ 且夹角 $\sin\theta_0 = n\sin\theta$，则在样品外部测量式(2.11)近似有效：

$$\Lambda = \frac{\lambda_{0p}}{\theta_0}, \text{当 } \theta_0 \ll 1 \text{ 时} \tag{2.12}$$

通过改变夹角 θ_0 可以改变光栅周期 Λ。Λ 的极大值受诱导光栅激光束的直径的限制，实验上已用光栅周期约为 $100\ \mu m$。当两个激发光束反向平行传播，即 $\theta = 180°$，得到最小光栅周期值为 $\Lambda = \dfrac{\lambda_p}{2} = \dfrac{\lambda_{0p}}{2n}$。使用可见光激光器和高折射率材料，光栅周期可以小到 $100\ nm$。

使用笛卡儿坐标，使 x 轴和 z 轴位于 $\boldsymbol{k}_A$ 和 $\boldsymbol{k}_B$ 定义的平面内。出于对称原因，这些矢量指向泵浦光之间的两条平分线的方向，如图 2.2(b)所示。y 方向指向向上构成右手系。这样，x 轴平行于 $\boldsymbol{q}$，当 θ_p 很小时，z 轴几乎与泵浦光的传播方向 $\boldsymbol{k}_A$ 和 $\boldsymbol{k}_B$ 一致。干涉图的横截面在垂直于 $(\boldsymbol{k}_A, \boldsymbol{k}_B)$ 且包含 $\boldsymbol{q}$ 的 xy 平面。

$\boldsymbol{k}_A$、$\boldsymbol{k}_B$ 和 $\boldsymbol{q}$ 可表示为

$$\boldsymbol{k}_{A,B} = \boldsymbol{z}_0 k_z \pm \boldsymbol{x}_0 k_x, \tag{2.13}$$

$$\boldsymbol{q} = \pm \boldsymbol{x}_0 q = \pm \boldsymbol{x}_0 2k_x, \tag{2.14}$$

其中，$\boldsymbol{x}_0$、$\boldsymbol{z}_0$（或 $\boldsymbol{y}_0$）表示各自的单位矢量。

干涉区域内的电场振幅分布为

$$\boldsymbol{A} = \boldsymbol{A}_A \, \mathrm{e}^{+ik_x x} + \boldsymbol{A}_B \, \mathrm{e}^{-ik_x x} \tag{2.15}$$

与时间相关的总电场 $\boldsymbol{E}(\boldsymbol{r}, t)$ 由下式给出：

$$E(r, t) = \frac{A}{2} e^{i(k_z z - \omega_p t)} + \text{c.c.} \tag{2.16}$$

强度分布为

$$I = \frac{n}{2} \varepsilon_0 c (A \cdot A^*) = \frac{n}{2} \varepsilon_0 c (|A_A|^2 + 2A_A \cdot A_B^* \cos 2k_x x + |A_B|^2)$$

$$= I_A + 2\Delta I \cos 2k_x x + I_B \tag{2.17}$$

其中

$$\Delta I = \frac{n}{2} \varepsilon_0 c A_A \cdot A_B^* \tag{2.18}$$

是强度调制振幅，* 表示复数共轭（c.c.）。

如果样品介质和相互作用都是各向同性的，则 ΔI 是光栅产生的重要参数。然而，在各向异性介质中，或者在各向异性相互作用下，如果满足 $A_A \perp A_B$ 且 $\Delta I = 0$，也可能会产生光栅，为了解释这种情况，引入干涉张量 ΔM，在真空中其定义为

$$\Delta M_{ij} = \frac{1}{2} \varepsilon_0 c A_{A, i} \cdot A_{B, j}^* \tag{2.19}$$

其中，ΔI 是 ΔM 迹的绝对值，即

$$\Delta I = |\operatorname{tr}\{\Delta M\}| \tag{2.20}$$

2.2.2　短脉冲的叠加

锁模激光器可以提供非常短（如 1 ps）的脉冲，相当于 0.3 mm 的物理长度。从这种光源产生的两束光的干涉取决于沿路径 A 和路径 B 传播的两脉冲之间的延迟，这种脉冲与时间的关系近似为半宽度为 t_p 的高斯分布，

$$I_{A, B}(t) = \hat{I}_{A, B} \exp\left\{ -\left[\left(t \pm \frac{\tau}{2} \right) / t_p \right]^2 \right\} \tag{2.21}$$

式中，τ 是脉冲 B 相对于脉冲 A 的延迟，$\hat{I}_{A, B} = \dfrac{\frac{1}{2} nc\varepsilon_0 \hat{A}_{A, B}^2}{2}$ 是两个脉冲的峰值功率。在这种情况下，干涉张量的大小还取决于由 τ/t_p 比值给出的两个脉冲

的重叠,即

$$\Delta M_{ij} = \frac{1}{2} c\varepsilon_0 \, \hat{A}_{A,\,i} \, \hat{A}_{B,\,j}^{*} \exp\left[-\left(\frac{\tau}{2t_p}\right)^2\right] \exp\left[-\left(\frac{t}{t_p}\right)^2\right] \tag{2.22}$$

因此,$\Delta M(t)$ 与原始脉冲的时间特性相同,但其振幅减小,与 $\exp\left[-\left(\frac{\tau}{2t_p}\right)^2\right]$ 成比例。

2.2.3　不同偏振态的光束叠加

在此讨论四种特殊情况。

(1) s 偏振态:$A_A \parallel A_B \parallel y_0$[见图 2.3(a)]。这可能是最常见,也是最简单的情况。ΔM 简并为一元张量:

$$\Delta \boldsymbol{M} = \begin{pmatrix} 0 & 0 & 0 \\ 0 & \Delta I & 0 \\ 0 & 0 & 0 \end{pmatrix} \tag{2.23}$$

其中,$\Delta I = \sqrt{I_A I_B}$。

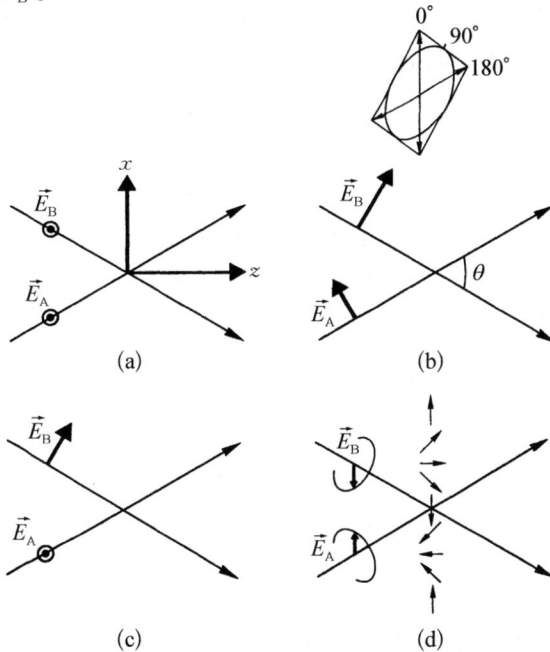

图 2.3　四种泵浦光偏振态

如果,存在 $I_A = I_B$,则 $\Delta I = I_A$,并且

$$I = 2I_A(1 + \cos qx) \tag{2.24}$$

因此,被调制的强度值在单个光束的 $0 \sim 4$ 倍之间变化,这种情况适用所讨论的大多数应用。

(2) p 偏振态:$\boldsymbol{A}_A$,$\boldsymbol{A}_B \perp \boldsymbol{y}_0$[见图 2.3(b)],在这种情况下,$\boldsymbol{A}_A$ 和 $\boldsymbol{A}_B$ 在 xz 平面上,$\boldsymbol{A}_{Ax}$,$\boldsymbol{A}_{Bx}$,$\boldsymbol{A}_{Bz} \geqslant 0$,但是 $\boldsymbol{A}_{Az} < 0$,干涉张量变为

$$\Delta \boldsymbol{M} = \frac{1}{2} c \varepsilon_0 \begin{pmatrix} \boldsymbol{A}_{Ax} \boldsymbol{A}_{Bx}^* & 0 & \boldsymbol{A}_{Az} \boldsymbol{A}_{Bx}^* \\ 0 & 0 & 0 \\ \boldsymbol{A}_{Ax} \boldsymbol{A}_{Bz}^* & 0 & \boldsymbol{A}_{Az} \boldsymbol{A}_{Bz}^* \end{pmatrix} \tag{2.25}$$

对应的强度调制为

$$\Delta I = |\operatorname{tr}\{\Delta \boldsymbol{M}\}| = \frac{1}{2} c \varepsilon_0 |\boldsymbol{A}_{Ax} \boldsymbol{A}_{Bx}^* + \boldsymbol{A}_{Az} \boldsymbol{A}_{Bz}^*| \tag{2.26}$$

注意,式(2.26)中的第二项是负数。$\Delta \boldsymbol{M}$ 的物理意义:沿 x 方向的两个泵浦光的相对相位 $\Phi_{AB} = qx$,$\boldsymbol{A}_A$ 和 $\boldsymbol{A}_B$ 的叠加结果是偏振态在线偏振(对应 $0°$、$180°$ 相对相位)和椭圆偏振之间变化,如图 2.3(b)插图所示。可以看出,在这种情况下,由于 $\boldsymbol{A}_A \perp \boldsymbol{A}_B$,强度调制 ΔI 在 $\theta = 90°$ 时完全消失。另外,如果 $|\boldsymbol{A}_A| = |\boldsymbol{A}_B|$,则干涉场的偏振态是特别有趣的。当 $\Phi_{AB} = 0$ 时,它沿 x 方向偏振,在 $\Phi_{AB} = \frac{\pi}{2}$ 时变成圆偏振;最后,在 $\Phi_{AB} = \pi$ 时,它在 z 方向上是线偏振的,即相对于干涉条纹的纵向场。有趣的是,在相互作用区域放置二向色性介质,如偏振片,可以看到偏振干涉条纹。因此,对于光学各向异性介质的研究,垂直偏振态是一个有趣的问题。

(3) 混频偏振态:$\boldsymbol{A}_A \parallel \boldsymbol{y}_0$,$\boldsymbol{A}_B \perp \boldsymbol{y}_0$[见图 2.3(c)]。在这种情况下,对任何 θ 值,激发光束的电场都是垂直的($\boldsymbol{A}_A \perp \boldsymbol{A}_B$),干涉张量为

$$\Delta \boldsymbol{M} = \frac{1}{2} c \varepsilon_0 \begin{pmatrix} 0 & 0 & 0 \\ \boldsymbol{A}_A \boldsymbol{A}_{Bx}^* & 0 & \boldsymbol{A}_A \boldsymbol{A}_{Bz}^* \\ 0 & 0 & 0 \end{pmatrix} \tag{2.27}$$

$\Delta \boldsymbol{M}$ 不存在强度调制,偏振态与前一种情况类似,存在周期性变化,电矢量仅限定在 $(\boldsymbol{y}_0, \boldsymbol{A}_B)$ 平面。

（4）反向的圆偏振，并且 $|\boldsymbol{A}_{\mathrm{a}}|=|\boldsymbol{A}_{\mathrm{b}}|$；$\boldsymbol{A}_{\mathrm{A,\,B}}=\left(\dfrac{x_0\cos\theta}{2}\pm\mathrm{i}\boldsymbol{y}_0\mp\boldsymbol{z}_0\sin\dfrac{\theta}{2}\right)\dfrac{|\boldsymbol{A}_{\mathrm{A}}|}{\sqrt{2}}$

［见图 2.3(d)］，干涉张量为

$$\Delta\boldsymbol{M}=\frac{1}{4}c\varepsilon_0\mid\boldsymbol{A}_{\mathrm{A}}\mid\begin{pmatrix}\cos^2\dfrac{\theta}{2} & \mathrm{i}\cos\dfrac{\theta}{2} & \dfrac{1}{2}\sin\theta \\[2mm] \mathrm{i}\cos\dfrac{\theta}{2} & -1 & \mathrm{i}\sin\dfrac{\theta}{2} \\[2mm] -\dfrac{1}{2}\sin\theta & -\mathrm{i}\sin\dfrac{\theta}{2} & -\sin^2\dfrac{\theta}{2}\end{pmatrix} \tag{2.28}$$

强度调制是

$$\Delta I=\mid\mathrm{tr}\{\Delta\boldsymbol{M}\}\mid=\frac{1}{2}c\varepsilon_0\mid\boldsymbol{A}_{\mathrm{A}}\mid^2\sin^2\theta \tag{2.29}$$

对于 $\theta\to0$，强度调制变得非常小，而偏振态趋于线偏振，并随着光栅周期 Λ 在整个光栅结构上旋转，即沿 x 轴旋转，如图 2.3(d) 所示。很显然，这种偏振选择有利于研究光学活性介质或相互作用。

2.2.4　有限尺寸效应

泵浦光束的有限横截面限制了干涉区域的横向范围，因此，在式(2.14)～式(2.29)中的电场振幅和强度是 x，y，z 的慢变函数，并附加 x 方向的调制。如果是 TEM_{00} 光束，计算空间变化很简单，Brayton[2.2] 和 Siegman[2.3] 给出了定量计算，图 2.4(见文献[2.2])分别给出等强度和不等强度的干涉区。

如果满足以下三个条件，两个 TEM_{00} 光束之间的干涉很接近理想平面光栅。

（1）与光栅周期相比，相互作用区的最小宽度必须大得多，即

$$qw\gg1 \tag{2.30}$$

（2）在 z 方向上两个光束的重叠长度 z_0 必须比样品厚度 d 大得多，即

$$\frac{z_0}{d}\gg1 \tag{2.31}$$

（3）激发光束在样品中的衰减可以忽略不计，即

$$Kd\ll1 \tag{2.32}$$

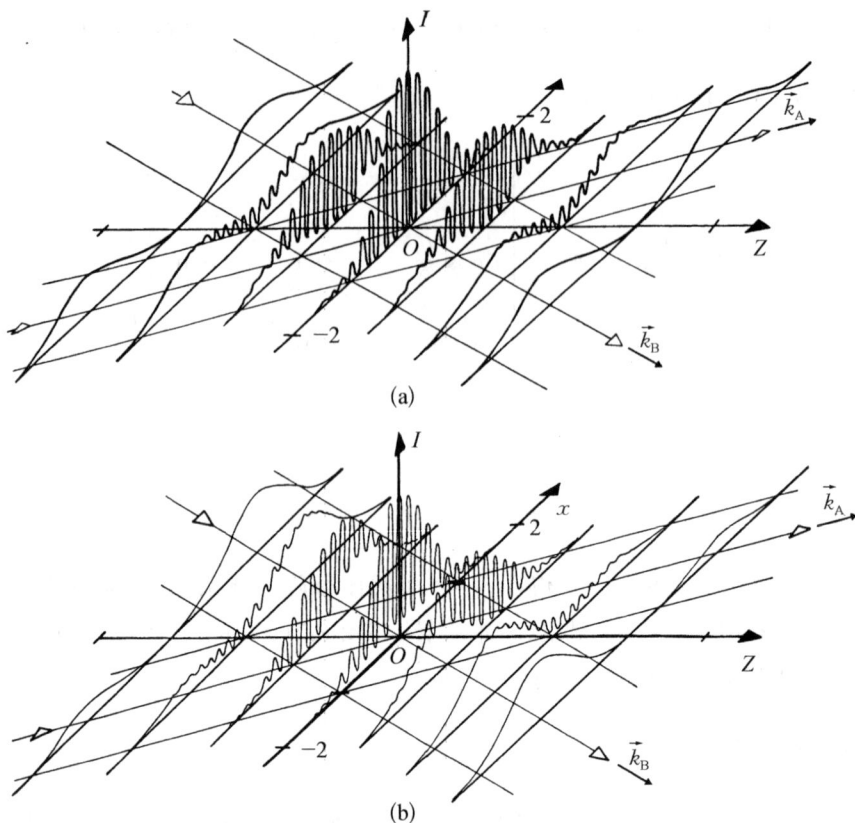

图 2.4　两个高斯光束相交形成的体光栅内的干涉图强度分布示意图[2.2]

(a) 等强度；(b) $I_A = I_B/4$

式中,K 为样品材料在波长 λ_p 的吸收常数,第一个条件限制了泵浦光的聚焦以增加强度,第二个对两束光之间的角度 θ_p 进行了限制,第三个是通过吸收限制泵浦光的使用。

如果在实验上满足上述三个条件,那么对激光诱导光栅的计算就很简单了。在下面的讨论中,除非另有说明,否则将假定满足上述三个条件。注意,即使一个,或者多个条件勉强满足,结论仍是正确的。

如果 Λ 非常大,则需要很小的光束夹角 θ_p。在这种情况下,可以只使用一个泵浦光,通过插入梳状孔来产生光栅。通过这种方式得到 Λ 值最大为 4 mm（见 5.2 节）。以这种方式产生的光栅的周期没有明显的上限,除非激光束横截面积按比例增加,从而降低可用于泵浦的强度。

当两个光束具有相同的频率时,光栅位置固定,两个激发光束之间的频率偏移提供了移动光栅结构,这部分将在 4.6 节中讨论。

2.3　材料响应:振幅型光栅和相位型光栅

光诱导光学材料性能变化的机理通常分为两个步骤。首先是光引起一些材料激发,然后导致光学性质的变化。最简单的情况是,材料的吸收和折射发生变化而产生振幅型光栅和相位型光栅。

2.3.1　材料激发光栅

当材料放置在泵浦光的干涉区域内时,光与物质相互作用,诸如吸收,会在某些材料属性上产生相应的空间调制(光栅),例如,激发电子态的占据数,半导体中的传导电子密度,光折变材料中的空间电荷及其伴随场,或者温度,液体的分子取向和混合物的浓度。

其中许多变化可以用样品材料的一个、几个或者整个连续激发态(例如电子或声子)的占据数来描述。因此,相应的光栅也可以认为是广义粒子数密度光栅。

当局域占据数密度超出热平衡时,需要用激发态占据数来描述。当激发态能量远高于室温下约为 25 meV 的热能 $k_B T$ 时,通常会发生这种情况。在没有辐射衰变的过程中,也会发生强烈的偏离热分布的现象。这些衰变是由原始激发态引起的。在固体中,这一过程释放的能量可能会产生热声子,而热声子又会衰变为较冷的声子,直到达到热能值。由于热声子寿命在亚皮秒数量级,这个过程非常快。而当今的锁模激光器提供的脉冲宽度约为 30 fs[2.4],这种瞬态效应可以在时间分辨率极高的实验中起作用。在其他材料中,也有可能在衰变过程中,特别是在低温下,出现不同性质的长寿命中间态(如玻璃中的双能级态,见5.2节)。这会大大减缓热化过程,从而产生具有自身特征性质和衰减时间的二次光栅结构。

一旦吸收的能量被局部热化,用通常的热力学变量、温度、浓度等来描述产生的光栅是非常合理和方便的。只要这些参数仍然在空间上变化,样品作为一个整体就不会处于平衡状态。它们的平衡需要热量和物质等的传输,而这通常是通过扩散来实现的。因此,它们的衰减时间取决于激发梯度的大小以及光栅

21

的 q 矢量。

需要注意是扩散过程,在一般情况下,不改变激发区的中心位置,但往往会匀滑它的空间轮廓。因此,光栅在扩散衰减期间是稳态的,即其相位保持恒定,而其振幅单调减小。

材料激发光强度的依存关系取决于它的动力学过程,通常不能用简单的函数表示。材料激发与时间关系最好用泵浦光强度作为源项的微分方程来描述,如齐次热传导方程。

在稳态条件下,最简单的情况是材料激发振幅 ΔX 与调制强度振幅 ΔI 成正比:

$$\Delta X = g^{\mathrm{p}}(\lambda_{\mathrm{p}}) \Delta I(\lambda_{\mathrm{p}}) \tag{2.33a}$$

其中,g^{p} 是耦合系数,它取决于材料激发类型和泵浦光波长 λ_{p},等式右边可视为描述 ΔX 和 ΔI 之间关系的幂级数的第一项。

根据激励的性质,ΔX 可以是标量(温度等)、矢量(电场、流速)或张量(应力、应变、激励分子的取向分布)。因此,为了方便进一步讨论,可以用张量形式改写式(2.33a),引入干涉调制张量 ΔM,则有

$$\Delta X_{ij} = g^{\mathrm{p}}_{ijkl} \cdot \Delta M_{kl} \tag{2.33b}$$

这里 i,j,k,l 分别代表空间坐标 x,y,z 及爱因斯坦求和规则。一般来说,g^{p}_{ijkl} 是一个四阶张量。注意,即使在 $A_{\mathrm{a}} \perp A_{\mathrm{b}}$ 的情况下,即没有强度调制,式(2.33b)中的张量积允许 ΔX_{ij} 不为零,这种对 ΔX_{ij} 的奇数贡献需要考虑与相互作用有关的偏振,如 3.4 节中讨论的染料的二色性漂白。

第 3 章将详细讨论光栅形成的各种物理机制,在此仅给出一些框架叙述。

2.3.2 光学光栅

通常,材料激发可以反映到折射率和吸收系数,也表现出具有振幅为 $\Delta n(\lambda_{\mathrm{C}})$ 和 $\Delta K(\lambda_{\mathrm{C}})$ 的光栅状调制。其中,Δn 和 ΔK 都是探测波长 λ_{C} 的函数。例如,由温度光栅引起的折射率调制是 $\Delta n = \left(\dfrac{\partial n}{\partial T}\right) \cdot \Delta T$,其中 ΔT 是温度振幅,$\dfrac{\partial n}{\partial T}$ 是热光系数。$\dfrac{\partial n}{\partial T}$ 必须考虑某些限制,讨论见 3.7 节。一般来说,任何介质内部振幅为 ΔX 的材料性质的调制都会伴随着带有振幅调制的光栅:

$$\Delta n = \left(\frac{\partial n}{\partial X}\right)\Delta X \tag{2.34a}$$

$$\Delta K = \left(\frac{\partial K}{\partial X}\right)\Delta X \tag{2.34b}$$

其中，ΔX 的张量特征暂时被忽略。通常情况下，耦合常数 $\left(\dfrac{\partial n}{\partial X}\right)$ 和 $\left(\dfrac{\partial K}{\partial X}\right)$ 的其中一个可能很小，光栅可以是相位型，也可以是振幅型的。

与其使用两个光学参数，即吸收系数 K 和折射率 n，不如将它们组合成复折射率：

$$\widetilde{n} = n + \mathrm{i}\,\frac{K}{2k_{\mathrm{c}}} \tag{2.35a}$$

$$\Delta\widetilde{n} = \Delta n + \mathrm{i}\Delta\frac{K}{2k_{\mathrm{c}}} \tag{2.35b}$$

式中，k_{c} 是度量光学性质的光波矢量的绝对值，式(2.34)和式(2.35)可以合成为

$$\Delta\widetilde{n} = \left(\frac{\partial\widetilde{n}}{\partial X}\right)\Delta X \tag{2.35c}$$

2.3.3　张量光栅

复折射率与复光频介电常数 ε 和磁化率 χ 有关：

$$\widetilde{n}^{2} = \varepsilon = 1 + \chi \tag{2.36a}$$

$$\Delta\widetilde{n} \approx \frac{\Delta\varepsilon}{2\varepsilon^{\frac{1}{2}}} = \frac{\Delta\chi}{2(1+\chi)^{1/2}} \tag{2.36b}$$

因此，一个光栅对应于 $\widetilde{n}$，ε 或 χ 中任一量的空间调制。

注意，ε 和 χ 通常是张量，而 $\widetilde{n}$ 不是张量。因此，如果各向异性相互作用很显著，则需使用磁化率描述。磁化率分量 χ_{ij} 通过以下公式将电场分量 A_j 与极化强度分量 P_i（其中，$i,j = x,y,z$）联系起来：

$$P_i = \varepsilon_0\chi_{ij}A_j \tag{2.37a}$$

$$\Delta P_i = \varepsilon_0\Delta\chi_{ij}A_j \tag{2.37b}$$

$\Delta\chi_{ij}$ 张量特性包括诱导双折射和二向色性，即偏振相关的折射率和吸收系

数。因为 ΔX 和 $\Delta \chi$ 通常都是二阶张量，所以它们之间的耦合常数为四阶张量：

$$\Delta \chi_{ij} = \left(\frac{\partial \chi_{ij}}{\partial X_{kl}}\right) \Delta X_{kl} \tag{2.38}$$

式中，χ_{ij}、$\Delta \chi_{ij}$ 和 $\left(\frac{\partial \chi_{ij}}{\partial X_{kl}}\right)$ 通常是描述折射率和吸收率的复数。式(2.38)表明，各向异性 $\Delta \chi_{ij}$ 可能是由样品介质本身（晶体、外力、流动）引起的，也可能是由光栅形成过程产生的。例如，即使在各向同性固体中，热扩散也会产生各向异性，即应变沿 q 方向，而应力在垂直于 q 方向的平面上。在稳态条件下，式(2.38)结合式(2.33b)直接关联光栅振幅与泵浦光场：

$$\Delta \chi_{ij} = f_{ijkl} \Delta M_{kl} \tag{2.39}$$

$$f_{ijkl} \equiv \left(\frac{\partial \chi_{ij}}{\partial X_{k'l'}}\right) \cdot g_{k'l'kl} \tag{2.40}$$

2.3.4　短脉冲的光栅激发

如果采用短脉冲，瞬态效应占主导地位，则式(2.33b)中的 g_{ijkl}^{p} 和式(2.40)中的 f_{ijkl} 必须由其他函数代替，这些函数将在第3章进行详细讨论，相关实验讨论见第5章。

此外，相干光脉冲产生的激发原子的电子波函数在某个时刻也是相干的，因此，它们的行为就像一组在激发频率上同相位振荡的基本偶极子。如果退相时间足够大，即使没有与泵浦脉冲重叠，也有可能形成激发光栅，即 ΔM 为零。在这种情况下，通过第二个泵浦脉冲与振荡偶极子的相互作用产生瞬态光栅（见3.3节）。

2.4　光栅的检测

光诱导光栅可以用强度为 I_C，频率为 ν_C，不同于激发光束的第三束激光探测。光栅将一些探测光衍射到不同的方向，当探测光束穿过光栅区域时，会产生周期性极化：

$$\Delta P_{C,i} = \Delta \chi_{ij} A_{C,j} \tag{2.41}$$

从偏振光栅不同部分发出的辐射仅在光栅方向和探测光束方向的特定方向上产生相长干涉,即 $\boldsymbol{q}$ 和探测光束波矢量 $\boldsymbol{k}_C$ 的方向。

不同级数 $m = \pm 1, \pm 2, \cdots$ 的振幅 A_m 或强度 $I \dfrac{\varepsilon_0 n c A_m^2}{2}$ 是对复折射率调制和材料激发的度量,衍射过程通常被称为散射,类似于随机涨落的经典光散射。

衍射过程的特征在很大程度上取决于样品厚度 d。如果 d 与光栅周期 Λ 数量级接近或更小,则这种光栅称为薄光栅,否则称为厚光栅。薄光栅和厚光栅的详细研究见第 4 章。

2.4.1　薄光栅

薄光栅的傅里叶变换不是 k_x 轴上的孤立尖峰,即 $q_x = q = |\boldsymbol{q}|$,而是由样品的有限厚度引起的 d^{-1} 阶 k_z 贡献。因此,在探测光束的任意方向上都可能存在相长干涉,通常可以观察到几个衍射级[见图 2.5(a)]。不同阶次 m 的方向 φ_m 的衍射一般规律为

$$\Lambda\left[\sin(\varphi_m + \alpha) - \sin\alpha\right] = m\lambda_C, \quad m = 0, \pm 1, \pm 2, \cdots \tag{2.42}$$

其中,α 是入射角。当 α 和 φ_m 足够小时,各衍射光束之间的恒定角间距 φ 为

$$\varphi = \varphi_{m+1} - \varphi_m \approx \frac{\lambda_C}{\Lambda} \tag{2.43}$$

以矢量形式表示,式(2.42)表示衍射波的波矢量 $\boldsymbol{k}_m$ 的分量 k_{mx},它由入射探测光束的矢量 $\boldsymbol{k}_C$ 波的相应分量 k_{Cx} 加上光栅常数 q 的整数倍给出:

$$k_{mx} = k_x + mq, \quad m = \pm 1, \pm 2, \cdots \tag{2.44}$$

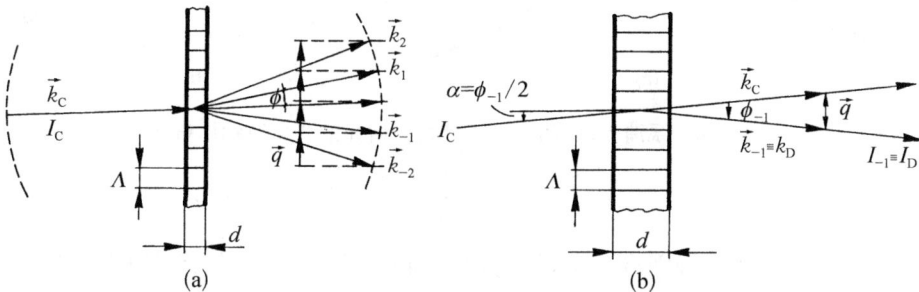

图 2.5　薄光栅(a)和厚光栅(b)的衍射特性

由于没有频率变化,探测光束和衍射光束的波矢绝对值相等($k=k_m$)。对于稳态光栅,根据式(2.8),矢量 q 仅为 ±1 中一个因子。然而,在式(2.44)中,由于 m 既可以是正的,也可以是负的,只考虑一个方向 q 就足够了(见图 2.2)。

2.4.2　厚光栅

厚光栅的傅里叶变换主要由 $qx=|q|$ 占主导,在其他方向的贡献可以忽略不计。因此,满足下式的布拉格条件的厚光栅可以被探测:

$$\bm{k}_m - \bm{k}_C = m\bm{q}, \quad m=\pm 1,\pm 2,\cdots \qquad (2.45)$$

图 2.6(a)给出高度对称排布,而图 2.6(b)给出了相应的 k 矢量图。对比式(2.44),式(2.45)完全决定了衍射波的波矢 $\bm{k}_m$,而不仅是其 x 分量。此外,波矢量 $\bm{k}_C$ 和 $\bm{k}_m$ 的绝对值相等,从而限制探测光束的波矢 $\bm{k}_C$(入射角必须是衍射角的一半):

$$\sin|\alpha| = \sin\left|\frac{\varphi_m}{2}\right| = m\frac{\lambda_C}{2\Lambda}, \quad m=\pm 1,\pm 2,\pm 3,\cdots \qquad (2.46)$$

除非另外提到,下一步讨论的厚光栅的一阶衍射使用以下符号,下标 D 代表衍射(一阶)光束,下标 A、B、C、D 是本书中的四个相关光束,按照顺序分别为两个泵浦光束、探测光束和(一阶)衍射光束,如图 2.6 所示。

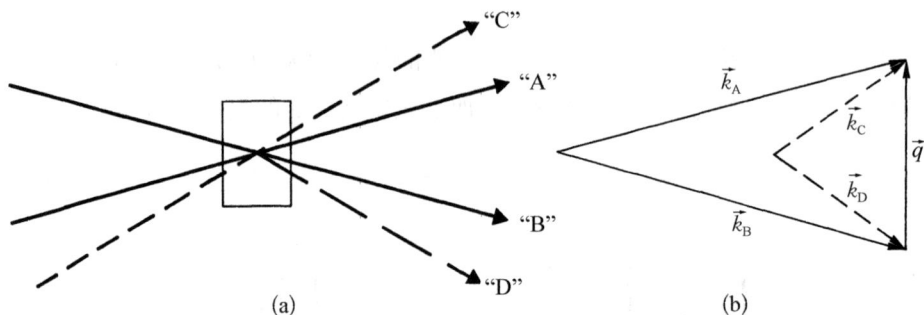

图 2.6　泵浦光、探测光和(一阶)衍射光的高度对称排布

(a) 光线方向;(b) k 和 q 矢量关系

$\Lambda=\dfrac{\lambda_C}{2n}$ 的情况特别有意思,衍射角变为 $\varphi_d=180°$,这表示衍射光束与入射光束方向相反。

2.4.3　简并相互作用和自衍射

在本节中,考虑 $k_C = k_A$ 或 k_B 的情况,即探测光束具有与泵浦辐射相同的方向和波长。在这种情况下,可以通过不同的偏振,或者时间延迟来区分泵浦光和探测光/信号光。否则,泵浦光和探测光光束变得相同。如果泵浦光的强度不相等,仍然可以探测光栅的存在:以牺牲较强的光束为代价,较弱的光束可能会被放大。这与 1.2.2 节中提到的受激散射中的放大实验相同。最后,如果光栅振幅足够大,高阶衍射光束表明存在光栅,这种现象称为自衍射。

最好使用薄光栅和足够小的样品吸收来观察自衍射(见图 2.7)。从图 2.8 可以明显看出,自衍射效应是径直向前,其理论描述比单独激发和探测光束的情况更复杂。

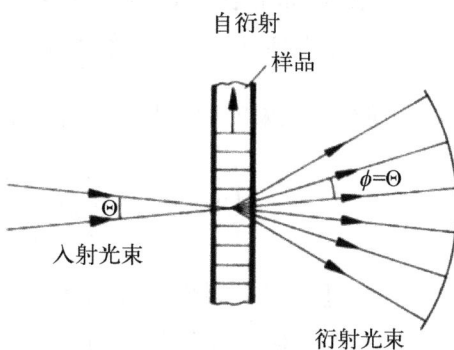

图 2.7　自衍射示意图

入射光波产生光栅,并且被衍射

(a)

(b)

图 2.8　自衍射实验图

(a) 通过尘埃颗粒散射观察光线的实验方法,采用 Nd:YAG 激光器倍频光产生光栅激发,染料溶液作为光栅材料;(b) 通过方法(a)得到的衍射图样由于实验简单,自衍射可以很好地用于材料性质的定性研究。注意,较低强度泵浦光的一阶衍射光束在样品后面与较高强度的泵浦光重合,反之亦然。

2.4.4　直接检测

光栅一阶$(m=\pm 1)$衍射的振幅是一阶近似值,与(复)折射率$\Delta \tilde{n}$或磁化率调制振幅$\Delta \chi$成正比,而$\Delta \tilde{n}$反过来通常与相应材料激发的调制振幅ΔX成正比,如2.3.2节所述。对于理想的平面波相互作用,即空间恒定的强度和光栅振幅,一阶衍射光束的归一化强度$\dfrac{I_\mathrm{D}}{I_\mathrm{C}}$为

$$\frac{I_\mathrm{D}}{I_\mathrm{C}}=\eta=\left|\frac{\pi \Delta \tilde{n} d}{\lambda_\mathrm{C}}\right|^2=\left(\frac{\pi \Delta n d}{\lambda_\mathrm{C}}\right)^2+\left(\frac{\Delta K d}{4}\right)^2 \tag{2.47}$$

上式适用于不同衍射效率η的光栅,要求材料$|\Delta \tilde{n}|$足够小,且低吸收,即$Kd \ll 1$。对于第4章讨论的薄光栅和厚光栅,任意值$|\Delta \tilde{n}|$的衍射效率是不同的。对于有限宽度的光束,可以用相应的光通量比$\dfrac{P_\mathrm{D}}{P_\mathrm{C}}$代替式(2.47)中的强度。

可以通过衍射来测量非常小的折射率变化Δn和光程变化Δnd。10^{-5}的衍射效率很容易检测到,这对应于光程变化$|\Delta \tilde{n} d| \approx \dfrac{\lambda}{1\,000}$。因此,相移量可以用干涉测量的灵敏度来测量。

振幅型光栅$(\Delta n =0)$和相位型光栅$(\Delta K =0)$可采用平行光束照明,观察光栅后面不同距离处出现的自成像来区分[2.6]或通过外差检测来区分。

2.4.5　外差检测

如果衍射强度非常小,接收器处杂散光背景可能比散射光更强烈。在这种环境下,信号不仅出现在或多或少相当大的背景之上,而且还依赖于衍射光和杂散光之间的相对相位,并可通过其时间关系识别它。这种情况下,需要第四束光束作为参考(R)。参考光束必须与衍射光束平行,即$\boldsymbol{k}_\mathrm{R} = \boldsymbol{k}_\mathrm{D}$,并在探测器处重合(见图2.9)。通过外差检测可以灵敏地记录材料激发的相位,实验采用"探测"光束和"参考"光束="衍射"光束的对称排列,如图2.10所示。

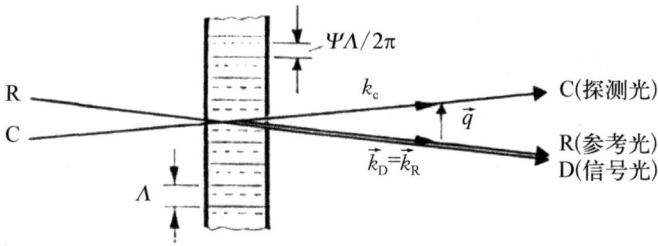

图 2.9　衍射光的外差探测

C 和 R 光束形成第二干涉图样(‒ ‒ ‒),相对泵浦光栅(……)相移量为 $\Delta\psi_{RD}$

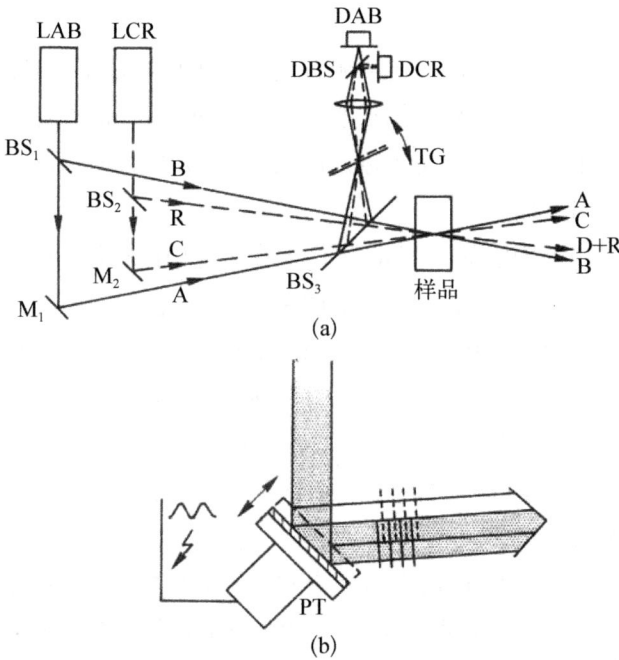

(a)

(b)

图 2.10　用于外差探测的相位稳定装置示意图

(a) LAB、LCR 为泵浦和探测/参考激光器,BS$_1$、BS$_2$、BS$_3$ 为分束器,
DBS 为二向色分束器,M$_1$、M$_2$ 为反射镜,TG 为透射光栅,DAB、DCR
为探测器;(b) 用压电换能器 PT 在反射镜 M$_1$ 处进行相位调制

再假设理想平面波叠加,探测器处的归一化一阶衍射外差信号 $\dfrac{I_H}{I_C}$ 为,

$$\frac{I_H}{I_C} = \frac{I_R}{I_C} + 2\frac{\sqrt{I_R I_D}}{I_C}\cos\psi_{RD} + \frac{I_D}{I_C} \tag{2.48}$$

式中,第一项是常数,属于噪声[2.7]。第三项由式(2.47)给出,由于 $I_R \gg I_D$,此项

不是非常重要。有意义的信息在第二项,平方根表示衍射光振幅 $|E_D|$,其相对于参考光束 ψ_{RD} 的相位决定了外差信号。

因此,如前所述,通过直接检测,外差检测提供 $|\Delta\tilde{n}|$,而不是 $|\Delta\tilde{n}|^2$。当 $|\Delta\tilde{n}| \ll 1$ 时,这是一个很大的优势,并且将检测极限降低到 $|\Delta\tilde{n}| \approx 10^{-16}$ [2.8] 的数量级,它还提供了关于 $\Delta\tilde{n}$ 的实部和虚部的信息,特别是关于 Δn 和 ΔK 的符号。

为了探测到非常弱的信号,有必要在较长时间内进行积分。由于 $\Delta\psi_{RD}=\pi$ 的漂移会使信号反转,由(缓慢)热漂移等导致的相位不稳定可能会成为一个问题。因此,在信号平均期间,可能首先会观察到信号从噪声中出现,但在达到足够的信噪比之前再次消失。

在这种情况下,主动相位稳定可能有用。一种可能性是将泵浦、探测和参考光束取一部分,并使其在样品外部干涉[见图 2.10(a)]。将透射光栅放置在干涉区并进行旋转与干涉光束的 $|q|$ 值匹配,仅当干涉最大值与透射光栅的透明条纹一致时才能透射它们。

该方法可以用于固定的外部光栅干涉图型的相位检测,可以通过标准电子设备锁定到任何所需的值,通过扩展到两种干涉图,它们的相对相位也可以保持在固定值,在这个过程中,Pohl[2.8] 检测到了上述的 10^{-16} 的折射率变化。

可以看出,式(2.48)与泵浦光干涉的表达式(2.17)非常相似,探测光束和参考光束形成了与泵浦光具有相同光栅矢量 q 的第二干涉图样。$\Delta\psi_{RD}$ 表示两个光栅之间的相位差,当然,为了避免不必要的额外材料激发,第二个光栅的振幅比第一个光栅的振幅小得多。

在式(2.48)的推导中,假设衍射光束和参考光束的偏振态相同,把这两束光的非平行偏振推广到一般情况没有多大意义,因为普通的光电探测器对强度敏感,而对场强不敏感。

然而,如果 $\Delta\chi_{ij}$ 包含奇数项 $(i \neq j)$,则探测光束和衍射光束的偏振态通常不相同。如果参考光束与探测光束偏振平行,衍射光束和参考光束叠加产生的调制深度小于式(2.48)给出的预期值。

外差信号的相位灵敏度可通过多种方式检测,如下所示:

(1)泵浦光是静止的,但它们的相对相位在 0 和 π 之间周期性地变化,例如,通过移动安装在压电换能器上的反射镜[见图 2.10(b)]。泵浦光栅相位相应地振荡,衍射光束相位也相应地振荡,与参考光束叠加产生信号的周期性反转。因此,锁相检测增加了对背景的分辨能力。

（2）最大信号的泵浦光栅和探测光栅/参考光栅的相对相位提供了有关光栅性质的信息，即折射率 Δn 的实部和虚部的值，这反过来又产生了有关材料激发过程和耦合参数的信息，这些信息不易通过其他方式获得。

（3）流量测量，短脉冲泵浦光写入一个光栅图案，该图案随流速漂移。因此，它相对干涉光栅改变相位。相位反转频率是对 q 方向上的流速分量的度量。

在最后一个例子中，瞬态光栅技术领域与激光多普勒测速（也称为激光测速[2.9]）领域相结合。流体中漂浮的小物质颗粒可以代替瞬态光栅，是探测光束散射的来源。由于粒子的排列是随机的，因此检测过程更加复杂，通常需要自相关技术[2.10]。

当然，如果没有可用的种子，传统的激光测速就会失效。在这种情况下，瞬态光栅可以作为一种解决方法。

2.5　光栅产生和检测的实验方法

本节概述和总结激光诱导光栅已有的各种产生和检测方式。图 2.11(a)是图 2.2（光栅制作）和图 2.5(a)（薄光栅探测）的简单组合，可探测到一级衍射。

用于探测光栅的光束可能源自其中一个入射光束［见图 2.11(b)，(d)～(g)］，这种方法对于超短激光脉冲特别实用。通过改变探测光束的延迟时间，可以用皮秒或飞秒分辨[2.11]研究瞬态光栅效应［见图 2.11(b)］。

图 2.11(c)给出了外差方法的示意图[2.12]，与图 2.11(a)类似，它是图 2.2 和图 2.9 的简单组合。

图 2.7 的自衍射方法如图 2.11(d)[2.13]所示；在图 2.11(e)中，两个泵浦光的偏振态相差 45°[2.14]，如果将偏振片 P_3 设定为与 P_2 正交，则可以观察到上泵浦光的衍射，而不会受到下泵浦光透射部分的干扰。

图 2.11(f)给出一个放大器实验；这种类型的相互作用已在受激瑞利放大实验中进行研究（见 1.2.2 节）[2.15]，在此，被用于电光晶体中的动态光栅图像放大[2.16]。

图 2.11(g)给出了一种常用的四波方法；通过样品后面反射镜将泵浦光分出一部分作为探测光束，该光束衍射方向与另一个主光束（泵浦光束）相反，尽管没有反射镜，似乎该光束被逆向反射[2.17]。由于第二个光栅是由 k_A 和 $-k_B$ 光束干

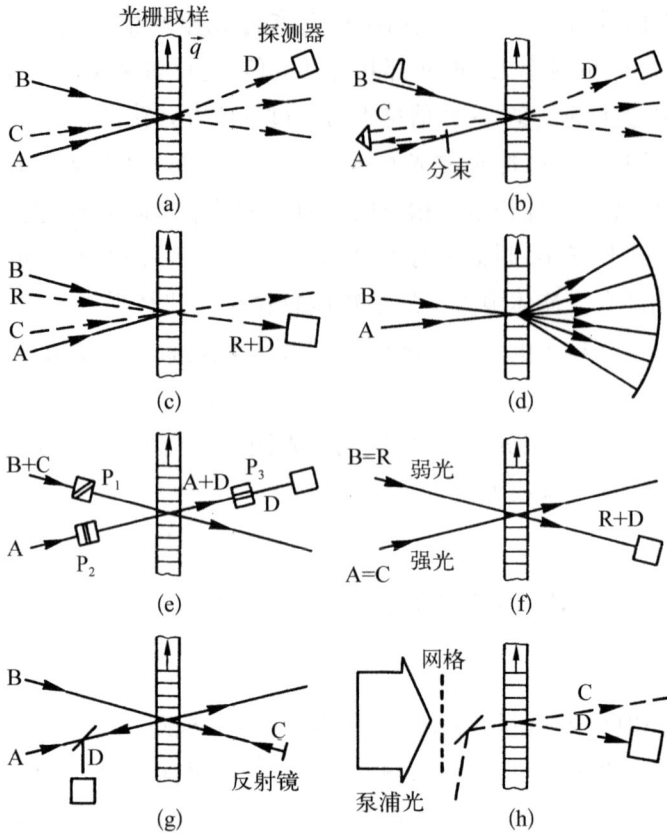

图 2.11　激光诱导光栅的产生和检测方法

涉产生,在开展这种类型的实验时要非常仔细。对于波前畸变,反射到 $-k_A$ 方向的光束相对于沿 k_A 方向的入射光束是相位共轭或时间反转(见 6.9 节),因此,采用图 2.11(g)的实验方法引起了人们的极大兴趣。

图 2.11(h)给出另外一种方法,即光栅不是通过干涉产生,而是由单泵浦光束前面的大直径网格状孔[2.18]产生的。这种装置对于大的光栅周期是非常有利的,因为这种光栅周期要求不切实际小的角度 θ_p。

2.6　自发和受迫光散射

动态光栅技术在许多方面与经典或自发光散射类似,在这样的光散射实验中,可以探测到某些材料特性的自发统计涨落的傅里叶分量衍射的辐射。动态光栅可以当成傅里叶分量,但通过入射光波来人为增强其振幅。因此,激光诱导光栅的衍射通常被称为受迫光散射。从历史看,这一术语首先用于受迫瑞利散射(见 5.2 节)[2.19]的特殊情况。原则上,除了随机涨落的统计特性外,经典光散射实验的所有信息内容可以从瞬态光栅实验中获得。另一方面,瞬态光栅实验也可以提供经典光散射所不能提供的相位信息。

导致经典光散射的热力学涨落很弱,而且是随机的,瞬态光栅振幅可能比较大,并且是相干的。因此,与经典散射实验相比,瞬态光栅研究可以显著增强检测灵敏度。由于这种高灵敏度,才有可能测量液晶薄膜中的各向异性热传导或规则晶体中的第二声和所谓的 Mountain 模式(见 5.2 节)。

如前所述,瞬态光栅还可以研究能量远高于热能 $k_B T$ 材料的微观激发态,相应的态不被热占据,因此,在经典光散射中没有对应于这些贡献的对应物。

2.7　非线性光学范畴的瞬态光栅

到目前为止,所讨论的光栅产生和检测过程通常涉及四种光波:频率为 ω_p 的两个泵浦光束,频率相等的探测光束和衍射光束,即 $\omega_C = \omega_D$。由于四种光束不是线性叠加,而是相互影响,光栅的产生和检测属于非线性光学领域。

描述非线性光学相互作用的一般方法,现已成为经典方法,由 Bloembergen 及其同事于 1962 年提出[2.20]。从局部的、随时间变化的极化强度 $P(r, t)$ 开始,它通常是局部和随时间变化的电场 $E(r, t)$ 的函数 $f(E)$,函数(包括时间和空间算符)主要与瞬态效应有关(见 2.3.1 节)。在稳定状态下,假设介质局部响应,$f(E)$ 为 E 的函数。

稳态函数 $f(E)$ 可以展开为 E 的幂级数,线性关系[式(2.37a)]的右边 $P_i = \varepsilon_0 \chi_{ij} A_j$ 是该级数的第一项,在强场作用下,必须考虑 A_j 中的高阶项,即非线性极化项 P_i^{NL}。

为了求解一定数量的光波之间的相互作用,不能采用常规方法,要通过使用新的极化表达式来求解麦克斯韦方程组。由于高阶项对 $P(r, t)$ 的贡献通常很小,因此可以分别考虑具有频率为 $\omega_1, \omega_2, \omega_3, \cdots$,波矢为 $k_1, k_2, k_3, \cdots$ 的不同光束,相应的高阶项可以作为源项引入到波动方程。通常从瞬态和局部场 E

和极化强度 $\boldsymbol{P}$ 转换到不同波的振幅 $\boldsymbol{A}(\omega_1, \boldsymbol{k}_1)$，$\boldsymbol{A}(\omega_2, \boldsymbol{k}_2)$，$\boldsymbol{A}(\cdots)$ 以及 $P^{NL}(\cdots)$。

为了描述某个源项，只允许那些频率和波矢量加起来等于源项所需值的振幅组合，用指数 $i, j, k \cdots$ 表示向量和张量分量（每个下标可以有 x, y, z 值）以考虑各向异性相互作用，频率组合为 $\pm\omega_1 \pm\omega_2 \pm\omega_3$ 的源项的常用基本表达式：

$$P_i^{NL}(\pm\omega_1 \pm\omega_2 \pm\omega_3\cdots; \pm\boldsymbol{k}_1 \pm\boldsymbol{k}_2 \pm\boldsymbol{k}_3\cdots) \quad (2.49)$$

$$=\varepsilon_0\left[\chi_{ijk}^{(2)}(\cdots)\boldsymbol{A}_j(\cdots)\boldsymbol{A}_k(\cdots) + \chi_{ijkl}^{(3)}\boldsymbol{A}_j(\cdots)\boldsymbol{A}_k(\cdots)\boldsymbol{A}_l(\cdots) + \cdots\right]$$

$\pm\omega_1 \pm\omega_2 \pm\omega_3\cdots$ 组合中频率的负值，由 $\boldsymbol{A}_1(-\omega_1, -\boldsymbol{k}_1)=\boldsymbol{A}^*(\omega_1, \boldsymbol{k}_1)$ 等得到。系数 χ 是高阶或非线性极化率，依此类推，它们是二阶、三阶、四阶的张量；理论上，所有系数都是频率的泛函（瞬态效应）或函数（稳态条件），包括 $\boldsymbol{k}$ 向量[在式(2.49)中缩写(···)]的函数，以上假设材料在空间上是均匀的。

将式(2.49)应用于瞬态光栅的产生和检测。我们的兴趣集中在散射光束 $P_D(\omega_D, \boldsymbol{k}_D)$ 的源项上，为了简单起见，用 P_D 表示。

四个电场振幅表示为 $\boldsymbol{A}(\omega_p, \boldsymbol{k}_A) \equiv \boldsymbol{A}_A$，$\boldsymbol{A}(\omega_p, \boldsymbol{k}_B) \equiv \boldsymbol{A}_B$，$\boldsymbol{A}(\omega_C, \boldsymbol{k}_C) \equiv \boldsymbol{A}_C$，$\boldsymbol{A}(\omega_D, \boldsymbol{k}_D) \equiv \boldsymbol{A}_D$。

式(2.49)中的二阶项涉及两个场振幅的组合，因此可以用频率的和或差表示：$2\omega_P$，$\omega_P \pm\omega_C$，$2\omega_C$，0。因此，这项在频率 $\omega_D=\omega_C$ 处没有贡献，其他偶数项也是如此。这样剩下的最低解是三阶项，它给出所需的组合 $\omega_D=\omega_P-\omega_P+\omega_C=\omega_C$；类似地，所有奇数阶项都存在可能的组合，但高阶项通常较小。含有 ω_D 的源项辐射一个新的波 $\boldsymbol{A}_D$，如果相应的波矢量相等，则该波 $\boldsymbol{A}_D$ 满足：

$$\boldsymbol{k}_D=\boldsymbol{k}_A-\boldsymbol{k}_B+\boldsymbol{k}_C \quad (2.50)$$

上式在非线性光学中称为相位匹配条件，它对应于一阶布拉格条件[式(2.45)，其中 $m=1$]，它将探测波 $\boldsymbol{k}_C$ 传播方向和衍射波 $\boldsymbol{k}_D$ 的方向与光栅矢量 $\boldsymbol{q}=\boldsymbol{k}_A-\boldsymbol{k}_B$ 连接起来。

如果不满足相位匹配条件[式(2.50)]，若样品足够薄，仍然可以观察到散射波，这种情况对应于薄光栅的衍射。

仅考虑辐射频率为 $\omega_C=\omega_D$ 项，则式(2.49)简化为

$$P_{D, i}=\varepsilon_0(\chi_{ij}^{(1)}A_{D, j} + \chi_{ijkl}^{(3)}A_{C, j}A_{A, k}A_{B, l}) \quad (2.51)$$

光栅产生和检测过程中的所有非线性相互作用现在都表示为一个量，即三

阶极化率 $\chi_{ijkl}^{(3)}$。考虑到导致这个量的不同的物理机制，$\chi_{ijkl}^{(3)}$ 是一个复杂的参数并不惊奇，它是一个具有复杂分量的四阶张量。此外，非线性极化率张量取决于四个频率和波矢量。然而，这种情况下在 $\omega_A = \omega_B = \omega_P$，$\omega_D = \omega_C$ 的范围内是部分简并的，或者如果所有频率相等，则完全简并。

在波动方程中引入源项[式(2.51)]，可以计算衍射场强 A_D。因此，可以通过泵浦光和探测光的非线性光学相互作用（简并四波混频）描述衍射波的强度和方向。

以下将说明，一般的非线性光源项[式(2.49)]可以简化为探测光束线性极化率的变化 $\Delta\chi_{ij}$。在简并四波混频的情况下，衍射光束的极化强度可以类似于式(2.51)：

$$P_{D,i} = \varepsilon_0 (\chi_{ij} A_{D,j} + \Delta\chi_{ij} A_{C,j}), \qquad (2.52)$$

$$\Delta\chi_{ij} \equiv \chi_{ijkl}^{(3)} A_{A,k} A_{B,l} \qquad (2.53)$$

比较式(2.53)与式(2.37b)，两个方程中的 $\Delta\chi_{ij}$ 项是相同的。在各向同性介质和 $\boldsymbol{A}_A \parallel \boldsymbol{A}_B$ 的情况下，$\Delta\chi_{ij}$ 变成标量 $\Delta\chi$，根据式(2.36b)，可以表示为折射率变化 $\Delta\tilde{n}$。类似地，非线性折射率 n_3 代入式(2.53)，得

$$\Delta\tilde{n} \equiv n_3 \mid \boldsymbol{A}_A \parallel \boldsymbol{A}_B \mid \qquad (2.54)$$

总之，非线性光学的一个特例就是瞬态光栅，非线性极化率的表述并没有提供有关材料激发的新信息，而是一种用于评估电磁波束相互作用的简洁的符号。由于光栅激发的机制是本卷的主要目标，因此先前引入的（见 2.3 节）复杂算法更加适用。

第 3 章
光栅形成机理与光栅材料

本章描述了光诱导光学材料特性发生变化的不同机理。通常人们认为这些变化是由某些特定的材料激发（如电子密度、温度）引起。但是，这只是一个简化的描述。一般来说，材料以不同的方式被激发，并且各种激发耦合在一起。通过采用短脉冲激发，至少部分地实现这些激发的分离。在脉冲之后，在特定的时间范围内产生不同的激发。

3.1 相互作用机理：真实和虚拟转换

紫外光、可见光和近红外光（$\lambda < 3\ \mu m$）主要与穿过材料的电子相互作用，而中红外和远红外主要是与声子和其他低能激发相互作用。

如果光的频率与介质的共振频率相匹配，则相互作用可能是一个真正的跃迁或吸收过程。介质进入激发态的同时，一个光子被湮灭。一段时间后，重新发射具有不同频率和方向的光子，激发态的能量也有可能转化为其他形式（如热能）的激发。

如果光的频率与作用介质的共振频率不匹配，光场也可能会影响介质并改变介质的光学特性。这种隐含的相互作用过程通常被描述为一个虚拟的跃迁。这种虚跃迁是对相互作用效应的唯象的说法，量子理论对此有详细的解释。为了解释非共振相互作用，假设这是一个虚拟的吸收过程，其中一个入射光子被湮灭，但另一个光子同时产生。新光子可能比入射光子的能量更低、相同或更高。此外，发射方向可以与入射光子相同或不同。

因任何共振都是有限频宽的，所以这两种相互作用之间没有明显的区别。实际上，真实的吸收过程表示强烈的相互作用，会显著改变入射光强。另一方面,虚拟过程是较弱的相互作用,入射光强变化较小。非共振或虚拟过程是拉曼与布里渊散射、光学克尔效应和非线性电子极化引起的各种混频效应的微观起源。如前所述,与行波相关的拉曼散射与布里渊散射在这里不太关注,由于其他非共振过程引起准静态折射率变化在这里非常重要,下面要讨论的大多数光栅机理都是由共振相互作用引起的。

下面将讨论介质吸收激光脉冲引起电子跃迁后激发/退激发的过程,相应的光栅结构将在后续章节中详细讨论。

3.2　退激发过程

一个被吸收的短激光脉冲在离开材料的瞬间处于相干激发的电子状态,即电子与光场以恒定的相位关系振荡。利用相干激发的光栅效应见 3.3 节。通常,相干会迅速消失,时间常数为 $10^{-15} \sim 10^{-7}$ s 数量级。由此产生的非相干激发态占据时间可能同样短暂,但也可能持续到毫秒范围,并可能产生粒子数密度光栅(见 3.4 节)。

在具有高迁移率电子和空穴的固体(半导体)中,粒子数密度光栅对应于自由载流子光栅(见 3.5 节)。在电光晶体中,自由载流子移动并形成空间电荷,通过电光效应使光栅效应增强(见 3.6 节)。

由初始激发态衰变的电子可以填充中间电子态,或其他激发态,或诱发化学反应。由此产生的次级结构可能寿命更长,甚至具有(亚)稳定(光致变色)。最后,能量被吸收,变为热,粒子数密度光栅成为一个热光栅(见 3.7 节)。这种光栅通常需要 $10^{-4} \sim 10^{-2}$ s 进行热扩散衰减。这种温度光栅通过热膨胀产生密度、应力和应变光栅。三元过程中,流体可以诱导对流速度光栅,混合物可以诱导浓度光栅。在这种情况下,典型的衰减时间为 $10^{-2} \sim 10$ s(见 3.8 节)。

图 3.1 给出了由激发态电子使材料处于不同激发态的过程,类似的光栅激发顺序可能是主要由振动激发态的红外泵浦光诱导产生的。

不同类型的光栅对光散射的贡献可以由其强度、时间特性和偏振来确定。

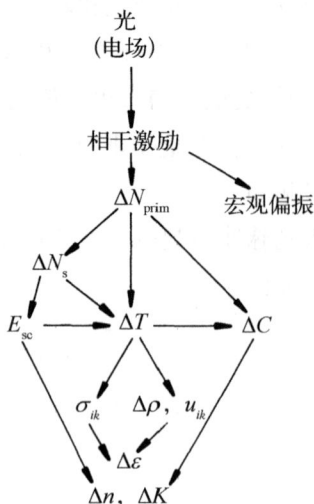

图 3.1　由短脉冲产生介质激发的可能顺序

$\Delta N_{prim}(\Delta N_s)$ 为激发电子能级的主(次级)粒子数密度，E_{sc} 为空间电荷电场，ΔT 为温度变化，ΔC 为浓度变化，$\Delta \rho$ 为密度变化，u_{ik} 为应变，σ_{ik} 为应力，$\Delta \varepsilon$ 为介电常数变化，Δn 为折射率变化，ΔK 为吸收系数变化

3.3　原子态相干作用产生的光栅

　　光与物质相互作用首先是电子的受迫振荡，一旦有激光脉冲，原子中的电子开始与光场强度相干振荡。经过一段时间 T_2 后，相干性消失，产生材料二次激发。下面的实验[3.1-3.3]所讨论的光栅是由一次相干相互作用产生，这样的光栅可以由两个激励脉冲激发。两个激励脉冲的延时大于脉冲宽度，这两个光束的叠加不会产生干涉，即不可能出现光强度的空间调制。即使这样，通过相干相互作用，这两束延迟的激光脉冲也可以使材料中的原子形成相干激发而产生空间调制，即光栅。以下主要讨论由相干相互作用产生的光栅。

　　如果第一个光波束的相位由材料存储，并持续到第二个光脉冲到来，则两个具有延迟的强激发脉冲就可能在材料中形成光栅。相位存储就是光波产生电子或原子偶极矩，这些电子或原子偶极矩与光波相干振动。由偶极矩密度得到的宏观上的极化强度，因此，光波的相位存储可以通过材料极化保存。

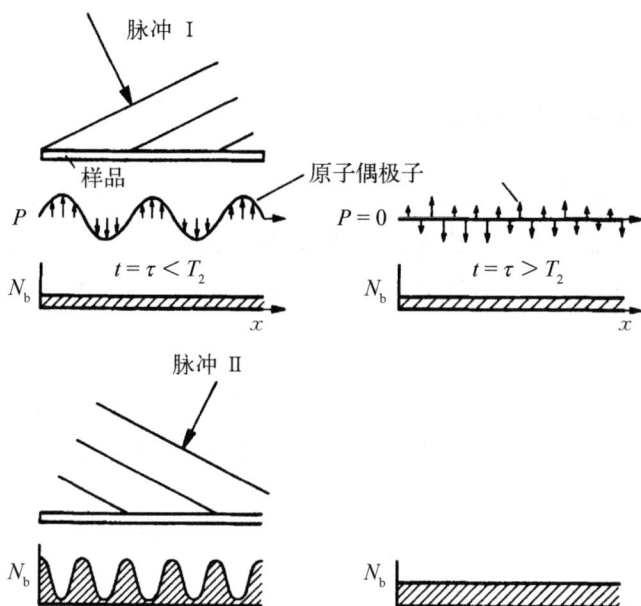

图 3.2　两个光脉冲(延迟时间为 τ)与两能级系统(极化驰豫时间为 T_2)的相互作用示意图

当 $\tau < T_2$ 时,第一个脉冲 I 产生激发态粒子数 N_b 和原子偶极子密度 P(极化),脉冲终止后,P 与光场同相振荡,第二个脉冲 II 与原子偶极子相互作用,并根据脉冲 II 的相对相位和 $t = \tau$ 时的初始极化强度 p 改变 N_b,N_b 得到空间调制;当 $\tau > T_2$ 时,脉冲 I 产生的原子偶极子在脉冲 II 开始时相位不一致,因此,在 $t = \tau$ 时 $P = 0$,最终激发态粒子数 N_b 在空间上是恒定的

　　根据量子力学的观点,如果原子用两个能态(如基态和激发态)的相干叠加来描述,则存在原子偶极矩。这两种状态之间跃迁产生的光波相位由两种状态波函数的相对相位而储存下来。当光波停止之后,极化衰减时间为 T_2。T_2 通常比材料激发态粒子数的衰减时间 T_1 短得多。极化衰减时间 T_2 也被称为相位弛豫时间,因为原子偶极矩与其他激发(如热声子)的相互作用的退相引起极化强度衰减。低温下,相位弛豫时间可能很长,例如在温度为 2 K 的红宝石中,观察到 $T_2 = 10^{-7}$ s。

　　对于光栅的产生(见图 3.2),材料首先被宽度为 t_p 的第一个脉冲激发,具有不同方向且延迟时间间隔 $\tau > t_p$ 的第二脉冲与第一脉冲形成的极化相互作用,在满足:

$$\tau < T_2 \tag{3.1}$$

39

产生空间调制粒子数密度光栅,通常,可以利用第三束光的衍射来检测粒子数密度光栅。

3.3.1 粒子数密度调制的计算

材料被认为是具有跃迁能量 $\hbar\omega_0$ 的两能级系统[3.4]。原子系统的总粒子数密度为 N,较低能级的粒子数密度为 N_a,而较高能级的粒子数密度为 N_b,由于光场 $E=E(t)$ 的影响,粒子数密度差 $\gamma=N_a-N_b$ 发生变化:

$$\frac{\mathrm{d}\gamma}{\mathrm{d}t}+\frac{1}{T_1}(\gamma-N)=-\frac{2E}{\hbar\omega_0}\frac{\mathrm{d}P}{\mathrm{d}t} \tag{3.2}$$

极化 $P=P(t)$ 由以下类似于受迫谐振子运动方程给出[3.4]:

$$\frac{\mathrm{d}^2P}{\mathrm{d}t^2}+\frac{2}{T_2}\frac{\mathrm{d}P}{\mathrm{d}t}+\omega_0^2P=\frac{2\omega_0}{\hbar}\omega^2\gamma E \tag{3.3}$$

其中,γ 是两个能级之间跃迁的偶极矩阵元素(无取向平均)。

对于式(3.2)和式(3.3)的进一步讨论,使用慢变振幅近似:

$$E=\frac{1}{2}\bar{E}(t)\exp[\mathrm{i}(\omega_1 t-\boldsymbol{k}\cdot\boldsymbol{r})]+\text{c.c.} \tag{3.4}$$

$$P=\frac{1}{2}\bar{P}(t)\exp[\mathrm{i}(\omega_1 t-\boldsymbol{k}\cdot\boldsymbol{r})]+\text{c.c.} \tag{3.5}$$

由此得出光场和极化的振幅 $\bar{E}(t)$ 和 $\bar{P}(t)$ 的近似方程:

$$\frac{\mathrm{d}\gamma}{\mathrm{d}t}+\frac{1}{T_1}(\gamma-N)=\frac{\mathrm{i}}{2\hbar}[\bar{E}(t)\bar{P}^*(t)-\bar{E}^*(t)\bar{P}(t)] \tag{3.6}$$

$$\frac{\mathrm{d}\bar{P}(t)}{\mathrm{d}t}+\left[\frac{1}{T_2}+\mathrm{i}(\omega_1-\omega_0)\right]\bar{P}(t)=-\frac{\mathrm{i}}{\hbar}\mu^2\gamma\bar{E}(t) \tag{3.7}$$

对于时间 $t\gg T_2$,式(3.7)可以用式(3.33)的极化率 χ,近似给出稳态解 $P\approx\varepsilon_0\chi E$。将此近似值代入式(3.6)中,得到一个速率方程,见式(3.36),即由与 $|E|^2$ 成比例的光强度产生的粒子数差异 γ。因此,对于时间 $t\gg T_2$,得到用于描述粒子数密度光栅的基本方程,见3.4节。

式(3.6)和式(3.7)讨论的时间 t 与 T_2 相差不太大,为了描述由两个延迟光脉冲形成的光栅,假设场强具有矩形脉冲包络:

$$E_{\text{I, II}}(t) = \frac{1}{2} \bar{E}_{\text{I, II}}(t) \exp[\mathrm{i}(\omega_1 t - \boldsymbol{k}_{\text{I, II}} \cdot \boldsymbol{r})] + \text{c.c.} \tag{3.8}$$

其中，

$$\bar{E}_{\text{I}}(t) = \begin{cases} \bar{E}, & 0 \leqslant t \leqslant t_{\text{p}} \\ 0, & t < 0, \, t > t_{\text{p}} \end{cases} \tag{3.9}$$

$$\bar{E}_{\text{II}}(t) = \begin{cases} \bar{E}, & \tau \leqslant t \leqslant \tau + t_{\text{p}} \\ 0, & t < \tau, \, t > \tau + t_{\text{p}} \end{cases} \tag{3.10}$$

式中，$\bar{E}_{\text{I, II}}$ 和 $\boldsymbol{k}_{\text{I, II}}$ 是两个脉冲的电场振幅和波矢量，$\boldsymbol{k}_{\text{I}}$ 和 $\boldsymbol{k}_{\text{II}}$ 的方向不同。为了简化讨论，仅考虑 $\omega_1 = \omega_0 = \omega$ 的情况。由于振幅 $\bar{E}_{\text{I, II}}(t)$ 在不同的时间间隔内具有恒定值（$\bar{E}$ 或零），因此可以将其视为恒定参数，通过将极化强度拆分为实部和虚部 $\overline{P_1}$ 和 $\overline{P_2}$，可进一步简化为

$$\bar{P}(t) = \bar{P}_1(t) + \mathrm{i} \bar{P}_2(t) \tag{3.11}$$

由于 $t_{\text{p}} \ll T_1$，T_2，根据式（3.6）、式（3.7）和式（3.11），由以下方程可以给出粒子数密度差 γ 和极化强度 $\bar{P}(t)$ 的变化：

$$\frac{\mathrm{d}\gamma}{\mathrm{d}t} = \frac{1}{\hbar} \bar{E} P_2 \tag{3.12}$$

$$\frac{\mathrm{d}\bar{P}_1(t)}{\mathrm{d}t} = 0 \tag{3.13}$$

$$\frac{\mathrm{d}\bar{P}_2(t)}{\mathrm{d}t} = \frac{\mu^2 \gamma \bar{E}}{\hbar} \tag{3.14}$$

引入式（3.12），可得

$$\frac{\mathrm{d}^2 \bar{P}_2(t)}{\mathrm{d}t^2} = -\Omega^2 \bar{P}_2(t), \, \Omega = \frac{\mu \bar{E}}{\hbar} \tag{3.15}$$

在第一个光脉冲期间，γ 和 P 的计算根据式（3.5）、式（3.12）、式（3.13）和式（3.15），考虑到 $\gamma(0) = N$，$P(0) = 0$：

$$\gamma(t) = N \cos \Omega t, \quad 0 \leqslant t \leqslant t_{\text{p}} \tag{3.16}$$

$$P(t) = -\frac{\mathrm{i}}{2} N \mu \sin \Omega t \exp[\mathrm{i}(\omega t - \boldsymbol{k}_I \cdot \boldsymbol{r})] + \text{c.c.} \tag{3.17}$$

41

式(3.17)表明,第一光波的相位存储在偏振中,在第一个脉冲结束后,γ 和 P 按照式(3.2)和式(3.3)衰减,其中 $E=0$ 时为

$$\gamma(t)=N(\cos \Omega t_p - 1)\exp\left(-\frac{t}{T_1}\right)+N, \quad t_p < t < \tau \tag{3.18}$$

$$P(t)=-\frac{i}{2}N\mu\sin(\Omega t_p)\exp\left(-\frac{t}{T_2}\right)\cdot\exp[i(\omega t-\boldsymbol{k}_I\cdot\boldsymbol{r})]+\text{c.c.} \tag{3.19}$$

在实验(见 3.3.2 节)中,与 T_1 相比,脉冲延迟 τ 很小,因此(3.18)中的衰减可以忽略。

在第二个光脉冲期间,γ 和 P 从初始值变为

$$\gamma(\tau)=N\cos \Omega t_p \tag{3.20}$$

$$P(\tau)=-\frac{i}{2}N\mu\sin(\Omega t_p)\exp\left(-\frac{\tau}{T_2}\right)\cdot\exp[i(\omega\tau-\boldsymbol{k}_I\cdot\boldsymbol{r})]+\text{c.c.} \tag{3.21}$$

第二个光脉冲的偏振态仍然与第一个光脉冲同相,因为第二个光脉冲的波矢 $\boldsymbol{k}_{II}$ 不同于 $\boldsymbol{k}_I$,对于 $t \geqslant \tau$ 的极化波 $P(t)$ 的波矢写为

$$P(t)=\frac{1}{2}\bar{P}(t)\exp[i(\omega t-\boldsymbol{k}_{II}\cdot\boldsymbol{r})]+\text{c.c.} \tag{3.22}$$

比较前面的两个方程,即 $P(t=\tau)=P(\tau)$,在 $t=\tau$ 时,得到极化振幅 $\bar{P}(t)$ 为

$$\bar{P}(\tau)=-iN\mu\sin(\Omega t_p)\exp\left(-\frac{\tau}{T_2}\right)\cdot\exp[i(\boldsymbol{k}_{II}-\boldsymbol{k}_I)\cdot\boldsymbol{r}] \tag{3.23}$$

$$\overline{P_2}(\tau)=-N\mu\sin(\Omega t_p)\exp\left(-\frac{\tau}{T_2}\right)\cdot\cos(\boldsymbol{k}_{II}-\boldsymbol{k}_I)\cdot\boldsymbol{r} \tag{3.24}$$

具有初始值 $\gamma(\tau)$,$\overline{P_2}(\tau)$,式(3.12)、式(3.13)和式(3.15)的解为

$$\gamma(t)=\gamma(\tau)\cos \Omega(t-\tau)+\frac{\overline{P_2}(\tau)}{\mu}\sin \Omega(t-\tau), \quad \tau < t < \tau+\tau_p \tag{3.25}$$

$$\overline{P_2}(t)=-\mu\gamma(\tau)\sin \Omega(t-\tau)+\overline{P_2}(\tau)\cos \Omega(t-\tau) \tag{3.26}$$

在第二个光脉冲结束时,粒子数密度差由下式给出:

$$\gamma(\tau + t_{\mathrm{p}}) = N\left[\cos^2(\Omega t_{\mathrm{p}}) - \sin^2(\Omega t_{\mathrm{p}})\exp\left(-\frac{t}{T_2}\right)\cos(\boldsymbol{k}_{\mathrm{I}} - \boldsymbol{k}_{\mathrm{II}})\cdot\boldsymbol{r}\right]$$

$$(3.27)$$

由于极化强度 P 不是很重要,在此不再进一步讨论。在第二个光脉冲结束后,粒子数密度差 γ 按照式(3.2)随衰减时间 T_1 而衰减。

式(3.27)表明,在第二个光脉冲期间,粒子数密度差异按照空间周期 $\varLambda = \dfrac{2\pi}{\mid\boldsymbol{k}_{\mathrm{I}} - \boldsymbol{k}_{\mathrm{II}}\mid}$ 调制。因此,即使两个激励脉冲没有发生干涉,也会产生光栅。

3.3.2　实验

实验装置[3.2-3.3]如图 3.3 所示。1MW 红宝石激光器和分束器 BS 产生两束脉冲 I 和 II,两光束 $t_{\mathrm{p}} \approx 10\ \mathrm{ns}$,光束 II 被光学延迟线(ODL)延迟($\tau \approx 50\ \mathrm{ns}$)。这两束光以 1°的角度(为了表述清楚,图中的角度远远大于 1°)入射到红宝石样品上,波矢量分别为 $\boldsymbol{k}_{\mathrm{I}}$ 和 $\boldsymbol{k}_{\mathrm{II}}$,并产生一个间距为 $\dfrac{2\pi}{\mid\boldsymbol{k}_{\mathrm{II}} - \boldsymbol{k}_{\mathrm{I}}\mid}$ 的光栅。光栅通过第三束光的衍射来检测,第三束光由反射镜 M 反射产生,$\boldsymbol{k}_{\mathrm{III}} = -\boldsymbol{k}_{\mathrm{II}}$。布拉格条件(或相位匹配条件)给出的衍射光束方向为 $\boldsymbol{k} = \boldsymbol{k}_{\mathrm{III}} + \boldsymbol{k}_{\mathrm{II}} - \boldsymbol{k}_{\mathrm{I}} = -\boldsymbol{k}_{\mathrm{I}}$,该光束通过半透半反镜,由光电倍增管和示波器检测。质量分数为 0.05% 的 Cr^{3+} 红宝石样品沿垂直于 C 轴切割,厚度为 1.5 mm,冷却到 2.2 K 会将相位弛豫时间增加到 10^{-7} s。为了补偿吸收线中心的同时移动,红宝石激光棒也必须冷却到 80 K。此外,还需要施加磁场进行微调。当激光冷却到 80 K 时,6 933.97 Å 激光线 $\left[\text{在 } 77\ \mathrm{K} \text{ 时},{}^4A_2\left(M_{\mathrm{s}} = \pm\frac{3}{2}\right) \to {}^2E(E) \text{ 跃迁}\right]$ 与样品的 6 943 Å 吸收线 $\left[\text{在 } 2.2\ \mathrm{K} \text{ 时},{}^4A_2\left(M_{\mathrm{s}} = \pm\frac{1}{2}\right) \to {}^2E(\bar{E}) \text{ 跃迁}\right]$ 共振。所有光束偏振垂直于图 3.3 的平面,并使用亥姆霍兹线圈产生一个大约平行于晶体 C 轴的弱纵向磁场(磁场强度为 0~250 G)。

图 3.4(a)显示了具有延迟 τ 的脉冲 I 和脉冲 II 的波形图。脉冲 III 相对于脉冲 II 延迟 10 ns,因此图 3.4(b)中的衍射脉冲也相应延迟。曲线 b 上的第二个脉冲是一个受激光子回波信号[3.2,3.5],如文献所述,该信号在第三个激光脉冲延迟 τ 后产生。衍射信号和光子回波在同一方向上出现是因为这两种现象受相同的相位匹配条件约束。

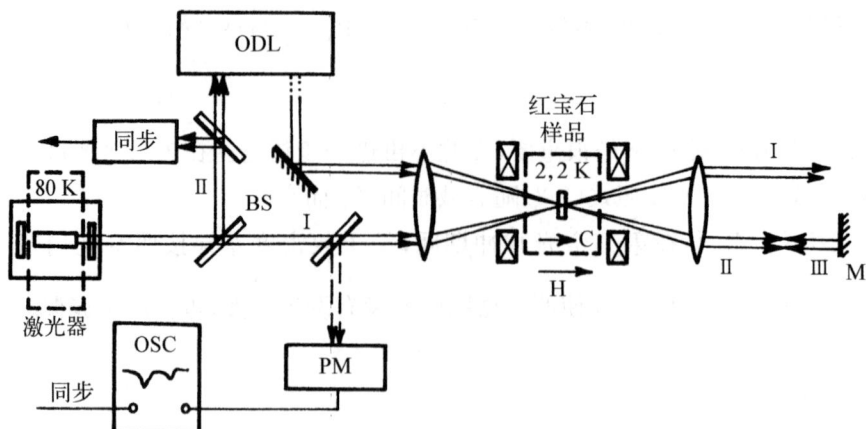

图 3.3 通过两个延迟光脉冲产生光栅的实验装置[3.1-3.3]

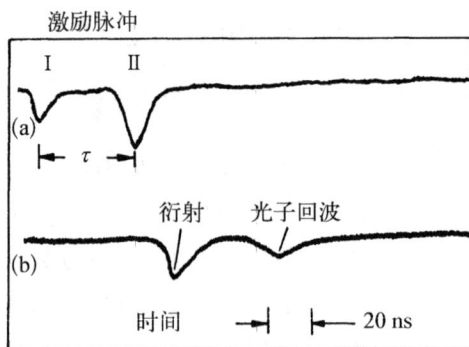

图 3.4 根据图 3.3 在实验中观察到的示波器信号[3.1-3.3]

（a）延迟激发脉冲；（b）衍射脉冲和光子回波

3.3.3 相关效应

近年来,由于相干激发原子产生的光学效应引起了人们的极大兴趣[3.6],所有这些现象(如光学章动、自由感应衰减、各种类型的光子回波、自感应透明)都可以在相干性消失之前通过共振激发的粒子观察到。在光栅实验中,原子相干效应也必须考虑,就像刚才讨论的两个延迟光脉冲形成光栅的例子一样。另一个有趣的例子是,当驻波激励脉冲产生粒子数密度光栅时,可以观察到光栅回波的出现[3.7]。

通常,在激光诱导光栅实验中可以观察到不同传播方向的光波之间的相互作用,如非共线光脉冲的光子回波[3.5,3.8-3.9]和共振简并四波混频[3.10-3.15]等与光栅实验密切相关的非线性光学效应。

3.4 固体和液体中的粒子数密度光栅

如果原子系统由基态激发到上一个能级,在光栅实验中可以观察到吸收系数和折射率的变化。本书首先给出了激发光场强度与光学特性的变化有关的基本方程,其决定了光栅衍射效率。然后,举例给出了各种材料中的粒子数密度光栅。

3.4.1 吸收和折射率变化,衍射效率

简化的原子系统被认为只有两个电子能级可被占据,实际上它是由虚设的二能级系统和具有三个或更多能级的更真实的系统组成的,其中仅有两个能级是强占据。吸收系数的变化可以从基态和激发态的吸收截面 σ_0 和 σ_1 计算出来,对于许多材料来说,实验上是已知吸收截面,吸收系数 K 由两种状态的粒子数密度 N_0 和 N_1 给出:

$$K = \sigma_0 N_0 + \sigma_1 N_1 \tag{3.28}$$

通过光激发,粒子数密度变化为 $N_0 - \Delta N$ 和 $N_1 + \Delta N$,因此吸收系数的变化为

$$\Delta K = -(\sigma_0 - \sigma_1)\Delta N \tag{3.29}$$

吸收系数的变化伴随着折射率 Δn 的变化,对于研究的许多材料来说,没有可用的测量值 Δn,可以使用 Kramers-Kronig 关系式[3.16]估算 Δn:

$$\Delta n = \frac{1}{2\pi^2} \int_0^\infty \frac{\Delta K(\lambda)\,\mathrm{d}\lambda'}{1 - \left(\frac{\lambda'}{\lambda}\right)^2} \tag{3.30}$$

上式仅适用于吸收系数 $\left(K \ll \dfrac{4\pi n}{\lambda},\ \Delta K \ll \dfrac{4\pi n}{\lambda}\right)$ 和折射率变化较小的 $(\Delta n \ll n)$ 情况,其中 $\lambda = \dfrac{2\pi c}{\omega}$ 为真空波长。

可以结合吸收系数和折射率的变化来描述复极化率的变化,根据下式:

$$\chi = \left(\frac{n + \mathrm{i}Kc}{2\omega}\right)^2 - 1 \approx n^2 - 1 + \frac{\mathrm{i}Knc}{\omega}$$

若 $K \ll \dfrac{2\omega}{c} = \dfrac{4\pi}{\lambda}$,可得

$$\Delta\chi = 2n\Delta n + \mathrm{i}(nc/\omega)\Delta K \tag{3.31}$$

使用 $\Delta\chi$,弱光栅(光栅厚度为 d)的衍射效率为

$$\eta = \left(\frac{\pi\Delta nd}{\lambda}\right)^2 + \left(\frac{\Delta Kd}{4}\right)^2 = \left(\frac{\pi d}{2n\lambda}\right)^2 \mid \Delta\chi \mid^2 \tag{3.32}$$

因此,由衍射效率可以测量复极化率绝对值 $\mid \Delta\chi \mid$ 的变化,相对于瞬态吸收实验观察吸收系数 ΔK 变化,这是光栅方法所独有的特点。

由于光激发会改变吸收系数和折射率,因此粒子数密度光栅是振幅型光栅和相位型光栅的混合。为了解释哪种贡献占主导地位,考虑一个简单的二能级系统,其跃迁频率为 ω_0,吸收曲线的半宽度为 $\dfrac{1}{T_2}$[3.4,3.17]。

$$\chi_{\mathrm{model}} = \frac{\dfrac{\mid \mu \mid^2 (N_{\mathrm{a}} - N_{\mathrm{b}})}{\hbar\,\varepsilon_0}}{(\omega_0 - \omega) + \dfrac{\mathrm{i}}{T_2}} \tag{3.33}$$

上式是式(3.7) $P \approx \varepsilon_0\chi E$ 的稳态解。

振幅(η_{a})型光栅和相位(η_{p})型光栅对该模型系统衍射效率的相对贡献为

$$\frac{\eta_{\mathrm{a}}}{\eta_{\mathrm{p}}} = \left(\frac{\mathrm{Im}\{\Delta\chi\}}{\mathrm{Re}\{\Delta\chi\}}\right)^2 = \left(\frac{\dfrac{1}{T_2}}{\omega_0 - \omega}\right)^2 \tag{3.34}$$

因此,当探测辐射的频率 ω 接近跃迁频率 ω_0 时,振幅型光栅占主导地位;如果频率差值 $\mid \omega - \omega_0 \mid$ 大于吸收曲线的半宽 $\dfrac{1}{T_2}$,则粒子数密度光栅如同相位型光栅。

为了评估瞬态光栅实验,需要将衍射效率 η 与诱导光栅的光强度 I 或能量密度 E_{p} 联系起来,根据极化率的变化[见式(3.29)、式(3.30)和式(3.31)],可得

$$\Delta \chi = -(\alpha_0 - \alpha_1)\Delta N \tag{3.35}$$

忽略局域场修正，α_0 和 α_1 是原子系统基态和激发态的极化率，粒子数密度的变化（$\Delta N = N_a - N_b$）可以从速率方程中得到，该方程根据总粒子数密度为 N 的二能级系统的简单情况，由下式给出：

$$\frac{\partial N_a}{\partial t} = \frac{N_b}{T_1} - \frac{\sigma I}{h\nu}(N_a - N_b), \quad N_a + N_b = N \tag{3.36}$$

式中，T_1 是具有粒子数 N_b 和吸收截面 σ 的上能级的寿命，粒子数密度用 N_a 和 N_b 表示，不用 N_0 和 N_1 表示，以区分后面将讨论的二能级系统和三能级系统。参考 3.3 节，式(3.36)可由式(3.6)获得。式(3.36)不再进一步讨论，在此给出速率方程的主要是为了说明它如何与 3.3 节中概述的更基础的半经典光物质相互作用描述相联系。

目前研究的大多数材料（如红宝石、染料溶液等）更适合描述为三能级系统。在这里，从基态（能量为 E_0，粒子数密度为 N_0）吸收的光子（能量为 $h\nu$）只会在能量为 $E_0 + h\nu$ 的直接激发态产生少量粒子数。直接激发态迅速衰变为一些较低的能级，由此产生粒子数密度 N_1 和相对较长的寿命 T_1。因为直接激发态的粒子数很少，所以总密度由 $N \approx N_0 + N_1$ 给出，三能级系统中的光诱导粒子数变化由以下速率方程得出：

$$\frac{\partial N_0}{\partial t} = \frac{N_1}{T_1} - \frac{\sigma_0 I}{h\nu}N_0 \tag{3.37}$$

稳态粒子数变化 $\Delta N = N - N_0 = N_1$，由下式给出：

$$\Delta N = N \frac{\dfrac{I}{I_s}}{1 + \dfrac{I}{I_s}} \quad \text{其中，} I_s = \frac{h\nu}{\sigma_0 T_1} \tag{3.38}$$

如果该材料被寿命比 T_1 短的脉冲所激发，则粒子数变化 ΔN_p 由下式给出：

$$\Delta N_p = N[1 - \exp(-\sigma_0 E_p/h\nu)], \quad E_p = \int I \, dt \tag{3.39}$$

对掺杂晶体（如红宝石中的 Cr 离子和 YAG 中的 Nd 离子）和染料溶液中的粒子数密度光栅所开展的实验研究，将在后面进一步讨论。半导体中的自由电子光栅和在激光材料的上能级粒子数中空间烧孔也可被认为是粒子数密度光栅,由于其特殊性质,这些类型的光栅将在 3.5 节和 7.1 节中讨论。

3.4.2 红宝石中的粒子数密度光栅

首次在固体中进行的激光诱导光栅实验是采用红宝石晶体进行的,该晶体被红宝石激光器光学谐振腔中的驻波泵浦[1,10]。在晶体中 Cr^{3+} 离子的 ^2E 态(见图 3.5)通过 694 nm 红宝石激光辐射吸收,从 $^4A_2$ 基态到与 $2\bar{A}$ 态热平衡的 $\bar{E}$ 激发态,产生空间周期性的粒子数密度。基态和激发态[3.22-3.26]的吸收系数 K_0、K_1 如图 3.6 所示。迄今为止,根据已知的基态和激发态吸收光谱和式(3.30)[3.26],仅在 694 nm 激光附近计算了光泵浦引起的折射率变化,另见文献[3.27 - 3.30]。这些结果在此没有列出,这是由于到目前为止,所有的光栅实验都是在这个波长范围之外的波长下测试的。

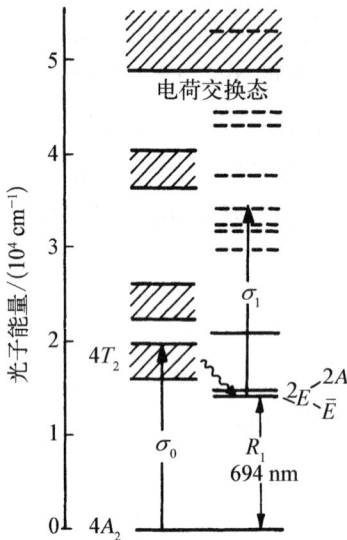

图 3.5　红宝石中 Cr^{3+} 简化能级图[3.23]

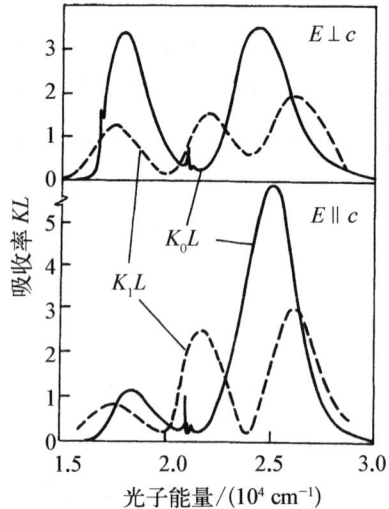

图 3.6　红宝石($L=3$ cm)的基态和激发态吸收光谱(归一化到 100% 粒子数)

这个光栅由波长为 514 nm 的准连续 Ar 激光器输出光束的布拉格衍射探测,在这个波长范围内,吸收系数 $K_0 - K_1$ 差值相当小。因此,衍射效率主要取决于相位光栅的贡献[3.31]。根据文献[3.32],光栅衰减时间与低 Cr^{3+} 质量浓度(0.05%)时 ^2E 状态的寿命(约为 3 ms)一致;在较高 Cr^{3+} 浓度下,光栅衰减变为非指数衰减,且比荧光衰减快得多[3.33]。这表明,在较高的 Cr 浓度下,不仅要考

虑光栅形成中的 ^2E 能级粒子数,还要考虑其他能级(如 Cr‑Cr 对的能级)。

如图 3.5 所示,如果 ^2E 能级通过某个更高的吸收带激发,红宝石中的粒子数密度光栅伴随着热光栅,多余的能量然后转化为热量,热光栅的衰变时间比粒子数密度光栅短,因此很容易区分这两种贡献[3.33]。

在第一次实验[3.18]之后,研究人员又研究了红宝石中的瞬态光栅,以检测激发态能量的扩散(另见 5.6 节)[3.32-3.35],这些实验有可能给出与光谱研究一致的扩散常数上限[3.36-3.37]。

有人建议使用红宝石进行实时全息实验[3.31,3.38],然而,由于衍射效率相当低(例如,对于 2.3 厘米长的晶体,在 514 nm 波长下的泵浦功率约为 700 W/cm^2,衍射效率为 3%),目前采用其他材料用于全息应用(见 3.6 节和第 6 章)。

3.4.3　各种晶体和玻璃中的光栅

除了红宝石,也开展了其他固体材料的激光诱导瞬态光栅研究。例如,在有机晶体——对三联苯掺杂并五苯中,实验观察了并五苯激发态之间的能量传输[3.39];使用光栅技术(四波混频)研究了激光材料 $Nd_x La_{1-x} P_5 O_{14}$[3.40]中的激发态(激子)扩散。可以预期该方法将应用于其他材料中(见 5.6 节)。

Nd:YAG 中的相位共轭可以通过粒子数密度光栅的衍射来理解[3.41]。原则上,任何激光材料都可以用于此目的,因为增益饱和是所有激光器固有的,它会导致空间烧孔(见 7.1 节),从而形成光栅。

碱金属卤化物是另一类容易产生激光诱导光栅的材料[3.42-3.44]。最简单的情况是,光激发的自由电子被正离子空位捕获,并产生色心(F-centers),中心的光学跃迁改变了最初透明晶体的吸收,光栅的形成机制比简单的粒子数密度光栅更加复杂。色心及相应的光栅通常是稳定的,尽管本书的重点在瞬态光栅,在此介绍色心光栅是因为永久光栅和瞬态光栅之间的区别不是非常严格。例如,当使用附加光束读取光栅时,色心可能会变得不稳定,色心对激光束的吸收可能导致其电离,并在读取光栅时擦除光栅。此外,在色心形成过程中会出现瞬态效应,如电子扩散和结构变化[3.45]。

光栅实验也可以采用非晶固体,尤其是滤光玻璃[3.47,3.49,3.52],这种玻璃样品被用作 Q 开关固体激光器的可饱和吸收体。

3.4.4　染料溶液中的光栅

研究者使用不同类型的染料,在染料溶液中观察到了激光诱导光栅[3.46-3.48]。

他们首先研究的染料是可饱和吸收体(激光 Q 开关)和其他无荧光且衰减时间快的染料,在此过程中,吸收的光能迅速转化为热量。其后,还使用了具有强荧光的激光染料。

在初步证明了光栅效应之后,发现染料溶液的光学性质发生了双重变化。首先,入射强度在空间上调节染料分子的电子态占据数,吸收被漂白。这种粒子数密度光栅影响探测光束的振幅,最初被称为振幅光栅。根据 Kramers-Kronig 关系式[见式(3.30)],其也存在相位贡献。其次,温度光栅是由被激发分子弛豫释放的热量所引起的。由于溶剂的折射率随温度变化,该热光栅主要对应于相位光栅(见 3.7 节),这里只考虑了主要由短脉冲(皮秒)激发的粒子数密度光栅。

如果用偏振光激发染料溶液,光学性质的变化是各向异性的,即溶液变为二向色性和双折射性。产生各向异性的原因是当跃迁矩 $\boldsymbol{\mu}$ 与光的电场 $\boldsymbol{E}$ 平行时,染料分子优先受到激发[3.53]。光栅不能用简单的空间调制粒子数密度来描述,相反,必须考虑激发染料分子的取向分布 $\rho(y, \theta, \varphi, t)$,其中取向由极坐标 θ 和 φ(不要与第 2 章中的泵浦光和衍射光角度混淆)给出。根据半经典辐射理论计算的激发率为

$$\left(\frac{\partial \rho}{\partial t}\right)_{\mathrm{exc}} = \frac{C \mid \boldsymbol{E} \cdot \boldsymbol{\mu} \mid^2 N_{\mathrm{a}}}{4\pi} \tag{3.40}$$

式中,$\boldsymbol{E}$ 是总场强;$\frac{N_{\mathrm{a}}}{4\pi}$ 是基态分子的各向同性取向分布。假设弱激励,激发分子的总数为

$$N_{\mathrm{b}} = \iint \rho \sin\theta \, \mathrm{d}\theta \, \mathrm{d}\varphi \tag{3.41}$$

它比基态密度 N_{a} 小得多。

考虑 $\boldsymbol{E}$ 的线性极化,耦合常数 C 可以用吸收截面 σ 表示。在这种情况下,根据式(3.40)的激发率与 $\mid E \mid^2 \mid \mu \mid^2 \cos^2\theta$ 成正比,得到 $\frac{\partial N_{\mathrm{b}}}{\partial t} = C \mid E \mid^2 \mid \mu \mid^2 \frac{N_{\mathrm{a}}}{3}$。引入强度 $I = \frac{\mid E \mid^2}{2Z}$,$Z$ 为波阻抗,对于 $N_{\mathrm{b}} \ll N_{\mathrm{a}}$,与式(3.36)比较得

$$C = 6Z \frac{\sigma}{\mid \mu \mid^2} h\nu \tag{3.42}$$

对于光栅激励,电场强度是两个平面波的叠加,即

$$\boldsymbol{E} = \boldsymbol{A}_a \exp(i \boldsymbol{k}_a \cdot \boldsymbol{r}) + \boldsymbol{A}_b \exp(i \boldsymbol{k}_b \cdot \boldsymbol{r}) \tag{3.43}$$

式中,$\boldsymbol{A}_a$ 和 $\boldsymbol{A}_b$ 是电场振幅。有趣的是,在 $\boldsymbol{A}_a$ 和 $\boldsymbol{A}_b$ 的垂直方向上可能产生光栅激发,这将在后面讨论。在 $\boldsymbol{A}_a$ 和 $\boldsymbol{A}_b$ 平行极化的情况下,激发率由下式给出:

$$|\boldsymbol{E} \cdot \boldsymbol{\mu}|^2 = (|A_a|^2 + |A_b|^2 + 2|A_a||A_b|\cos qx)|\mu|^2 \cos^2\theta \tag{3.44}$$

式中,$qx = (\boldsymbol{k}_1 - \boldsymbol{k}_2) \cdot \boldsymbol{r}$,$\theta$ 是染料分子的跃迁力矩 $\boldsymbol{\mu}$ 和场强 $\boldsymbol{A}_{a,b}$ 之间的夹角。

如果用短脉冲进行激励(脉冲宽度 $t_p \ll$ 取向弛豫时间和激发单程寿命 τ_s),则激发分子取向分布的空间振幅为

$$\rho(\theta, t = 0) = \frac{3}{4\pi} \sigma \frac{E_p}{h\nu} N \cos^2\theta \tag{3.45}$$

当 $E_p = \dfrac{|A_a||A_b|t_p}{Z}$,如果 $|A_a| = |A_b|$,则总激发能密度等于 E_p。

$\rho(\theta, t)$ 随时间的演化由旋转扩散方程给出:

$$\frac{\partial}{\partial t}\rho = D\boldsymbol{\nabla}^2\rho - \frac{1}{\tau_s}\rho \tag{3.46}$$

式中,D 是旋转扩散常数,$\boldsymbol{\nabla}^2$ 是拉普拉斯算子:

$$\boldsymbol{\nabla}^2 = \frac{1}{\sin\theta}\frac{\partial}{\partial\theta}\left(\sin\theta\frac{\partial}{\partial\theta}\right) + \frac{1}{\sin^2\theta}\frac{\partial^2}{\partial\varphi^2} \tag{3.47}$$

初始条件为式(3.45)时,式(3.46)解为

$$\rho(\theta, t) = \frac{1}{4\pi}\sigma N \frac{E_p}{h\nu}\exp\left(-\frac{t}{\tau_s}\right)\left[\exp\left(-\frac{t}{\tau_{or}}\right)(3\cos^2\theta - 1) + 1\right] \tag{3.48}$$

取向衰变时间由 $\tau_{or} = \dfrac{1}{6}D$ 定义。对于简单分子,$\tau_{or} = \dfrac{\eta V}{kT}$,其中 η 是液体的黏度,V 是分子的体积[3.53]。根据 $|\boldsymbol{\mu}| \cdot |E_p|^2$,极化率的变化取决于探测光束极化强度 E_p,如果偏振方向与激励场平行,可得

$$\Delta\chi_{\parallel} = -3(\alpha_0 - \alpha_1)\iint\rho(\theta, t)\cos^2\theta\sin\theta\,\mathrm{d}\theta\,\mathrm{d}\varphi \tag{3.49}$$
$$= -\sigma N \frac{E_p}{h\nu}(\alpha_0 - \alpha_1)\exp\left(-\frac{t}{\tau_s}\right)\left[1 + \frac{4}{5}\exp\left(-\frac{t}{\tau_{or}}\right)\right]$$

假设从 S_1 跃迁到更高能级的偶极矩与 $S_0 \rightarrow S_1$ 跃迁的偶极矩方向相同,因子 3 的选择使式(3.49)中的上线在各向同性分布 $\rho = \dfrac{\Delta N}{4\pi}$ 时减少到式(3.35)。

对于探测光束相对于激励场偏振垂直,可得

$$
\begin{aligned}
\Delta \chi_\perp &= -3(\alpha_0 - \alpha_1)\iint \rho(\theta, t)\sin^2\theta \sin^2\varphi\, \mathrm{d}\theta\, \mathrm{d}\varphi \\
&= -\sigma N \frac{E_\mathrm{p}}{h\nu}(\alpha_0 - \alpha_1)\exp\left(-\frac{t}{\tau_s}\right)\left[1 - \frac{2}{5}\exp\left(-\frac{t}{\tau_\mathrm{or}}\right)\right]
\end{aligned}
\tag{3.50}
$$

式(3.49)和式(3.50)表明,染料溶液的总极化率 $\chi + \Delta \chi$ 变为各向异性,即 $\Delta \chi$ 必须是张量。由于对称性,张量 $\Delta \chi$ 的主轴平行并垂直于激发光束的偏振方向。对于 $t = 0$,主轴上比率为 $\dfrac{\Delta \chi_\parallel}{\Delta \chi_\perp} = 3$,对于 $t \gg \tau_\mathrm{or}$,$\Delta \chi$ 张量是各向同性的。

光学常数与时间的变化关系根据染料的激发电子态寿命（S_1）和取向弛豫给出。对于许多激光染料,取向弛豫时间 τ_or（通常为几百皮秒）比 S_1 寿命（通常为几纳秒）短。对于光学常数的时间关系,还需要考虑在微秒到毫秒时间尺度上衰减的三重态粒子数和温度效应。

研究者[3.54-3.57]已使用光栅法测量各种衰变过程的时间常数,染料溶液中激光诱导光栅的另一个研究方向是实时全息术和相位共轭的应用,可参考文献[3.58-3.59],也可见第 6 章。

下文以罗丹明 6G 溶液为例讨论激光诱导光栅的量化结果。

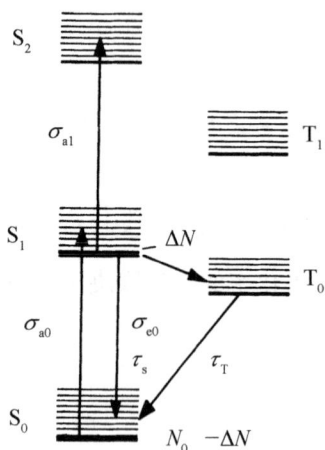

图 3.7　染料分子能级图

3.4.5　罗丹明 6G 溶液

罗丹明 6G 和许多其他激光染料一样,可以用图 3.7 的能级图来说明。电子能级分为单重态 S_0,S_1,S_2,$\cdots$ 和一个三重态 T_0,T_1,$\cdots$,连接三重态与单重态的跃迁概率低。每一个电子能级被一个连续的振动、转动和溶剂态展宽,都具有非常宽的能级。在室温下,只有电子能级最低的振动-转动态被占据。

光通过吸收截面 $\sigma = \sigma_\mathrm{a0}$ 产生了一些激发态 S_1,之后,分子迅速弛豫到 S_1 态的最低振动能级。在该振动能级下,单重态寿命 τ_s 期间,粒子数密度累积,一些分子跃迁到三重态 T_0。对于罗丹明 6G 溶液而言,由激发的单重态分子产生三重态分子的量子产额非常低,因此 T_0 的粒子数可以忽略,尤其是在脉冲激励的情况下。考虑到光泵浦循环,类似于三能级系统的分子特性,因为只有 S_0 基态,由第一级吸收过程激发的 S_1 态和最低振动的 S_1 态非常重要,对于脉冲激励(脉冲宽度 $\ll \tau_s$),粒子数密度的变化 ΔN 由入射能量密度根据式(3.39)确定。

光激发吸收系数的变化 ΔK 可以通过 σ_{a0}(从 S_0 基态吸收的截面),σ_{a1}(从最低能级 S_1 吸收到更高能级的截面)和 σ_{e1}(受激辐射回到 S_0 的截面)计算得

$$\Delta K = -(\sigma_{a0} - \sigma_{a1} + \sigma_{e1})\Delta N \quad (3.51)$$

文献[3.60]给出了截面 σ_{a0},σ_{a1},σ_{e1} 的实验结果,利用这些实验值可以直接计算 ΔK,并使用 Kramers-Kronig 关系式[见式(3.30)]获得折射率变化 Δn。由此产生的衍射效率 $\eta = \eta_a + \eta_p$ 在图 3.8 中给出[3.61]。图 3.8 中的数值只是初始值,因为式(3.51)中截面的实验值还没有最终确定。

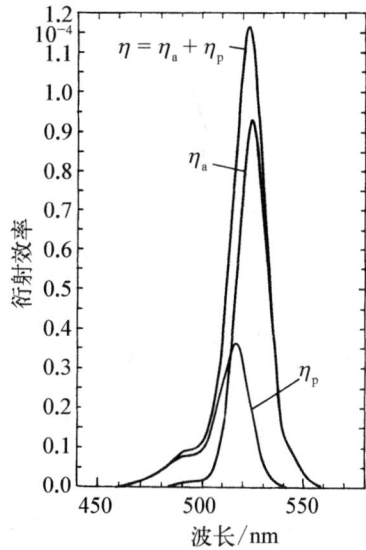

图 3.8　对 10^{-4} mol/L 罗丹明 6G 甲醇溶液,厚度 $d = 0.1$ mm,由振幅光栅 η_a 和相位光栅 η_p 构成的衍射效率 η 计算结果[3.61]

激励光束的能量密度为 10^{-4} J/cm²,假设是非极化激励,激励波长等于探测波长

下面将介绍两种类型的光栅实验。我们首先考虑用自衍射实验(见 2.4.3 节)来确定衍射效率。采用波长 530 nm 的 Nd:YAG 倍频激光器锁模,产生 20 ps 半宽的脉冲,用于光栅的激励和检测。在第二个实验中,使用具有可变延迟的探测脉冲来研究衍射效率的时间演化。

在图 3.9 中,罗丹明溶液中激光诱导光栅的自衍射能量是入射能量密度 E_p 的函数,光栅常数为 $\Lambda = 20$ μm。在低入射能量密度下,衍射能量密度的变化近似与 E_p^3 成正比。因此,衍射效率可以根据 $\eta \propto E_p^2$ 给出,这只是估算值。因为对于较小的 E_p,它与激发态粒子数密度是线性关系,那 $\Delta N \propto E_p$。从式(3.32)和式(3.35)可以看出,衍射效率与入射能量密度呈二次方关系,即 $\eta \propto (\Delta N)^2 \propto E_p^2$,这在实验中可以证实。在高入射能量密度下,观察到衍射能量开始饱和,

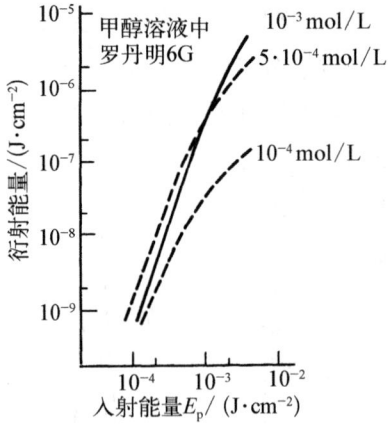

图 3.9　自衍射与入射能量密度关系

采用几种罗丹明溶液(厚度为 100 μm),激光
波长为 530 nm,脉冲宽度为 20 ps

可以根据式(3.39),由激发态粒子数 ΔN 的饱和状态与入射能量密度 E_p 关系进行解释。使用式(3.51)的 ΔK 和 Δn 的数值,根据式(3.32)、式(3.35)和式(3.39)完整计算的衍射效率,与图 3.9 中给出的测量的效率仅大致符合,这可能是因为用于确定 ΔK 的各种截面实验数据的准确性有限,此外,几何因素也是获得衍射效率可靠实验值的难点[3.61]。

图 3.10 显示了罗丹明甲醇和乙醇溶液中光栅衍射效率与时间的关系[3.55]。用 Nd:YAG 激光器输出的 20 ps 脉冲再次进行了光栅激发,采用来自同一光源的具有光学延迟的脉冲探测光栅,探测脉冲的偏振态与激励脉冲的偏振态平行或垂直。由于衍射效率 η 与光学常数或极化率的变化呈二次方关系[见式(3.22)],因此给出衍射效率 η 的平方根,极化率的变化明显是各向异性的。

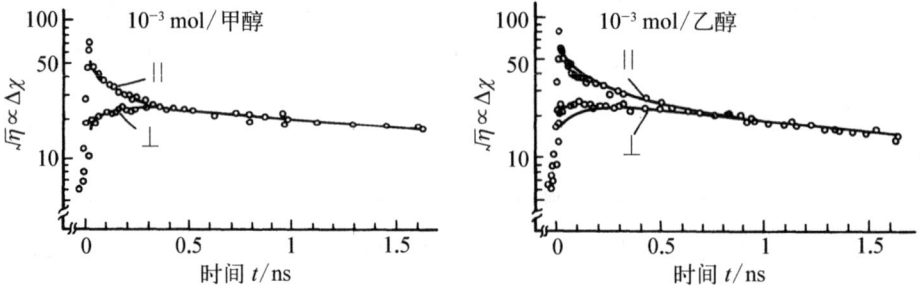

图 3.10　罗丹明 6G 溶液中的粒子数密度光栅在不同溶剂中的衍射效率 η 随时间的变化

探测光束偏振态平行(‖)和垂直(⊥)于激励光束的偏振态,η 和 $\Delta\chi$ 为任意单位

将计算曲线[见式(3.49)和式(3.50)]与实验值相匹配,得到染料在甲醇中的取向弛豫时间为 100 ps,在乙醇中为 170 ps,这些值比采用瞬态吸收方法测量的取向弛豫时间约小 40%[3.53],这种差异可能是由受激辐射导致的寿命缩短造成的。甲醇中的弛豫时间 τ_{or} 比乙醇中的弛豫时间短,这是因为乙醇的高黏度抑制了罗丹明分子的取向运动,并使其保持更长的取向。此外,已经确定单重态寿

命 $\tau_s \approx 2 \sim 3$ ns,似乎比其他实验中获得的值要小一些[3.60]。

图 3.10 中,在 $t=0$ 时出现尖峰,该相干峰并不对应于光学特性的快速弛豫变化,而是探测光束与其中一个激励光束相互作用产生的伪影,见 7.7 节的讨论。

为了给出完整的定量描述,需要进一步测量染料溶液中激光诱导光栅的衍射效率。这些结果将有助于更好地理解染料激光器的性能,其性能受光栅形成(空间烧孔)的强烈影响。例如,这些光栅对于飞秒脉冲在碰撞脉冲环形激光器中的形成和稳定具有重要意义[3.62]。

3.4.6　光栅激励光束的垂直偏振

在激励光束为垂直偏振的情况下,光栅激发也是可能的。这似乎令人惊讶,因为在这种情况下,没有空间调制强度发展。然而,受激分子的取向分布和光学性质表现出类似光栅的调制,这可以通过评估[见式(3.40)和式(3.43)]给出的激发率来理解,其中 $\boldsymbol{A}_a \perp \boldsymbol{A}_b$,得

$$\left(\frac{\partial \rho}{\partial t}\right)_{\text{exc}} \propto |\boldsymbol{E} \cdot \boldsymbol{\mu}|^2 = |A_a|^2 |\mu|^2 \cos^2\theta + |A_b|^2 |\mu|^2 \sin^2\theta \cos^2\varphi$$
$$+ 2|A_a||A_b||\mu|^2 \cos\theta \sin\theta \cos\varphi \cos qx$$

$$(3.52)$$

由此产生的染料分子取向分布的空间振幅与式(3.48)类似:

$$\rho(\theta, t) = \frac{3}{4\pi} \sigma N \frac{E_p}{h\nu} \exp\left(-\frac{t}{\tau_s}\right) \exp\left(-\frac{t}{\tau_{\text{or}}}\right) \cos\theta \sin\theta \cos\varphi \qquad (3.53)$$

由式(3.53)引起的取向分布的最大值出现在角度 $\theta=45°$ 和 $225°$ 处,这些方向是 $\Delta\chi$ 张量的主轴,与这些方向对应的值:

$$\Delta\chi_{45} \propto \iint (\cos\theta + \sin\theta \cos\varphi)^2 \rho(\theta, t) \sin\theta \, \mathrm{d}\theta \, \mathrm{d}\varphi,$$

$$\Delta\chi_{45} = -\Delta\chi_{225} \propto -\frac{3}{5} \sigma N \frac{E_p}{h\nu} \exp\left(-\frac{t}{\tau_s}\right) \exp\left(-\frac{t}{\tau_{\text{or}}}\right) \qquad (3.54)$$

$\Delta\chi_{45}$ 的衰减由一个有效衰减时间 $\left(\frac{1}{\tau_s} + \frac{1}{\tau_{\text{or}}}\right)^{-1} \approx \tau_{\text{or}}$ 的单指数给出。根据式(3.49)和式(3.50),这与由两个指数之和给出的 $\chi_\parallel$ 或 $\chi_\perp$ 的衰减是显著不同

的。由于更容易从单个指数计算衰减时间,所以在激励光束垂直偏振的光栅实验中测量 τ_{or} 似乎更有利。

在瞬态传输测量[3.53]中观察到垂直偏振激励光束对光栅的激发,其中发现的相干耦合峰(见 7.7 节)不仅适用于漂白和探测光束的平行偏振,而且也适用于垂直偏振。

3.5 半导体中的光栅

基于以下原因,研究人员对半导体中的光栅开展了大量的研究。首先,通过激光诱导光栅的受迫光散射,可以研究由于各种非线性光学机制引起的光学材料性质的变化。吸收和折射率的变化对于实时全息、相位共轭、光学双稳态、光学门选通和激光锁模等应用具有重要意义。这些应用是非常便利的,因为半导体是相当成熟的材料,具有优异的质量,并且它们的物理性质可以通过化学或辐射处理来控制。其次,半导体中的激光诱导光栅对研究移动电子和空穴,特别是它们的传输和衰减参数很有意义,这些材料特性对于加工和理解电子及光电子器件,诸如晶体管、光电探测器和激光器等非常重要。

本节将讨论导致光学半导体特性光诱导变化的不同机制,此外,本节还综述了动态光栅实验中使用的材料。由于移动载流子传输和复合引起的光栅衰减过程的研究将在后面讨论(见 5.5 节),而半导体的非线性光学过程已经有不少的文献进行了综述,所以这里仅给出简单概述,更加详细的内容可以参阅文献[3.63 - 3.65]。

3.5.1 光诱导吸收和折射率变化的机理

图 3.11 给出了导致半导体光学性质变化的各种效应汇总,最简单的情况是复折射率的变化 $\Delta\tilde{n}$ 与光强 I 呈线性关系,即

$$\Delta\tilde{n} = \tilde{n}_2 I \tag{3.55}$$

非线性折射率 $\tilde{n}_2$ 与三阶非线性极化率 $\tilde{\chi}^{(3)}$ (以静电单位表示)有下述关系:

$$\tilde{\chi}^{(3)}(\text{esu}) = 19n^2\,\tilde{n}_2(\text{cm}^2/\text{W}) \tag{3.56}$$

在共振相互作用的情况下,光的吸收导致载流子密度 N 变为

$$N = \frac{\zeta K \tau I}{h\nu} \qquad (3.57)$$

式中,K 是吸收系数,τ 是电子-空穴对的复合时间,$h\nu$ 是光子能量。量子效率 $\zeta \leqslant 1$ 表示只有一部分被吸收的光子产生电子-空穴对,被吸收的能量也可加热半导体或使其他材料激发;通常假设 $\zeta = 1$ 给出了 N 的粗略估计值。式(3.57)适用于连续激励或脉冲宽度 $t_p \gg \tau$ 的长激励脉冲;如果 $t_p \ll \tau$,则式(3.57)中的复合时间 τ 必须替换为脉冲宽度量级的时间[3.65]。总折射率变化 $\Delta\tilde{n}$ 取决于载流子密度:

$$\Delta\tilde{n} = \tilde{n}_{eh} N \qquad (3.58)$$

其中,每激发单位电子-空穴对引起的折射率变化 $\tilde{n}_{eh}$ 与 n_2 的关系为

$$\tilde{n}_2 = \frac{\tilde{n}_{eh} K \tau}{h\nu} \qquad (3.59)$$

一般来说,n_2 和非线性极化率都是复数。然而,折射效应往往占主导地位,考虑复数的实部或绝对值就足够了,如,$n_2 = \mathrm{Re}\{\tilde{n}_2\} \approx |\tilde{n}_2|$。表 3.1 给出了选定材料的共振相互作用的 n_{eh},n_2 和 $\chi^{(3)}$ 的数值。

对于非共振相互作用,式(3.55)和式(3.56)给出光学性质的变化,参考文献 [3.65]给出了非共振 n_2 和 $\chi^{(3)}$ 数值。比较共振和非共振相互作用,可以看出折射率的共振变化通常比非共振效应大得多。共振效应是由粒子数的差异引起

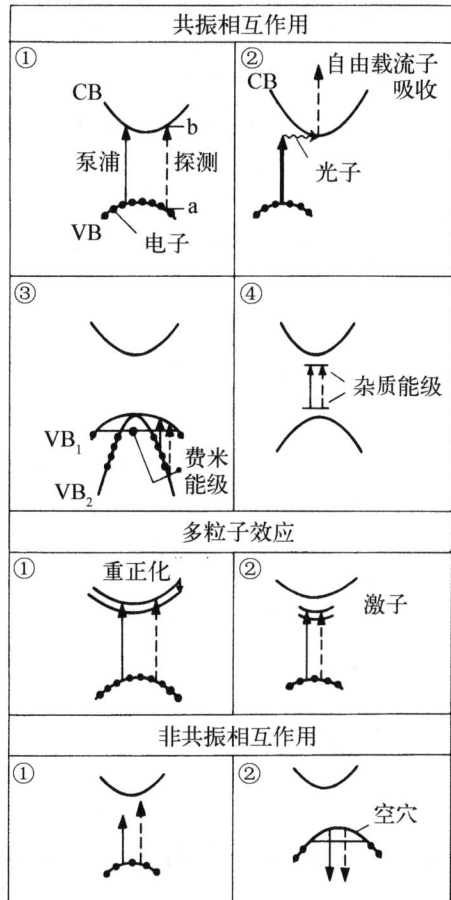

图 3.11　光对半导体光学常数的调制机制

VB 为价带,CB 为导带,箭头表示泵浦光子和探测光子的能量,在简并相互作用中,这些能量是相等的;共振相互作用(真实跃迁,粒子数变化),单粒子效应(极化率变化),① 带间吸收的漂白(动态 Burstein-Moss 位移),② 额外的带内吸收(间接半导体 Si 示意图),③ 带内跃迁(如 p 型半导体中的价带间吸收),④ 涉及杂质能级的跃迁;共振相互作用,多粒子效应,① 带隙重正化,② 激励吸收饱和,例如通过载流子屏蔽;非共振相互作用(虚跃迁),① 本征半导体,非线性束缚载流子,② 掺杂半导体,非抛物带中的自由载流子

的,因此,它们的响应时间限制在 $10^{-6} \sim 10^{-12}$ s。非共振效应可能更快,响应时间下降到只有几个光学周期。

表 3.1　半导体在波长为 λ、温度为 T 的非线性折射率 n_2 和非线性极化率 $\chi^{(3)}$

材　　料	T/K	$\lambda/\mu\mathrm{m}$	$n_{\mathrm{eh}}/\mathrm{cm}^3$	K/cm^{-1}	τ/ns
Si	300	1.06	10^{-21}	10	100
lnSb	77	5.03		50	
GaAs	<100				
GaAs,MQW	300	0.848	5×10^{-20}	3 600	20

材　　料	$n_2/(\mathrm{cm}^2/\mathrm{W})$	n	$\chi^{(3)}/\mathrm{esu}$	参考文献
Si	10^{-8}	3.56	10^{-6}	[3.66]
lnSb	3×10^{-3}		1	[3.64]
GaAs	4×10^{-4}	3.4	10^{-1}	[3.64]
GaAs,MQW	2×10^{-5}		5×10^{-3}	[3.68]

　　每个电子-空穴对的折射率变化为 n_{eh},吸收系数为 K,载流子寿命为 τ,折射率为 n 主要原理见正文。

3.5.2　共振相互作用和单粒子效应

　　光的吸收导致电子的真实(不一定是直接)跃迁,从而激发态被占据,光学性质的变化可以通过几种机制产生,这些机制可分为单粒子效应和多粒子效应。

　　单粒子效应的产生是由于激发电子的极化率不同于基态极化率,这种情况与3.4节讨论的相同,类似的极化率变化是由原子或分子中电子的跃迁引起的。在半导体中,电子跃迁可能发生在从价带到导带之间(带间跃迁),或者在同一个带内(带内跃迁)。

　　1. 带间吸收的漂白和由此产生的折射率变化

　　从价带到导带的带间跃迁导致价带中吸收电子的耗尽,此外,还会降低导带中未占据能态的密度,因此吸收系数 K 退化为

$$K = K_0(f_\mathrm{a} - f_\mathrm{b}) \tag{3.60}$$

其中,K_0 是低强度吸收系数,f_a 和 f_b 是低态 a 和高态 b 的分布概率。对于足

够低的温度和掺杂,a 和 b 能级的热粒子数可以忽略。在零入射强度下：$f_a=1$,
$f_b=0$。随着强度的增加,f_a 降低,f_b 增加。对于小激励,只要玻尔兹曼统计有
效,f_a 和 f_b 的变化与总激励载流子密度 N 成正比,因此,ΔK 与 N 成正比。吸
收系数 K 与频率有关,根据 Kramers-Kronig 关系式,可用于计算光诱导分布的
折射率。由价导带跃迁漂白引起的吸收和折射率的变化对直接带隙半导体是非
常重要的,对 InSb、CdS 和 HgCdTe 已经开展了深入研究[3.65]。

2. 额外的自由载流子吸收和折射

在间接带隙半导体中,例如硅,辐射吸收(在带隙区域的一个波长范围,在导
带中产生电子)不会导致吸收漂白,反而会使吸收增加。这是由于导带和价带中
的带内跃迁。这些跃迁不是在允许的能态之间直接进行的,而是涉及一些其他
的激励,例如声子。与额外的带内或自由载流子吸收相比,带间吸收的漂白程度
较小。

由光激发自由载流子引起的吸收和折射率变化可以借助于 Drude 模型来估
算,该模型将电子和空穴通常视为准自由载流子在光场中振荡。电子和空穴的
有效质量 m_e 和 m_h 反映了材料的能带结构,电子和空穴的诱导光学偶极矩和极
化率很容易计算,可以得到吸收和折射率变化的表达式[3.66]：

$$\Delta K = \frac{Ne^2}{nm_{eh}\omega^2 c\tau_d\varepsilon_0} = N\sigma_{eh} \tag{3.61}$$

$$\Delta n = \frac{-Ne^2}{2nm_{eh}\omega^2\varepsilon_0} = Nn_{eh} \tag{3.62}$$

式中,N 是光激发电子-空穴对的密度,$m_{eh}=\left(\dfrac{1}{m_e}+\dfrac{1}{m_h}\right)^{-1}$ 是电子-空穴对有效
约化质量,τ_d 描述了由于某些散射机制引起的载流子振荡的阻尼;e 是电子或
空穴的电荷,ω 是光波和由此产生的载流子振荡的圆频率,ε_0 是真空介电常数,
n 是材料未受干扰的折射率;n_{eh} 给出了每个体积元的一个电子-空穴对的折射
率变化,σ_{eh} 是吸收截面。

3. 带内吸收的漂白和由此产生的折射率变化

如果存在自由载流子(电子或空穴),则可能发生价带或导带内的带内跃迁,
这些跃迁可以通过前面章节所讨论的光激发或掺杂产生。例如,空穴存在于 p
型材料中,子带 VB_1(轻空穴带)和 VB_2(重空穴带)之间的跃迁可能导致所谓的价

带间吸收,吸收和折射率可能会依据入射泵浦强度而改变,这与带间跃迁类似。

4. 含有杂质的跃迁

在含有杂质的半导体中,通过共振相互作用及利用单粒子效应产生折射率和吸收变化的可能性增加,到目前为止,这种材料的实验工作还很少[3.65]。吸收和折射率的变化预计将通过杂质能级之间的饱和跃迁发生。3.4 节讨论了原子和分子中电子跃迁产生的光学性质变化(粒子数密度光栅)的相关影响。

3.5.3 共振相互作用、多粒子效应

1. 带隙重整化

因为载流子能够在中心的电场中重新排列,自由载流子的高密度改变了半导体的能带结构,这改变了空间周期性电势分布,从而改变了能带结构。由于这种重整化作用,带隙发生了位移,光学性质也发生了变化。

2. 激励吸收饱和

在低温下,光学激发的电子-空穴对来自激子、激子分子和电子-空穴液体。到目前为止,主要在实验上研究激励效应产生光诱导光学性质的变化。一个电子和一个被库仑力束缚在一起的空穴组成一个激子,这个系统在导带底部以下有类似氢原子能级:

$$E_n = \frac{-E_b}{n^2}, \quad n = 1, 2, 3, \cdots \tag{3.63}$$

导带中的能级对应于氢原子的电离连续态,电离能相当于激子的结合能 $E_b = |E_1|$。由于半导体材料的相对介电常数 ε 较高,且电子-空穴对的有效质量 m_{eh} 较自由电子质量 m 低,激子结合能 E_b 远小于氢电离能 13.6 eV:

$$E_b = \left(\frac{m_{eh}}{m\varepsilon^2}\right) 13.6 \text{ eV} \tag{3.64}$$

对于不同的半导体, E_b 通常为 $1\sim300$ meV[3.67]。因此,激子的能级通常略低于导带,这些能级可以通过从价带的直接光学跃迁被占据。在低的光强下,吸收是线性的;在比较高的激励下,吸收会漂白,这一点用多体效应可以解释[3.67]。在高激子密度下,粒子间距与激子玻尔半径相当,电子和空穴之间的库仑力被屏蔽,束缚态变得不稳定,这种屏蔽电离被称为 Mott 转换。激子消失,不再有吸收。通常,吸收饱和伴随着非线性折射率变化。

激子效应在足够低的温度下可以观察到,在这种情况下,粒子的热能比结合能小。在多量子阱结构(MQW)中,与体材料相比,结合能可增加多达四倍。这已被用于 GaAs/GaAlAs 结构中,在室温下观察光吸收饱和现象,光功率低至几毫瓦[3.68]。

3.5.4　非共振相互作用

1. 本征半导体

频率低于带隙的光不会产生从价带到导带的跃迁,在本征(未掺杂)半导体中,价带完全填满,而导带为空,因此,不可能在带间发生跃迁。实际上电子只被激发到带隙区域的某个能级。然而,束缚电子在光场中振荡,由于复杂的非线性恢复力,振荡是非谐振的,因此建立了非线性极化。在每一种材料中,都存在一个三阶非线性极化率 $\chi^{(3)}$,它与强度依赖的复折射率有关。

2. 掺杂半导体

在掺杂半导体中,如 Drude 模型中所述,电子和空穴可能会在部分填充的能带中移动或振荡。如果能带是非抛物线型,则运动是非谐振的。这样,就产生与折射率相关强度等效的非线性极化率 $\chi^{(3)}$。

3.5.5　不同材料研究

1. 硅

Woerdman 首先就实时全息应用在光栅中进行了研究[3.69-3.71],采用调 Q 的 Nd:YAG 激光器对光栅进行激发和检测。激光光子能量 $h\nu = 1.164$ eV,能量略大于 295 K 下 Si 的光学能隙 $E_q = 1.112$ eV,因此自由载流子可通过单光子带间吸收过程产生。实验结果表明,由硅样品的空间周期照明激发的光栅是一个相位光栅。根据 Drude 模型[式(3.62)]计算折射率的变化(见图 3.12)与实验结果一致,测量光栅的衰减时间,发现其主要由双极扩散产生:

$$\tau_D = \frac{\Lambda^2}{4\pi D_a} \tag{3.65}$$

其中,Λ 表示光栅周期,$D_a \approx 10$ cm²/s 表示双极扩散系数。当光栅周期 Λ 大约为 $10\sim30$ μm 时,衰减时间通常为 $10\sim100$ ns。Odulov 及其同事的工作[3.72]证实了最初的假设,即光栅对应于自由载流子的周期调制。该团队还进行了交叉电

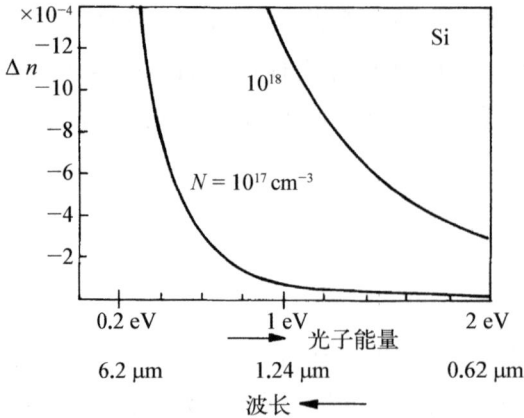

图 3.12 硅的折射率变化 Δn [3.66]

根据式(3.62),$\lambda = 1.06\ \mu m$,$n_{eh} = 10^{-21}\ cm^3$,N 为自由载流子浓度

场和磁场的实验,这些电场和磁场使自由载流子光栅相对于激发的干涉图发生偏移,这种偏移导致两个写入光束之间的能量转移[3.73]。Jarasiunas 及其同事[3.74-3.75]也对硅中的光栅进行了研究,他们证实了之前的结果,并观察到热相位光栅的高激励。该小组还使用 $6.53\ \mu m$ 的倍频 Nd:laser 在晶体表面附近产生自由载流子光栅,采用 $1.06\ \mu m$ 光束探测。这样的实验能够研究高密度下,在 Si 中高达 $10^{19}\ cm^{-3}$,甚至在 GaAs 中高达 $10^{20}\ cm^{-3}$ [3.187]的自由载流子等离子体。Jain 及其同事[3.76-3.77]进行了简并四波混频实验,并且通过光栅图来解释,导出了稳态和脉冲激励的有效非线性极化率 $\chi^{(3)}$。在高激励下,观察到衍射效率的饱和,其原因是自由载流子吸收的增加。

迄今为止讨论的所有实验都使用了自衍射技术。在三束光实验[3.78]中,光栅的激励和检测是分开的,详细的测量衍射效率对激发的自由载流子密度的依赖性是可能的。观察到相位光栅与 Bessel 函数的关系(见第 4 章)。在高激励水平下,可探测到因俄歇(Auger)复合导致的光栅衰减时间缩短。有关载流子动力学的更多研究参见 5.5 节。

许多研究人员[3.79-3.80]已经给出硅中的相位共轭,重点研究了共轭光束的质量和畸变。

2. 锗

在皮秒实验中,首次意外地探测到体光栅,用来自同一光源的非共线延迟脉冲探测了 5 ps 脉冲的钕玻璃激光器激发的锗的吸收与时间关系[3.81-3.83]。除了吸收变化,还研究了泵浦光束和探测光束之间干涉产生的光栅。如果泵浦脉冲和探测脉冲之间的延迟时间小于脉冲的相干时间,则该光栅上的衍射会产生探测光束的额外功率变化。这种相干耦合峰在其他皮秒脉冲的泵浦探测实验中也观察到,第 7 章将对此进行详细讨论。

Smirl 及其同事[3.84-3.90]在系列文章中详细研究了 Ge 中的体光栅,他们研究的主要内容是产生前向传播相位共轭波[3.84]，测量了在高激励下[3.86]的扩散系数和复合效应[3.85]，并且观察 k 空间中电子态的各向异性填充[3.87-3.89]。在延迟激发和探测脉冲的双光束实验中，首次观察到了各向异性态填充，除了两束平行偏振的相干耦合峰，还观察到垂直偏振的相干耦合峰，其中泵浦光干涉不会产生空间调制的强度分布(见 2.2 节)。然而，如果材料具有偏振记忆，也可以通过探测光束的垂直偏振产生光栅，见之前 3.4 节的讨论(粒子数密度光栅)。在半导体中，偏振记忆是由各向异性态填充提供的，k 空间中的分布到各向同性分布的随机时间可能短至 10^{-14} 秒。

临时表面光栅是由红宝石激光器发出的波长为 694 nm 的两光束干涉形成的[3.91]。Wiggins 和 Herman 等[3.91-3.92]的理论和实验工作表明，光栅是由纳秒时间宽度的脉冲加热表面引起的热反射率变化而产生的。较长的脉冲和较短的波长导致热而不是自由载流子的产生。Vaitkus 等[3.93]提出，由于晶体密度的热调制，在反射光束自衍射中观察到的 Ge 表面光栅产生瞬态表面浮雕，在假设浮雕幅度为 10 nm 的前提下给出衍射效率观测值的解释。

在高脉冲能量或者高脉冲功率下，观察到了永久衍射光栅[3.91]。单束激光也可以产生空间频率约为激光波长的周期表面结构(波纹)[3.94]。该波纹来自入射激光进入的表面波在空气-固体界面的受激散射，它们是由光激励而形成的。这些表面波通过各种可能的反馈机理，由自发散射呈指数增长，最终的表面结构是再生长过程中熔融和扩散过程共同作用的结果。类似的表面波纹在其他材料上也观察到(见 5.7 节)。

3. III-V 化合物(镓，铟-磷，砷，锑)

(1) 砷化镓。Hoffmann 等[3.95]使用 0.53 μm 的皮秒钕玻璃激光器对 GaAs 进行了第一次光栅实验，从激励后衍射效率的衰减中获得表面复合速度。Vaitkus 等[3.188]通过皮秒脉冲记录了 GaAs 中的体光栅，并测得 75 ps 的载流子寿命。Hegarty[3.86]等在 GaAs 多量子阱结构(MQW)中，使用可调谐皮秒染料激光器进行了另一个光栅实验，发现激子共振的衍射效率(以及吸收和折射率变化)显著提高。

在 GaAs 和相关材料中注入自由载流子引起的吸收和折射率变化的更多资料可以参考文献[3.97-3.102]，文献[3.67-3.68]包括了不使用光栅方法的理论和实验工作。Haug 等[3.67]计算的吸收和折射率光谱见图 3.13。

(2) 磷化铟。Hoffmann，Jarasiunas 及其同事[3.95]也用类似 GaAs 的光栅方

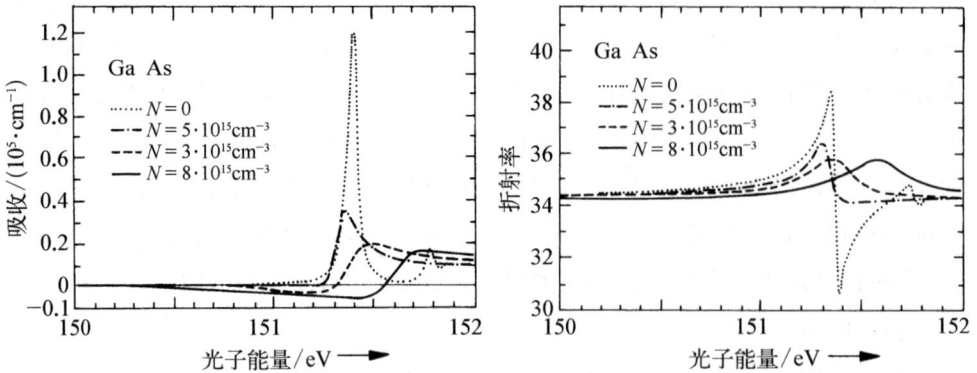

图 3.13 计算的电子温度为 10 K 的 GaAs 在不同载流子浓度下的吸收和折射率光谱[3.67]

吸收最大值是由激子产生的,见 3.5.3b 节

法测量了 InP 中的表面复合速度。

(3) 砷化铟。采用脉宽为 20 ns 的红宝石激光器开展 InAs 通过自衍射进行光学放大候选材料的评估[3.103],如同 Wiggins 等[3.91-3.92] 和 Herman 等[3.93] 之前在 Ge 进行的实验结果一样,瞬态反射光栅是由于表面加热导致折射率发生变化引起的。

(4) 锑化铟。Smith 和 Miller 使用波长约为 5 μm 的 CO 激光器,对 InSb 的非线性折射率和吸收系数变化进行了大量的实验和理论研究,给出了详细报道[3.64]。采用光栅或简并四波混频实验[3.104] 研究了载流子扩散[3.189]。

4. II - VI 化合物(Zn,Cd,Hg,—O,Se,S,Te)

(1) 氧化锌。在 ZnO 中,用红宝石激光器产生光栅,并通过连续氩离子激光器的衍射进行检测[3.105]。由于带隙远大于光子能量,主要是双光子吸收导致材料的光激发,双光子吸收过程导致光学常数 Δn 和 ΔK 的变化由入射功率密度 I 的平方给出:

$$\Delta K , \quad \Delta n \propto I^2 \tag{3.66}$$

与单光子吸收过程相比:

$$\Delta K , \quad \Delta n \propto I \tag{3.67}$$

与单光子吸收 $\propto I^2$ 相比,双光子吸收情况下的衍射效率变为 $\propto I^4$。衍射效率的测量表明,光栅激发存在双光子吸收过程,假设自由载流子和温度光栅是光栅产生的机理,相关理论工作见文献[3.106]。

(2) 硒化锌。在 ZnSe 中完成了实验测量双极扩散常数[3.107],并通过简并六光子混合演示相位共轭[3.108]。用红宝石激光器进行双光子激发,通过双光子吸收产生光栅。因为涉及 6 个波,这种光栅的衍射称为六光子混合,两个激励波被计数两次。用散射图描述的六光子混合理论见文献[3.108]。

(3) $(ZnSe)_x$-$(GaP)_{1-x}$。研究人员对$(ZnSe)_x$-$(GaP)_{1-x}$混合晶体的动态光栅记录和擦除过程进行了研究。俄歇复合限制了高载流子浓度下的衍射效率,俄歇复合和自由载流子吸收产生额外加热,导致热光栅的形成[3.109]。

(4) 硫化镉。在 CdS 中,采用红宝石激光器的初步自衍射实验表明,产生光栅主要通过空间调制的自由载流子或激子分布[3.110],因为 CdS 晶体在红宝石波长下是透明的,所以假定光栅是由电子到导带的双光子跃迁激发的。

采用倍频 Nd：YAG 激光激励 CdS 开展实验[3.111]。虽然带隙 $E_G = 2.42$ eV 大于光子能量($h\nu = 2.37$ eV),在低能量密度下观察到衍射效率与 Nd：YAG 激光器激励的能量密度的二次方成正比。用杂质能级的吸收可以解释光栅激励为单光子过程的假定,此外,荧光衰减时间测量表明杂质对光栅有影响。

在掺铜的 CdS 中,在低强度的红宝石激光激励下,通过单光子杂质电导带跃迁产生了光栅,在高强度下,出现了双光子带间跃迁[3.112]。

CdS 中自由载流子光栅的衍射被用来测量双极扩散常数[3.107],将晶体温度调节到 300 K 以上,可以优化相位共轭效率[3.190]。

用非线性相干混频方法研究了 CdS 中的双激子[3.113],这些实验也可以用光栅的图像来解释,Klingshirn 等[3.19,3.192]在 ZnO 和 CdS 中又开展了大量光栅研究工作。

(5) 硒化镉。产生的自由载流子光栅的激光波长分别为 1.06 μm 和 0.694 μm。由于 CdSe 的直接带隙为 0.71 μm,载流子的产生是通过双光子带间吸收或从杂质能级激励来实现的[3.114-3.115]。在 1.06 μm 下测得的自衍射信号随 I^4 而变化,这可以理解为这些效应的混合结果。

红宝石激光光子的能量(1.786 eV)接近带隙(13 K 时为 1.825 eV),因此温度调节可用于产生自由载流子或激子。当调整样品温度,使光子能量加上光学 LO 声子①的能量(0.27 eV)与 $A(n=1)$激子的能量一致时,得到大的衍射效率,这表明是共振相互作用[3.116]。在激子线附近进一步的光栅研究显示了高激励下的自由载流子屏蔽效应[3.193-3.194]。

如果样品温度没有调整至激子激励,就会产生自由载流子,则可以测量双极

---

① 译者注：体纵光学声子。

扩散系数[3.107]。

(6) 碲化镉。研究人员开展了 CdTe 中的自由载流子光栅[3.117]和正向[3.65]及反向四波混频的[3.117]研究。使用波长 $1.06\ \mu m$ 的 Nd:YAG 激光器,其光子能量(1.17 eV)远小于带隙能量(1.605 eV),因此自由载流子的产生是由于中间杂质态的两步吸收[3.65],光栅衰减测量给出载流子寿命为 600 ps[3.188]。

(7) 掺镉玻璃(CdS_xSe_{1-x})。这些三元半导体合金可以以锐截止玻璃滤波片的形式廉价地获得。每个滤波片由固定组分 x 的 $100 \sim 1\ 000\ \text{Å}$ 大小的微晶组成,对于这些材料的光栅,一个有趣的结果是,不会发生由扩散引起的光栅衰减,因此,足够长脉冲的衍射效率与光栅周期无关[3.65]。

(8) $Hg_{1-x}Cd_xTe$。对于这些材料,适当选择合金组分($x \approx 0.15$)、温度($T \leqslant 4\ K$)和波长($\lambda \geqslant 100\ \mu m$),预计三阶极化率非常大,$\chi^{(3)} = 10^3$ esu,用 $10.6\ \mu m$ 的 CO_2 激光器测得了 5×10^{-2} esu 的三阶极化率,与 InSb(见表 3.1)的值接近。

对于 n-型样品,光学非线性是由自由载流子的产生[3.118-3.119]和导带非抛物线性引起的[3.120]。

(9) 氯化铜。通过对 CuCl 的共振相干散射进行非线性光谱分析,研究 CuCl 中的 Γ_1 双激子能级[3.121-3.122],该技术对应于激光诱导光栅的自衍射。

使用 389 nm 的共振激发,在 CuCl 中通过类似光栅的密度调制激励分子[3.123],在辐射弛豫后产生激子。使用宽光谱(2 nm)的探测光束,利用激子和激励分子的共振行为,探测其对应的光栅,被测量的衰变时间与光栅周期和导出的扩散常数有关。

3.6　电光晶体中的光折变效应

光折变效应最初被发现是因为在某些非线性和电光晶体中出现的光学损伤[3.124]。因为折射率的变化引起激光束在器件(如调制器和倍频器等)中偏离及散射,光引起的折射率变化限制了具有较大的电光系数和非线性光学系数的晶体(如 $LiNbO_3$)的使用。随后,材料呈现出损伤效应,被称为光折变效应,可以用作全息记录介质[3.125]。

光折变效应基本模型的提出见文献[3.126],研究工作综述可见文献[3.127 -

3.131]。当一定波长的光入射到晶体,会产生光电子,这些光电子在晶格中迁移,随后被捕获在新的位置。由此产生的空间电荷积累会在材料中产生电场强度分布,通过电光效应改变折射率。

在大量晶体中都检测到光折变效应,用于全息的主要晶体有 $LiNbO_3$、$LiTaO_3$、$KTa_x Nb_{1-x} O_3$（KTN）、$BaTiO_3$[3.124-3.131]、$Bi_{12}SiO_{20}$（BSO）[3.132-3.136]、$Bi_{12}GeO_{20}$（BGO）和 $KNbO_3$[3.137-3.142]。在 BSO 和 $KNbO_3$ 中获得相当大的光折变效应所需的能量要接近卤化银层的感光度。全息光栅主要用可见连续激光（Ar、Kr、He-Cd、He-Ne）记录,如果采用固定工艺（见第 6 章）,记录全息图的存储时间或光栅衰减时间范围从毫秒（对于 $KNbO_3$）[3.138]、小时（对于 KTN）,到月和年（对于 $LiNbO_3$）不等[3.127],全息光栅可以通过均匀照明来擦除。

使用高能量密度的脉冲激光器可以获得较短的写入和擦除时间,用 Nd:YAG 激光器倍频的 530 nm 激光的实验表明,在纳秒甚至更短的时间尺度上,折射率光栅的光学写入、读取和擦除是可能的[3.146-3.147]。

3.6.1　电场光栅的产生

光折变效应是由供体（如 $LiNbO_3$ 的氧八面体铁电体中的 Fe^{2+} 杂质）在光照下释放自由电子引起的。为了在均匀介质中观察到这种效应,有必要对光强度进行一些空间调制。周期性类光栅的光激发特别适合于光折变效应的实验观察和理论分析,光强的空间调制引起电子和电离供体密度的相应调制（如 $LiNbO_3$ 中的 Fe^{3+}）。光照开始,电子和电离供体的正负电荷会相互补偿,因此在空间没有净空间电荷分布。电子在外电场或光伏效应的作用下发生扩散移动,随后被空供体所俘获。由于电子的这种运动,电离供体的激发速率和电子的被俘获率存在空间差异,从而产生电荷的空间调制。电荷的空间调制形成的电场通过电光效应形成折射率的空间调制。

在大多数文章中,通过电子运动来解释光折变效应。研究表明,在具有较大的初始陷阱浓度的材料中也必须考虑空穴效应[3.149-3.152]。

光激发自由载流子的运动可受三种不同机制的影响:扩散、漂移（即当外加电场作用下）和光伏效应,以下分别进行讨论。

（1）扩散。由于光电子扩散形成空间电荷电场 E_{sc} 的过程如图 3.14 所示。光强度 I 激发产生电离的供体和电子,可能还存在空间均匀分布的本底电子密度。由于电子扩散使得原来在电子与电离供体密度相等的地方电子密度减小,这种密度差引起了与光强度调制同相的空间电荷分布调制,最终电场分布 E_{sc} 相对于光强分布偏移四分之一光栅周期 $\frac{\Lambda}{4}$。

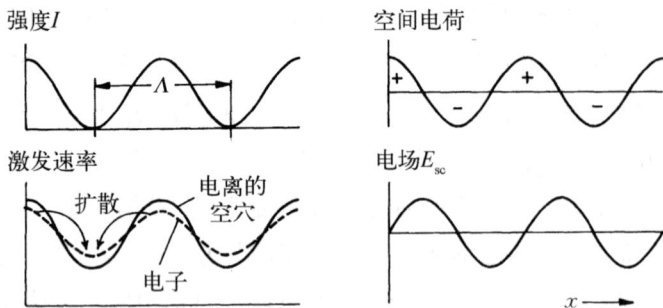

图 3.14　由于电子扩散形成空间电荷电场 E_{sc}

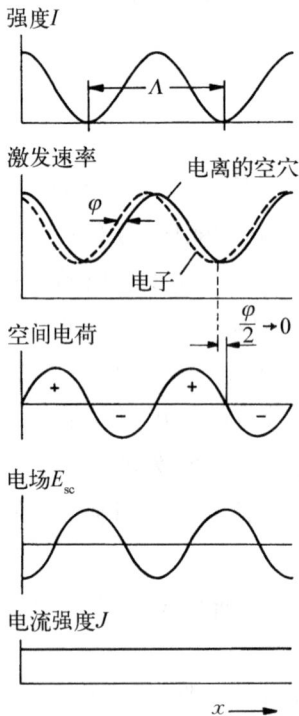

图 3.15　由外加直流电场(见图 3.16)或光伏效应形成空间电荷电场 E_{sc}

(图中 φ 为激发率的位移,J 为直流场下的稳态电流密度)

为了进一步研究电子密度分布,除了考虑扩散外,还必须考虑空间电荷电场的影响。如果扩散占主导地位,则稳态电子密度调制将被完全消除[3.130]。另一方面,如果空间电荷电场主导电子运动,则该场会阻止电子分布的进一步平滑。在光折变晶体中,用于理论分析时假设是后一种情况[3.130-3.131]。

(2)漂移。电子分布的改变可以通过静电场来实现。如果电离供体的激发率与 $\cos qx$ 成正比,则漂移电子的激发率与 $\cos(qx + \varphi)$ 成正比,如图 3.15 和图 3.16 所示。对于足够小的位移,这些分布的差异,即空间电荷密度变化与 $\sin qx$ 成正比。由此产生的电场与 $-\cos qx$ 成正比,即除"负号"外,它与光强度分布一致。另一种理解是,空间电场调制是由供体电场的直流电压产生的电流引起的。在无光照时,静电场产生一恒定电流密度 J,如图 3.15 所示。调制光场产生的自由载流子密度变化使材料的电导率在空间上受到调制,因此,电场 E_{sc} 也在空间上被调制。

漂移和扩散足以解释 KTN、BSO 和 BGO
等顺电晶体,以及类似 KNbO$_3$ 等高光导铁电晶
体中的光折变效应,在这些晶体中由光伏效应
引起的电流可以忽略不计。

(3) 光伏效应。类似 LiNbO$_3$ 的压电晶体,
在没有外加电压的情况下也可以产生光电流。
被激发的光电子优先沿着极轴的方向移动。由
于各向异性的电子囚禁和离子移动,可能存在
一附加电流。总之,产生的光伏电流密度 J_i^{ph} 为

图 3.16 具有二个写入光束和外部
直流电压的光折变晶体

$$J_i^{\text{ph}} = -\beta_{ijk} E_j E_K^* \tag{3.68}$$

其中,E_j、E_K 是光波的电场强度分量,β_{ijk} 是根据 $\beta_{ijk} = \beta_{ikj}{}^*$ 的三阶光伏张量,
它仅在没有对称中心的介质具有非零分量[3.154,3.162]。电光晶体中由光伏电荷输
运形成的光栅通常取张量分量 β_{333},对于这种情况:

$$J^{\text{ph}} = -\beta_{333} E_3 E_3^* = -\beta_{333} I = -\kappa K I \tag{3.69}$$

式中,I 表示光强,K 表示沿 x_3 方向偏振光的吸收系数,κ 表示晶体和掺杂状
态的一个特征常数。

关系式 $J^{\text{ph}} = -\kappa K I$ 仅适用于短的电子传输长度[3.130],其中电子传输长度定
义为速度随机化前电子移动的平均距离,这里不讨论任意电子传输长度的一般
情况。

与外加直流电场类似,光伏效应引起电子和电离供体空间分布的位移(见图
3.15),因此,除不重要的因子(-1)外,电场光栅的位相与激发强度分布相同。

文献[3.162]指出,可以使用光伏张量的非对角分量计算光栅,在这种情况
下,激发光束的垂直极化(寻常光和非寻常光)可产生空间振荡光伏电流(可与
2.2.3 节比较),这样的光波可以表示为

$$E = \boldsymbol{e}_o E_o \exp(\mathrm{i} \boldsymbol{k}_0 \boldsymbol{r}) + \boldsymbol{e}_e E_e \exp(\mathrm{i} \boldsymbol{k}_e \boldsymbol{r}) \tag{3.70}$$

式中,$\boldsymbol{e}_o$ 和 $\boldsymbol{e}_e$ 是极化单位矢量,E_o 和 E_e 是寻常光波和非寻常光波的复振幅,晶
体中出现振荡电流,例如,如果 $\beta_{113} \neq 0$,沿着 x 方向:

$$
\begin{aligned}
J_1^{\text{ph}} &= -\beta_{113}^{\text{s}} E_o E_e \cos(\boldsymbol{q} \cdot \boldsymbol{r}) - \beta_{113}^{\text{a}} E_o E_e \sin(\boldsymbol{q} \cdot \boldsymbol{r}) \\
&= \sqrt{(\beta_{113}^{\text{s}})^2 + (\beta_{113}^{\text{a}})^2}\, E_o E_e \cos\left[\boldsymbol{q} \cdot \boldsymbol{r} - \operatorname{arctg}\left(\frac{\beta_{113}^{\text{s}}}{\beta_{113}^{\text{a}}}\right)\right]
\end{aligned}
\tag{3.71}
$$

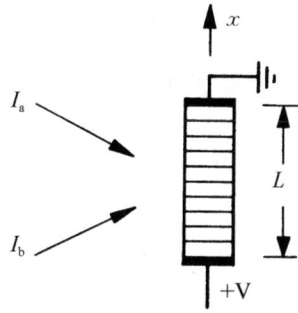

该电流由两部分组成,分别是光伏张量的对称分量和非对称分量。

3.6.2　基本方程

Kukhtarev 等[3.131]给出了由于光折变效应引起的最基本的材料方程:

$$\frac{\partial n_e}{\partial t} = \frac{\partial N_D^+}{\partial t} + \frac{1}{e}\,\mathbf{\nabla} \mathbf{J} \tag{3.72}$$

$$\frac{\partial N_D^+}{\partial t} = \left(\frac{\sigma}{h\nu}I + \beta\right)(N_D - N_D^+) - \gamma_R n N_D^+ \tag{3.73}$$

$$\mathbf{J} = e\mu n\mathbf{E} + eD\mathbf{\nabla} n + J^{\mathrm{ph}} \tag{3.74}$$

$$\mathbf{\nabla}(\varepsilon\varepsilon_0\mathbf{E}) = e(N_D^+ - N_A - n) \tag{3.75}$$

式(3.72)描述了因晶体中电流密度 J 的改变引起的电子密度和电离供体密度变化,如图 3.14 和图 3.15 所示。电离供体的激发率由式(3.73)给出,其中, $\sigma = \dfrac{\zeta K}{N_D}$ 是通过量子效率 ζ 和总吸收系数 K 相关的光电离截面。热激发率由速率常数 β 描述,其作为本底产生空间均匀的电子分布,供体密度为 N_D,电离供体密度为 N_D^+,电子密度为 n_e,复合常数为 γ_R。 强度 I 为

$$I(x) = I_0(1 + m\cos qx) \tag{3.76}$$

其中, $I_0 = I_a + I_b$ 是产生光栅的两束光波的总强度,m 是调制率,$m = \dfrac{2\sqrt{I_a I_b}}{(I_a + I_b)}$。

式(3.74)给出了由于扩散和光伏效应式(3.71)产生电场 E 的电流密度,其中 e 是电子电荷,μ 是迁移率,D 是扩散常数。电场 E 由沿晶体长度 L(见图 3.16)施加的外部电压和光致空间电荷电场 E_{sc} 给出:

$$E = E_{sc} + \frac{V}{L} \tag{3.77}$$

式(3.75)给出了空间电荷电场 E_{sc} 与电荷密度之间的关系。其中,ε 为介质的相对介电常数,N_A 为没有光照的情况下存在的电离供体(空阱)密度。当电子从高向低密度区域扩散或漂移时需要捕获过量的电子,这是为了在没有光照情况下保持电荷中性,必须存在等量的 N_A 补偿受主能级。

Moharam 等[3.130]对式(3.72)～式(3.75)进行简化得

$$J(x,t) = eD\frac{\partial n_e(x,t)}{\partial x} + e\mu n_e(x,t)\left[E_{sc}(x,t) + \frac{V}{L}\right] + J^{ph} \quad (3.78)$$

$$\frac{\partial n_e(x,t)}{\partial t} = g(x) - \frac{n_e(x,t) - n_D}{\tau} + \frac{1}{e}\frac{\partial J(x,t)}{\partial x} \quad (3.79)$$

$$E_{sc}(x,t) = -\frac{1}{\varepsilon\varepsilon_0}\int_0^t J(x,t)dt + G(t) \quad (3.80)$$

在此，$G(t)$ 由下式确定：

$$\int_0^L E_{sc}(x,t)dx = 0 \quad (3.81)$$

假设所有量仅在 x 方向上变化，则式(3.78)与式(3.74)一致。式(3.72)和式(3.73)及近似条件，$N_D \gg N_D^+$，供体密度为常数，得式(3.79)。自由载流子寿命由 $\left(\frac{1}{\tau}\right) = \gamma_R N_D^+ \approx \gamma_R N_A = \mathrm{const}$ 给出。在暗区的自由载流子密度为 $n_D = \beta N_D \tau$。电子产生率 $g(x) = \frac{g_0 I(x)}{I_0}$，式中，$g_0 = \frac{\sigma N_D I_0}{h\nu} = \frac{K\zeta I_0}{h\nu}$。

用如下的空间电荷和电流的连续方程，从式(3.75)可以得式(3.80)。

$$e\frac{\partial}{\partial t}(N_D^+ - N_A - n_e) + \mathbf{\nabla} J = 0 \quad (3.82)$$

3.6.3　稳态下的空间电荷电场

在稳态下 $\frac{\partial N_D^+}{\partial t} = 0$，$\frac{\partial n_e}{\partial t} = 0$，$\frac{\partial J}{\partial x} = 0$，根据式(3.82)，由式(3.79)可得

$$n_e(x) = n_D + \tau g(x) = (n_D + \tau g_0)(1 + m_1\cos qx) \quad (3.83)$$

其中，

$$m_1 = \frac{\tau g_0}{n_D + \tau g_0}m \quad (3.84)$$

由于 $\frac{\partial J}{\partial x} = 0$，$J = \mathrm{const}$，空间电荷电场可以直接从式(3.78)计算得出。使用式(3.81)，不考虑电流 J，可得

$$E_{sc} = \frac{m_1 E_D \sin qx}{(1 + m_1 \cos qx)} + \left(Ev - \frac{V}{L}\right)\left[1 - \frac{\sqrt{1 - m_1^2}}{1 + m_1 \cos qx}\right] \tag{3.85}$$

其中,

$$E_D = \frac{qD}{\mu} = \frac{qkT}{e}, \quad Ev = \frac{\kappa hv}{e\mu\tau\zeta} \tag{3.86}$$

上式使用了迁移率 μ 和扩散常数 D 的爱因斯坦关系式 $D = \frac{\mu kT}{e}$。式(3.69)中,k 为玻尔兹曼常数,T 为绝对温度,κ 为光伏常数。

式(3.85)给出的空间电荷电场是非正弦的,并且包含高次空间谐波项。由傅里叶分解得

$$E_{sc} = -2E_e \sum_{h=1}^{\infty} \left[\left(\frac{1}{m_1^2} - 1\right)^{\frac{1}{2}} - \frac{1}{m_1}\right]^h \cos(hqx - \phi_e) \tag{3.87}$$

$$E_e = \sqrt{E_D^2 + \left(E_V - \frac{V}{L}\right)^2}, \quad \phi_e = \arctan\left(\frac{E_D}{E_V} - \frac{V}{L}\right) \tag{3.88}$$

对于材料研究,可能需要抑制空间谐波高阶项,可以通过加一背景光照实现,这样 m_1 就会变小;另一方面,对于其他应用,当 $m_1 = 1$ 时,可以获得较大的光栅场值。E_{sc} 的基本组成在最大对比度 $m_1 = 1$ 的情况下给出(即 $I_a = I_b$,$n_D = 0$):

$$E_{sc}^1 = 2E_D \sin qx - 2\left(Ev - \frac{V}{L}\right)\cos qx \tag{3.89}$$

式(3.85)、式(3.87)～式(3.89)表明,空间电荷电场 E_{sc} 有三个来源:扩散、光伏和漂移,其振幅分别为 $m_1 E_D$,$m_1 E_V$,$\frac{m_1 V}{L}$。在室温下当 $E_D = q \times 0.026$ V,由扩散引起的空间电荷电场达到饱和。当光栅周期 $\Lambda = \frac{2\pi}{q} = 1\ \mu m$ 时,饱和电场为 $E_D = 1\ 600$ V/cm,较小的 Λ 给出较大的场,反之亦然。实验中的外加电场 $\frac{V}{L}$ 达到 20 kV/cm。在铁电晶体中的光伏效应的等效场 E_V 达到 100 kV/cm。

根据式(3.85)～式(3.89),饱和空间电荷电场与外加光强度无关,下面将给出,光强度决定空间电荷电场的建立时间。

陷阱密度有限的空间电荷电场：在上述对稳态空间电荷电场的分析中，假设陷阱密度足够高，以允许俘获所有光激发电荷载流子。如果陷阱密度比较低，则光致空间电荷电场将受到陷阱电荷密度 N_A 产生的场的限制[3.128]：

$$E_q = \frac{eN_A\Lambda}{2\pi\varepsilon\varepsilon_0} \tag{3.90}$$

而不是场 $E_V - V/L$ 和 $E_D = \frac{qKT}{e}$。

陷阱填充对光折变效应的影响讨论可以通过引入空间电荷屏蔽长度：

$$l_D = \left(\frac{4\pi^2\varepsilon\varepsilon_0 kT}{e^2 N_A}\right)^{\frac{1}{2}} \tag{3.91}$$

和外加电场 $E_0 = V/L$ 作用下电子束缚的长度[3.128]来描述：

$$l_E = \frac{2\pi\varepsilon\varepsilon_0 E_0}{eN_A} \tag{3.92}$$

光感生场可以用这些参数和陷阱密度 N_A 给出的最大可能电场 E_q 来表示。扩散场为

$$E_D = \left(\frac{l_D}{\Lambda}\right)^2 E_q \tag{3.93}$$

漂移场为

$$E_d = \frac{l_E}{\Lambda} \cdot E_q \tag{3.94}$$

3.6.4　短时间限制

式(3.79)给出产生的载流子密度 $n_e(x, t)$。载流子复合时间似乎很短，对于 $LiNbO_3 : Fe$、$KNbO_3$ 和 $BaTiO_3$ 来说约为 $10^{-9} \sim 10^{-12}$ 数量级[3.6.4]，而在 $Bi_{12}SiO_{20}$[3.167]中则相对较长（$\approx 1\,\mu s$）。因此，在第一组材料中，$n_e(x, t)$ 取决于 $\left(\text{即}\,\frac{\partial n_e}{\partial t} \approx 0\right)$ 产生率 $g(x)$ 和电流密度 $J(x, t)$。在一般实验条件下，它们在时间尺度上变化慢得多。式(3.78)可以通过忽略空间电荷电场 E_{sc} 得到简化，它在开始时的值很小。此外，已经假设光电子的传输长度比光栅周期小，因此在式

(3.78)中也可以忽略 J_{ph}。 根据这些近似,求解式(3.78)和式(3.79)得

$$n_e(x) = n_D + \tau g_0 [1 + m' \cos(qx + \phi)] \tag{3.95}$$

其中,

$$m' = \frac{m}{\sqrt{[1 + (qL_D)^2]^2 + (qL_E)^2}} \tag{3.96}$$

$$\phi = \arctan\left\{\frac{qL_E}{[1 + (qL_D)^2]}\right\} \tag{3.97}$$

其中,$L_D = \sqrt{\tau D}$,$L_E = \mu\tau V/L$ 是与扩散和漂移相关的输运长度。电流密度 J 通过式(3.78)代入式(3.95)和式(3.69)中得到。使用式(3.80)根据电流密度计算空间电荷电场为

$$E_{sc}(x, t) = \frac{eg_0 t}{\varepsilon\varepsilon_0}[mL_{ph}\cos qx - m'L_E\cos(qx + \phi) + m'qL_D^2\sin(qx + \phi)] \tag{3.98}$$

其中,$L_{ph} = \dfrac{\kappa h\nu}{e\zeta} \ll 1$ 是与体光伏效应相关的传输长度。式(3.98)由产生空间电荷电场的三种机制(光伏效应、外场漂移和扩散)构成,这三部分的相对大小取决于光栅周期 $\Lambda = 2\pi/q$ 和材料的不同传输长度 L_{ph}、L_E 和 L_D。

在 LiNbO$_3$ 中,这三个过程都很重要。传输长度远小于通常的条纹间距 Λ。 在 BSO 等非铁电晶体中,只需考虑漂移和扩散。BSO 和还原处理的 KNbO$_3$ 的传输长度与通常的条纹间距相当,因此要产生等效的光折变效应,需要比 LiNbO$_3$ 小得多的能量密度。

应该注意的是,式(3.98)仅在短时间内有效,即 $t \ll T_0'$,其中 T_0' 是描述空间电荷电场建立的时间常数。根据式(3.85),对于 $t \gg T_0'$,空间电荷电场 E_{sc} 达到与时间无关的饱和值(见图 3.17)。文献[3.130]给出中间写入时间的空间电荷电场的计算值,在此不再列出。作为一个近似,假设上升时间与式(3.101)给出的光栅衰减时间 T_0 具有相同的表达式:

$$T_0' \approx \frac{\varepsilon\varepsilon_0}{e\mu\left(n_D + I_0 K\zeta\dfrac{\tau}{h\nu}\right)} \tag{3.99}$$

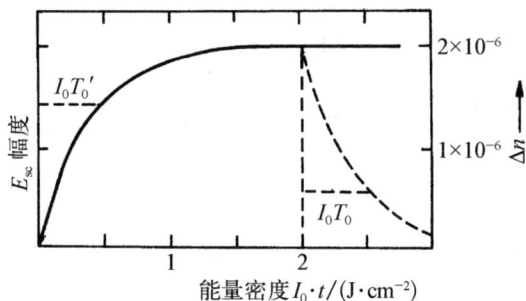

图 3.17　**激发波长为 350.7 nm 的 LiTaO$_3$:Fe 晶体中测**
量的空间电荷电场振幅和相应折射率变化
与时间的关系[3.152]

图 3.18 给出了不同 KNbO$_3$:Fe 晶体的上升时间 T_0' 随光强变化的实验结果。在低光强度下，T_0' 是恒定的，由晶体的暗载流子浓度 n_D 给出。随着写入强度 I_0 的增加，光激发载流子占主导地位，导致 T_0' 与吸收光强度成反比，这与式 (3.99) 基本一致。为了得到对衰减时间的定量解释，还必须考虑漂移和扩散，见文献[3.138]。

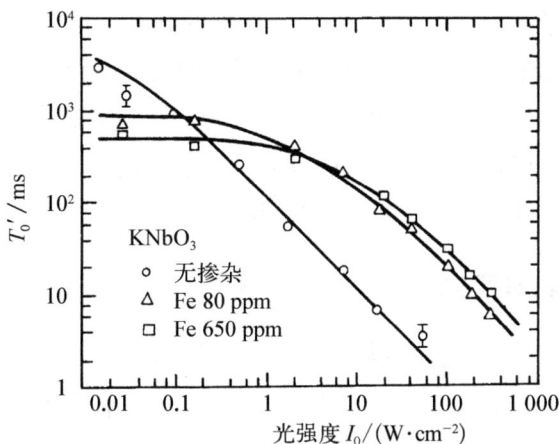

图 3.18　**KNbO$_3$:Fe 的上升时间 T_0' 与光强度的关系**[3.139]

3.6.5　光栅衰减和擦除

光折变材料由于热激发或均匀照明，光电子从陷阱中释放并在空间电荷电场中移动到具有高电离供体浓度的空间电荷场区域，并发生复合。在这个过程中,电子密度 $n_e = n_D + \tau g_0$ 近似为常数,由此产生的空间电荷 $e(N_D^+ - N_A - n)$ 的衰减可以由式(3.72)、式(3.74)和式(3.75)计算得出:

$$\frac{\partial(N_D^+ - N_A - n_e)}{\partial t} = -\frac{1}{e}\,\boldsymbol{\nabla} J = -\mu n_e\,\boldsymbol{\nabla} E = \frac{-e\mu n}{\varepsilon\varepsilon_0}(N_D^+ - N_A - n_e)$$

$$(3.100)$$

空间电荷的衰减成指数关系,衰减的时间常数可以由介质复合时间 T_0 表示:

$$T_0 = \frac{\varepsilon\varepsilon_0}{e\mu n_e} = \frac{\varepsilon\varepsilon_0}{e\mu(n_D + \tau g_0)} = \frac{\varepsilon\varepsilon_0}{e\mu\left(n_D + \dfrac{I_0 K\zeta\tau}{h\nu}\right)} \qquad (3.101)$$

文献[3.167]中讨论了对光栅写入和擦除时间的更严格计算方法,其中除考虑介质的弛豫时间外,还要考虑平均电场漂移时间 $T_E = (q\mu E_0)^{-1}$ 和扩散时间 $T_D = \dfrac{e}{\mu k T q^2}$ 的影响。如果光栅的建立和消失主要与最后两个时间常数有关,则光栅的时间常数还取决于外加电场 E_0 和光栅的空间频率 q。

T_0 和 T_0' 在数值上可以有几个量级的变化,这与入射光强度 I_0 和材料参数,如迁移率 μ、吸收系数 K、量子效率 ζ 和载流子寿命 τ 有关。如果用高功率脉冲激光,T_0' 可以在 10^{-8} s 的数量级,若使用连续激光,对 BSO、BGO 和 $KNbO_3$ 等高电导材料($\mu\tau$ 大的)而言,上升和衰减时间约为 10^{-2} s 数量级,在低电导的 $LiNbO_3$ 材料中,这些时间常数甚至更大。

3.6.6 电光折射率变化

由于电光效应,空间电荷电场 E_{sc} 使材料折射率改变。对于简单情况的正弦电场,$E_{sc} = \Delta E \cos qx$,$m_1 \ll 1$,见式(3.85),折射率根据下式被调制:

$$n = n_0 + R E_{sc} = n_0 + \Delta n \cos qx \qquad (3.102)$$

调制幅度为

$$\begin{aligned}
\Delta n &\equiv R\Delta E \\
&= (n_3^3 r_{33}/2)\Delta E, \quad \text{对于 } LiNbO_3, KNbO_3 \\
&= n^3 r_{41}\Delta E, \quad \text{对于 BSO}
\end{aligned} \qquad (3.103)$$

式中,R 取决于电光张量 r_{ij}(见表 3.2)和晶体取向,上式给出的是 $LiNbO_3$、$KNbO_3$ 和 BSO 晶体的最佳晶体取向情况。

表 3.2　光折变材料的一些性质

材　料	λ /nm	K /cm^{-1}	κ /(nAcm/W)	$\zeta\mu\tau$ /(cm^2/V)	E_v /(V/cm)	ε
$LiNbO_3$: 0.2% Fe	514.5	3.8	3.0	7×10^{-14}	10^5	30
$LiNbO_3$: 0.03% Fe	440	2.0	2.5	5.2×10^{-13}	10^4	
$LiNbO_3$	440	0.12	2.7	2×10^{-12}	5×10^3	
$LiNbO_3$ 还原处理	440	1.6	2.6	9×10^{-11}	8×10	
$LiTaO_3$: 0.02% Fe	488	1	2.3	10^{-13}	5×10^4	43
$KNbO_3$: 0.06% Fe	488	4.7	0.25	5×10^{-12}	1.5×10^2	50
$KNbO_3$	488	0.9	12	1.7×10^{-8}	1.8	
$KNbO_3$ 还原处理	488	4.0	19	1.9×10^{-8}	2.6	
$KNbO_3$ 还原处理	488	3.8	3	3×10^{-8}	2	
$Bi_{12}SiO_{20}$	514	6		1.4×10^{-7}		56

材　料	折 射 率	电光常数/(cm/V)	参考文献
$LiNbO_3$: 0.2% Fe	$n_3=2.27$	$r_{33}=31\times10^{-10}$	[3.141]
$LiNbO_3$: 0.03% Fe	$n_1=2.19$ 在 700 nm		[3.129]
$LiNbO_3$:			[3.158]
$LiNbO_3$ 还原处理	$n_3=2.19$		
$LiTaO_3$: 0.02% Fe	$n_1=2.18$ 在 600 nm	$r_{33}=33\times10^{-10}$	[3.140]
$KNbO_3$: 0.06% Fe	$n_3=2.28$	$r_{33}=64\times10^{-10}$	[3.141]
$KNbO_3$	$n_2=2.33$		[3.143]
$KNbO_3$: 还原处理	$n_1=2.17$ 在 633 nm		[3.139]
$KNbO_3$: 还原处理			[3.161]
$Bi_{12}SiO_{20}$	$n=2.53$ 在 633 nm	$r_{41}=3.5\times10^{-10}$	[3.155][3.156][3.157]

K 为对应测试波长 λ 的吸收常数,κ 为光伏常数,E_v 为光伏场,$\zeta\mu\tau$ 为光电导率。

对于具有非线性电光效应的材料,对应的二次效应产生折射率的改变为

$$n=n_0+\left(\frac{R'}{2}\right)(E_a+\Delta E\cos qx)^2 \qquad (3.104)$$

如果 $E_a=0$,则折射率调制的空间频率是空间电荷电场调制频率的两倍,如

果附加的偏置场 E_a 不为零,折射率调制频率与空间电荷电场调制频率 q 相同。偏置场可以改变折射率调制基本分量的幅度:

$$\Delta n = R'E_a\Delta E \tag{3.105}$$

对典型的线性和二次电光效应的光折变材料折射率变化(Δn)的数值高达 10^{-3} 数量级[3.127]。

3.6.7 多光子光折变效应

电光晶体中的光折变光栅也可以通过多光子激发来记录。多光子光折变的原理如图 3.19 所示。晶体在频率 ω_1 和 ω_2 下是透明的,然而,通过同时吸收 ω_1 处的一个光子和 ω_2 处的另一个光子,自由载流子可以被激发到导带。光栅在 ω_1(或 ω_2)被记录,只有在记录期间,第二频率 ω_2(或 ω_1)才对形成过程感光。因没有第二频率就没有自由载流子产生,通过频率为 ω_1 光重构光栅不会擦除光栅。

Vorman 和 Krätzig[3.163] 在 $LiTaO_3$:Fe 中进行的双光子记录实验可以说明这一点,他们通过 Nd:YAG 激光器发射 1.06 μm 激发的中间 $^5E - Fe^{2+}$ 态记录光栅[见图 3.20(a)],用倍频激光(0.53 μm)同时辐照导致电子从 ^5E 态跃迁到导带。光栅可以通过两个频率光均匀照明同时擦除,通过记录波长($\lambda = 1.06 \mu m$)读取光栅不会将其擦除[见图 3.20(b)]。

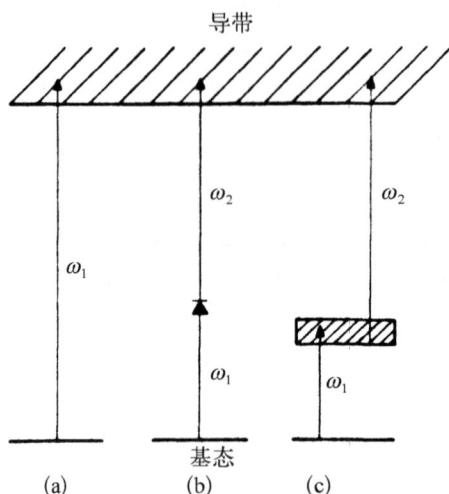

图 3.19 光折变记录的单光子和双光子激发机制

(a) 单光子吸收,以相同频率 ω_1 读入、读出和擦除;(b) 通过虚拟中间能级的双光子吸收,以 ω_1 和 ω_2 的频率读入,以 ω_1(或 ω_2)的频率读出;(c) 通过实际中间能级的两步吸收,以 ω_1 和 ω_2 的频率读入和擦除,以 ω_2 的频率读出

对于脉宽 t_p 远小于激发态寿命的双光子光伏光栅记录,在记录过程开始($t \to 0$),对于较小的漂移长度和调制比,折射率的变化为

$$\Delta n^{TP}(t) = \frac{n^3 r\kappa K_{1.06} \cdot \sigma^* t_p}{\varepsilon\varepsilon_0 h\nu_{1.06}} \cdot I_{1.06} \cdot I_{0.53} \cdot t \tag{3.106}$$

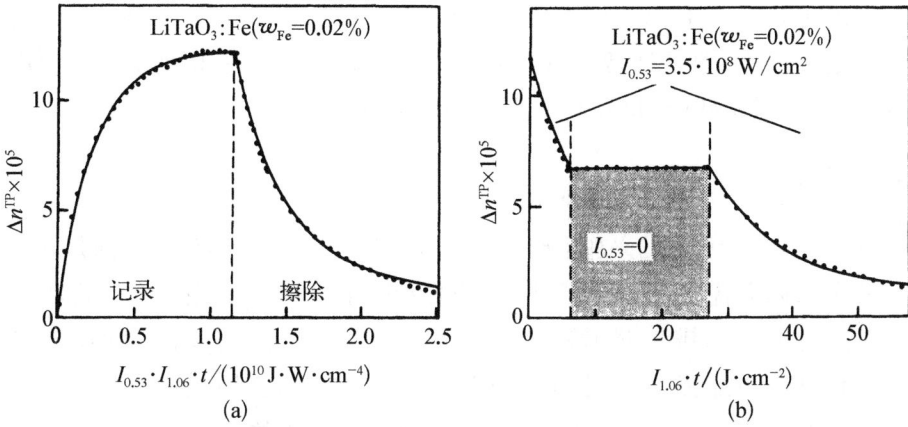

图 3.20 双光子记录实验[3.163]

(a) 一个完整的双光子记录擦除周期，折射率幅度 Δn^{TP} 与绿光和红外光强度以及时间的乘积 $I_{0.53} \cdot I_{1.06} \cdot t$ 关系；(b) 与 (a) 实验相同，Δn^{TP} 仅与时间和红外光强度的乘积有关，在没有绿光（$I_{0.53} = 0$）情况下，没有擦除过程

其中，σ^* 是激发态吸收截面[3.163]，t 是锁模激光器脉冲序列的记录时间。在图 3.21 中，如双光子记录所预期的，$\left(\dfrac{\Delta n^{\text{TP}}}{t}\right)_{t \to 0}$ 与两个记录强度的乘积呈线性关系。

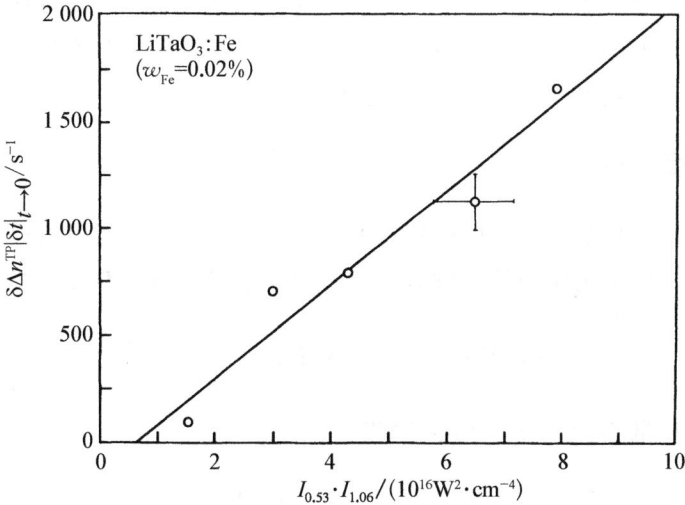

图 3.21 折射率幅度变化 $\delta \Delta n^{\text{TP}} \mid \delta t \mid_{t \to 0}$ 与绿光和红外光强度乘积 $I_{0.53} \cdot I_{1.06}$ 的关系[3.163]

实线的斜率为双光子灵敏度 S^{TP}

对包括 $K(Nb,Ta)O_3^{[3.164]}$ 和未掺杂的 $LiNbO_3^{[3.165]}$ 在内的几种材料而言，双光子记录的光敏性比通常的单光子过程的光敏性大得多，特别是如果使用了长寿命的中间态，如 $LiNbO_3$ 和 $LiTaO_3$ 中的 $Cr^{3+[3.166]}$。

3.6.8　应用

早期对光折变材料的兴趣主要来自大容量光存储的应用，研究方向是开发读写和只读系统，并优化相关材料特性，如存储和擦除灵敏度、无损读取、存储时间、存储体积、动态范围、分辨率、散射等。表 3.2 稍微说明了掺杂和其他处理如何改变材料的基本特性。人们发明了不同的全息图像存储装置，并发展了特殊材料处理技术。

近年来，光折变材料在实时全息和实时图像处理中的应用越来越多。例如，图像放大、相位共轭、全息干涉术和轮廓全息术等。在第 6 和第 7 章中将详细讨论这些应用。

3.7　热光栅

如果产生光栅的材料激发处于局部热平衡状态，则称之为热光栅，温度和浓度的光栅属于这一类。极低能级占据的光栅是非常重要的，因为它们通常与局域热浴耦合，例如在玻璃或掺杂晶体中所谓的二能级态。因所有这些涨落都对样品的熵有贡献，所以它们也可以被称为熵光栅。

3.7.1　温度光栅

温度光栅是样品被干涉图样辐照的最常见且几乎不可避免的反应。

温度光栅的动力学由热扩散方程和一个考虑吸收泵浦辐射的驱动项组成，

$$\frac{\partial T}{\partial t} = \nabla \cdot [D_{th}(T) \nabla T] + \frac{KI(r,t)}{\rho c} \tag{3.107}$$

如果热扩散系数与温度无关，可得

$$\frac{\partial T}{\partial t} = D_{th} \nabla^2 T + \frac{KI(r,t)}{\rho c} \tag{3.108}$$

式中，T 是温度，∇ 是拉普拉斯算符。热扩散率 $D_{th} = \frac{\lambda}{\rho c_p}$ 由热导系数 λ、密度 ρ

和常压力下的比热 c_p 给出。D_{th} 与温度的关系通常可以忽略,但在接近相变和非常低的温度下需要考虑。λ 和 D_{th} 通常是二阶张量,它们在立方晶体和无序介质中退化为标量,这样式(3.108)更简单了。为了简单起见,在下面的讨论中使用后一个方程。K 是泵浦光频率下的吸收系数,$I(r,t)$ 是它们的强度。在处理热光栅时,为了简单起见,假设两个泵浦光具有相同的偏振,由式(2.17)给出的强度变为

$$I = I_{av} + 2\Delta I \cos qx \tag{3.109}$$

其中,与式(2.23)比较,$I_{av} = I_A + I_B$,$\Delta I = (I_A I_B)^{\frac{1}{2}}$。 进一步假设满足平面光栅条件[见式(2.30)~式(2.32)],即与光栅波长相比,泵浦光相互作用区域较大,且通过样品时的衰减可忽略不计。在这种条件下,对吸收的泵浦辐射的温度响应可以分解为慢变平均变化 T_{av} 和光栅结构 $\Delta T \cos qx$。 在大多数实验条件下,这两种贡献几乎是不相关的,因此可以将式(3.108)分成可以独立求解的两部分:

$$\frac{\partial \Delta T}{\partial t} + D_{th} q^2 \Delta T = \frac{2K\Delta I}{\rho c} \tag{3.110}$$

$$\frac{\partial T_{av}}{\partial t} - D_{th} \boldsymbol{\nabla}^2 T = \frac{K I_{av}}{\rho c} \tag{3.111}$$

有两个与式(3.110)和式(3.111)有关的时间,即

$$\tau_q \equiv \frac{1}{D_{th} q^2} \tag{3.112}$$

$$\tau_w \equiv \frac{w^2}{8 D_{th}} \tag{3.113}$$

其中,w 是束腰(见图 2.1)。

首先讨论光栅特性。当泵浦光是矩形脉冲、短尖峰或周期性调制时,式(3.110)的解很简单。

(1) 持续时间为 t_p 的矩形脉冲:

$$\Delta T = \Delta T_{st}(1 - e^{-\frac{t}{\tau_q}}), \quad t < t_p \tag{3.114}$$

$$\Delta T_{st} = \frac{2K\Delta I}{\lambda q^2} \tag{3.115}$$

上式是热光栅振幅的稳态值。在泵浦脉冲结束后,光栅振幅以与之前相同的时间常数呈指数衰减:

$$\Delta T = \Delta T(t_{\mathrm p})\,\mathrm e^{-\left(\frac{t-t_p}{\tau_q}\right)}, \quad t \geqslant t_{\mathrm p} \tag{3.116}$$

因此,通过记录散射的时间特性,可以快速、高精度、非接触测试热扩散率。

(2) 对持续时间 $t_{\mathrm p} \ll \tau$ 的短泵浦脉冲的响应:

$$\Delta T_{\mathrm p} = \left(\frac{2K\Delta I t_{\mathrm p}}{\rho c}\right)\mathrm e^{\frac{-t}{\tau_q}} \tag{3.117}$$

(3) 频率为 $\frac{\Omega}{2\pi}$ 的泵浦光的振幅调制导致 ΔT 呈洛伦兹的平方根关系:

$$|\Delta T(\Omega)| = \Delta T_{\mathrm{st}}(1+\Omega^2\tau_q^2)^{-\frac{1}{2}} \tag{3.118}$$

注意,式(3.118)的平方与经典热光散射光谱的相应本构方程相同。

下面讨论平均温升。式(3.111)的稳态求解取决于边界条件,例如,取决于样品是否浸入温度浴中,也取决于它是什么样的几何形状。因此,无法给出一般通解。另一方面,对持续时间 $t_{\mathrm p} \ll \tau_w$ 的脉冲的响应可以很容易计算,并有助于理解总的温度演变过程。对于如此短的脉冲,当有泵浦光脉冲时,泵浦光区外的扩散散热可以忽略不计。因此,式(3.111)的积分简化为,

$$T_{\mathrm{av}}(x,t) = \left[\frac{KI_{\mathrm{av}}(x)}{\rho c}\right]\cdot t, \quad t \leqslant t_{\mathrm p} \tag{3.119}$$

假设 TEM$_{00}$ 激光束用于光栅激励,因此 $T_{\mathrm{av}}(r,t)=T_{\mathrm{av}}(x,t)$,围绕 z 轴具有圆柱对称。

在泵浦脉冲结束后,如果样品足够厚,即 $\frac{d}{w}\gg1$,可以选择求解式(3.111)的不同方法。在时间 $t_{\mathrm p}$,制备的样品具有柱状对称的高斯平均温度分布,这种温度分布的衰减很容易与沿 z 轴的脉冲线状源的衰减联系起来,这种脉冲在时间 $t=0$ 时产生圆柱形 δ 分布。例如,$t>0$ 时[3.168]的温度分布为

$$T(x,t) \propto \left(\frac{1}{4\pi D_{\mathrm{th}}t}\right)\exp\left(-\frac{x^2}{4D_{\mathrm{th}}t}\right) \tag{3.120}$$

这是高斯分布,宽度 w_{th} 定义见式(2.4):

$$\frac{w_{\text{th}}^2}{2} = 4D_{\text{th}}t \tag{3.121}$$

随着时间的增加,峰值高度反而减小:

$$T(0,\, t) \propto \frac{1}{4\pi D_{\text{th}}t} \tag{3.122}$$

如果适当调整时间起点,温度分布式(3.120)显然可以与泵浦脉冲结束时的温度分布相匹配。在时间 τ_w,满足条件 $w_{\text{th}} = w$,可以给出式(3.113)定义的理解。请注意,温度分布的宽度是泵浦强度的宽度,其宽度为 $\frac{w}{\sqrt{2}}$。

假设泵浦脉冲开始时间为零,平均温度分布表达式为

$$T_{\text{av}}(x,\, t) = \left[T_0\left(\frac{\tau_w}{t} + \tau_w - t_{\text{p}} \right) \right] \cdot \exp[(-2x/w)^2(\tau_w/t + \tau_w - t_{\text{p}})^2],\ t > t_{\text{p}} \tag{3.123}$$

图 3.22 和图 3.23 给出了 $qw = 20\pi$ 条件下的总温度分布图。时间测量单位

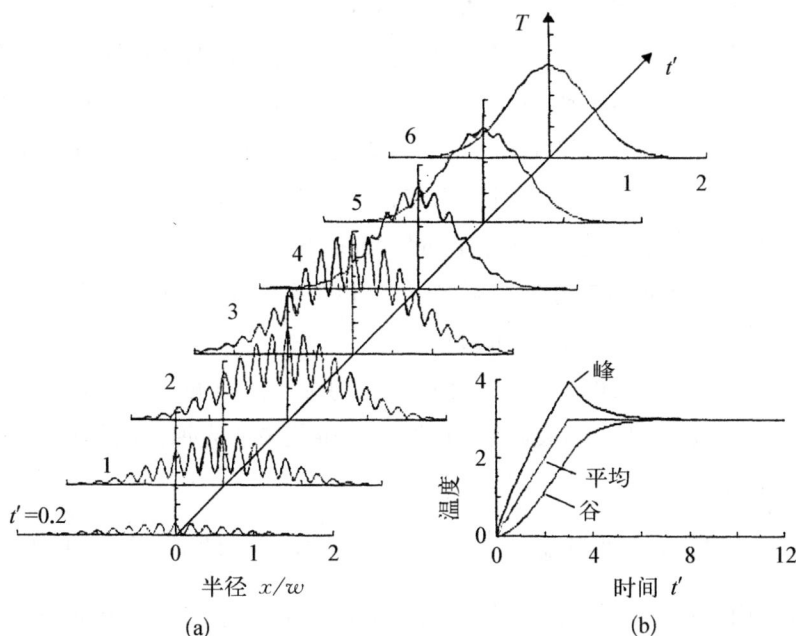

图 3.22　泵浦脉冲形成干涉光栅期间和之后的温度演变

(a) 在选定光栅方向上的温度分布,归一化时间;(b) 在中心的峰值、谷值和平均温度

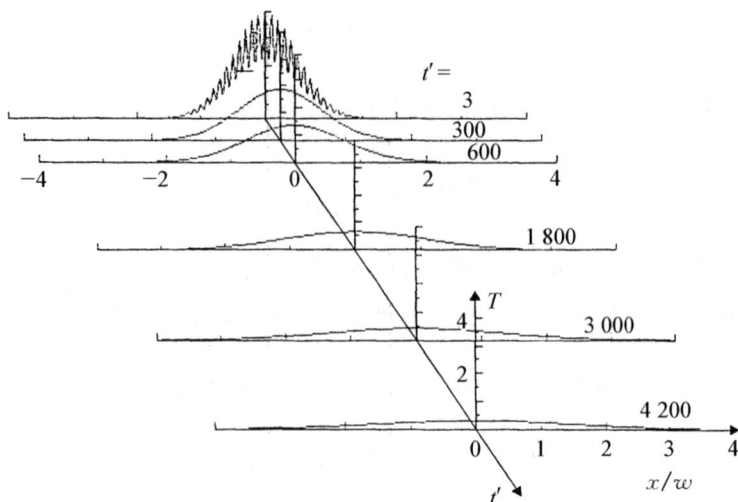

图 3.23　泵浦脉冲后的温度演变

为 τ，即 $t' \equiv \dfrac{t}{\tau_q}$，$\tau'_w = \dfrac{\tau_w}{\tau_q} = \dfrac{q^2 w^2}{8} = 50\pi^2$。选择 $qw = 20\pi$ 是为了在两幅图中显示更清晰。在大多数实验中，qw 值很大，如 $qw > 100$，假设干扰图被完全调制，即 $I_A = I_B = \Delta I$，并归一化产生 $\Delta T_{st} = 2$，脉冲持续时间选择为 $t'_p = 3$。

图 3.22(a)给出了在脉冲期间和脉冲刚结束时的温度分布。在一开始就可以看出温度光栅是完全调制的，但是，当它接近稳态值时，便开始在一个越来越大的平均温升背景上运行。背景是由热流从光栅波峰流向波谷，并不断地填满波谷而产生的。在脉冲之后，光栅呈指数衰减；在 $t' = 6$ 时，它几乎消失了，而平均温度仍然非常接近其在脉冲结束时 $t' = 3$ 的值。图 3.22(b)给出了中心温度的峰值、谷值和平均温度与时间的关系。

图 3.23 给出了脉冲后的选定时间的平均温升的衰减。注意，与图 3.22 相比，时间步长急剧增加。慢衰减表明，如果要避免泵浦光加热的累积，则脉冲重复频率要很小。

假设样品较厚，则平均温度衰减。通常，在实验条件下，$\dfrac{d}{w} \leqslant 1$，则热量不仅沿径向，而且在 z 方向上通过样品的端部被带走，尤其是当相邻介质的热扩散率较大时，衰减会变得更快。

在瞬态光栅实验中，如果探测光束没有很好地聚焦到相互作用区的中心，整体衰减虽然缓慢,但可能会受到干扰。问题是,一些探测光偏离了整体分布的斜率,这可能会使真实信号变模糊。消除这个问题的最简单的方法是外差检测中的相位反转,当实信号改变符号时,保持干扰不受影响,故很容易实现有效识别[3.169-3.170]。

现在来讨论一种少见但有趣的现象,叫做第二声。在非常特殊的条件下,热可以像波一样通过介质而不是以扩散方式传播。证明第二声存在最著名的例子是超流体氦。超流体(相对于正常流体)液体氦的温度和浓度以一种恢复力产生的方式耦合,因此,热传输方程必须增加温度的二次时间导数[3.107],转换为波动方程。

在晶体中,热激励可以用热声子气体来表示,热声子气体在许多方面的行为类似于真实气体的原子[3.171]。温度光栅对应于声子密度的空间变化,与真实气体中的(第一)声类似,人们可能认为这种扰动会像波一样传播。然而,只有当大多数声子发生弹性碰撞时,这个类比才是正确的,这只有在低温和优质的晶体中才能实现[3.171]。因为晶体材料中第二声观测的一种方法是使用 FRS(受迫瑞利散射)[3.172],故希望在此简要讨论这一少见的现象,参见 5.2 节:由于上述热传输方程中的二阶导数,泵浦调制的温度响应在第二声频率 $\Omega_0 = q_0 c_0$ 下发生共振[3.171](c_0 为第二声速)

$$|\delta T(\Omega)| = \delta T_0 - \Gamma_R \left[(\Omega - \Omega_0)^2 + \Gamma_R^2\right]^{-\frac{1}{2}} \tag{3.124}$$

式中,Γ_R 是与非弹性声子散射概率密切相关的阻尼。

最后,简要讨论强吸收的情况。对于强泵浦光吸收和短脉冲激发,式(3.108)存在一个相当简单的解析解,假设

$$T = T_\perp(x, t) \cdot g(z, t) \tag{3.125}$$

通过分离变量 $T_\perp$ 产生上述平面光栅的解,$g(z, t)$ 是指数函数和互补误差(Erfc)函数的组合,表示对于未调制平面波吸收的温度响应。由于衍射探测光在样品厚度上积分,一般来说,在高吸收样品的 FRS 实验中,$g(z, t)$ 的准确形状不是很重要。

3.7.2　应力和应变光栅

由于介质的热膨胀,温度光栅耦合到应变。在流体中,这些光栅是等压的,

但在固体中，膨胀仅限于沿 q 的方向[3.173-3.174]，因此，$\perp\,q$ 的方向会产生应力。在最简单的情况下，非晶态物质或具有[100]$\parallel q \parallel x$ 的立方晶体，与 δT 相关的应力 $\vec{\sigma}$ 和应变 $\vec{u}$ 的光栅振幅为

$$\sigma_{yy} = \sigma_{zz} = \beta_{\text{eff}}(c_{12} - c_{11})\delta T \tag{3.126}$$

$$u_{xx} = \beta_{\text{eff}}\delta T \tag{3.127}$$

而所有其他张量分量消失。

$$\beta_{\text{eff}} = \beta\left(1 + 2\,\frac{c_{12}}{c_{11}}\right) \tag{3.128}$$

上式是与平面波形状有关的有效热膨胀系数或者固定热膨胀系数，β 是普通热膨胀系数，c_{11}、c_{12} 是弹性常数[3.173]。

3.7.3　热感应光学光栅

将式(3.126)和式(3.128)中的各向异性表达式代入到与 $\vec{u}$ 和 δT 相关的光栅极化率 $\Delta\chi$：

$$\Delta\chi_{ij} = \left(\frac{\delta\chi_{ij}}{\partial T}\right)_{\text{eff}}\partial T = \delta_{ij}\left(\frac{\partial\chi}{\partial t}\right)_u\delta T - \varepsilon^2 P_{ijkl}u_{kl}(\partial T) \tag{3.129}$$

式中，第一项是各向同性的，表示极化率随声子占据（固定条件）的变化。Wehner 和 Klein[3.174]指出，在某些物质中，这种效应可能比第二项大得多。由于结构重排，在相变附近或玻璃中可能会出现特别大的值，事实似乎确实如此[3.175]。

式(3.129)中的第二项表示热膨胀对介电常数的影响。p_{ijkl} 是 Pockel 光学弹性常数，ε 是平均介电常数。这一项的微观起源可以从恒定极化率下粒子密度的变化中看出，其产生对 $\Delta\chi$ 各向同性的贡献，而极化率 α_{ij} 随应变的变化是各向异性的：

$$p_{ijkl} = -\left(\frac{2}{n^2}\right)\left[\delta_{ij}\,\delta_{kl} + \left(\frac{\partial\alpha_{ij}}{\alpha\partial u_{kl}}\right)\right] \tag{3.130}$$

式(3.130)中的最后一项也与结构重排有关，可以通过与偏振和退偏振散射的比较，在实验上与其他项分离。

3.8　浓度光栅

浓度光栅是通过化学反应[3.176]或通过在热光栅的热(冷)部分的混合物中富集一种成分而产生的。例如,第一种方法可以方便地用于光致变色材料,第二种方法利用索雷特(Soret)效应将温度转换为浓度光栅[3.177]:

$$C = \frac{k_T \Delta T}{T} \qquad (3.131)$$

上式适用于稳态条件,C 是浓度,k_T 是 Soret 常数。这种关系的物理背景是混合物的总自由能最小原理,该自由能可以通过在样品的较热区域累积一种组分来降低。k_T 是一阶常数,但在接近临界共溶点处趋向于分离,然后,从温度到浓度可以有效转换。

浓度光栅的动力学特性由质量扩散方程得到。当热驱动时,应增加驱动 Soret 项:

$$\frac{\partial C}{\partial t} = D_m \left[\mathbf{\nabla}^2 C + \left(\frac{k_T}{T} \right) \mathbf{\nabla}^2 T \right] \qquad (3.132)$$

对式(3.132)进行以下讨论。

(1) 要完整地计算热力学变量 C 和 T 之间的耦合,有必要在式(3.108)中增加相应的耦合项:

$$\frac{\partial T}{\partial t} = D_{th} (\mathbf{\nabla}^2 T + T k_T^{-1} \mathbf{\nabla}^2 C) \qquad (3.133)$$

因此,原理上,浓度光栅也会产生温度光栅(Dufour 效应),然而,这种效应在稠密介质中可以忽略不计。

(2) 热扩散率和质量扩散率通常相差几个数量级。例如,水溶液 $D_{th} = 0.1\ \text{cm}^2/\text{ms}$, $D_m = 1\ \text{cm}^2/$天。因此,初始的热光栅在关闭泵浦源之后,衰减比浓度光栅早得多。另一方面,总的加热效应可能衰减得更快或更慢,这取决于 qw 和 $\dfrac{D_{th}}{D_m}$。

(3) 仅在泵浦光开启时,考虑热光栅 ΔT 作为驱动力就足够了,之后忽略

ΔT，衰变时间简单表述为

$$\tau_{m} = (D_{m}q^{2})^{-1} \tag{3.134}$$

由于 $\frac{\partial n}{\partial C} \approx 0.1$，浓度光栅与光有效耦合，因此，即使是很小的振幅，$\frac{\Delta C}{C} <$ 1 ppm 也可以很容易地检测到。

在混合物的临界共溶点附近研究浓度光栅是非常有意义的。图 3.24(a)给出了这种组分 A、B 的混合物的浓度/温度相图，该混合物在 T_{c} 以上连续混溶；在 T_{c} 以下，一个禁区向下打开，混合物在此分别分成富 A 和富 B 物质的 α 和 β 两个相；在 T_{c} 附近，驱动两种物质互相扩散的化学势 A、B 变得平坦(随浓度 c)，因此，D_{m} 非常小[见图 3.24(b)]。另一方面，Soret 系数趋于发散，热光栅和浓度光栅之间的耦合在 T_{c} 附近是有效的，但是，衰变变得极其缓慢。在 $T = T_{c}$ 时，D_{m} 为零；在 $T < T_{c}$ 区域，D_{m} 为负值，产生波动或光栅积累，最终导致相分离(见图 3.24 中的阴影区)。因此，在这里出现这样一种情况，即瞬态光栅在关闭激励后不会衰减，而是趋向于发散！事实上，这种效应已经被观察到[3.178](见5.2.2 节)，它有助于提高我们今后对相分离过程的认识，这在冶金和其他材料制备领域具有重要的技术意义。

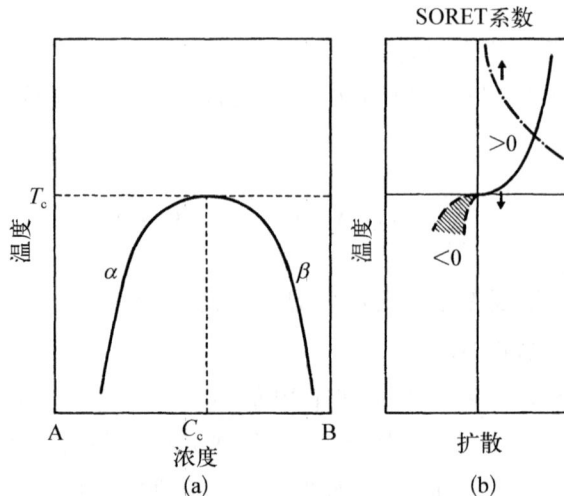

图 3.24 在临界共溶点 $\left(\dfrac{c_{c}}{T_{c}}\right)$ 处流体混合物相图(a)和临界点附近的 Soret 系数和质量扩散率(b)

3.9　液体中的非共振效应

利用高功率调 Q 红宝石激光器激励及连续氩离子激光器探测在透明或弱吸收液体中产生的光栅。理论上,折射率调制的主要贡献来自吸收、电致伸缩、电热效应和克尔效应,这些实验的主要目的是研究受激散射的物理效应和增益机制[3.179-3.181]。

向列相液晶可以具有非常大的非线性折射率,这是由于光场对有序相位的指向矢进行了重新定向。例如,使用功率为 2 W、光斑直径为 1 mm 的连续氩离子激光器,可以很容易地观察到高阶的自衍射[3.172],实验[3.183]表明有必要考虑热光栅。

液晶光阀目前用于光束的光学调制,这些光阀由受垂直电场作用的液晶膜组成,电场通过使用平行于薄膜的光电电极层的光场进行空间调制,电场反过来调制液晶的光学性质。因此,液晶光阀提供了间接的光-光相互作用,液晶光阀工作需要极低能量密度,大约 $1\,\mu J/cm^2$。这种液晶光电导体器件的擦除时间相对较慢,超过 1 ms[1.4]。

3.10　相关现象

过去,人们不仅在光栅实验中研究了光学介质中激光诱导的折射率和吸收变化,还广泛研究了被动调 Q、激光锁模、激光束的自聚焦、自散焦和自调制[3.184]。大量的工作已致力于液体中光学克尔效应的研究,在这种效应中,强光场会使分子由于永久或诱导偶极矩的相互作用而发生定向排列。如果分子的光学极化率是各向异性的,介质就变得各向异性,折射率也会发生变化。其他效应包括分子的摇摆、摆脱束缚振动和再分配。电致伸缩和电热效应也对强度依赖的折射率产生贡献[3.184-3.185]。

近年来,利用含有饱和吸收体或折射率随强度变化的材料的法布里-珀罗谐振腔实现光学双稳态引起了人们极大的兴趣,因为它可能在光学信号处理中得到应用。

有关折射率变化实验数据[3.186]用于两类机制:非共振效应(分子取向克尔和相关效应、电致伸缩和非线性电子极化率)和与吸收线饱和相关的近共振效应(见 3.4 节)。

第4章
衍射和四波混频理论

在光与物质相互作用的研究中,永久光栅或动态光栅的衍射是一个特殊问题。材料的光激发复杂程度各不相同(见图 4.1),可以通过不同的理论方法来处理。

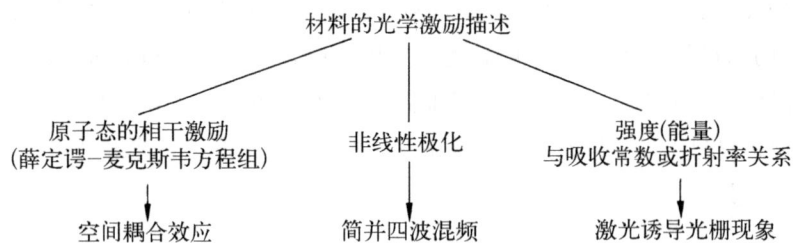

材料的光学激励描述

原子态的相干激励　　　非线性极化　　　强度(能量)
(薛定谔-麦克斯韦方程组)　　　　　　与吸收常数或折射率关系

空间耦合效应　　　简并四波混频　　　激光诱导光栅现象

图 4.1　描述激光诱导瞬态光栅衍射和相关现象的理论方法

最简单的方法是考虑复数折射率与入射光强度或能量之间的关系,采用这种方法可以处理大量的激光诱导光栅现象,见第 1~3 章的举例说明。在非线性光学的研究范围内,激光诱导光栅的衍射被描述为入射光波通过非线性极化的光学混频(见 2.7 节),理论基础是耦合薛定谔方程和麦克斯韦方程组,其中必须考虑光学激发态的空间调制。由于这种调制,入射光波之间产生的所谓空间耦合效应与四波混频和激光诱导光栅实验中的情况类似。用量子力学处理实验问题的一个例子见 3.5 节。在迄今为止提到的理论中,光场通常按经典的方法处理。文献[4.1]讨论了场量子化处理四波混频的问题。

下文中,我们不会尝试概述所有这些理论,而是给出用于解释实验的简单公式的推导。从讨论永久光栅的衍射开始,然后再讨论时间相关效应。

4.1　衍射理论概述

关于衍射现象的文献非常多,自 1930 年以来,已有超过 400 篇关于永久光栅的文章[4.2],我们的重点是具有吸收和折射率空间调制特性的体光栅,在文献[4.3]中主要讨论了具有周期性厚度分布的表面光栅。

在许多教科书中描述的惠更斯和基尔霍夫的经典方法中,衍射按波动方程的边界值问题处理。入射到光栅或其他衍射物的场强,其振幅和相位受到调制,在光栅后面的总场强给出了求解光栅后面的波动方程的边界条件。

边界值法适用于薄光栅,见 4.2 节。对于任意厚度的光栅[4.4],必须考虑光栅材料内部的光波传播(见 4.3 节),从而得出一组衍射波振幅的耦合微分方程,表征参数 $Q = \dfrac{2\pi d\lambda}{\Lambda^2 n}$ 有两种极限情况。$Q \ll 1$ 对应薄光栅,获得的衍射波振幅具有由边界值法导出的相同的贝塞尔函数表达式。$Q \gg 1$ 对应厚光栅,只观察到一个强度较大的衍射波,这种近似称为双波近似或布拉格近似(见图 2.4)。

在任意厚度光栅上描述衍射最简单的方法是考虑无限大平面波入射的平面光栅,基于这一假设被称为一维(1‑D)理论,因为光栅中产生的衍射波的振幅只在垂直于光栅边界的坐标变化;相比之下,在二维(2‑D)理论中,入射波和衍射波的振幅也可能沿平行于光栅边界的方向变化,2‑D 理论[4.4-4.5]用于模拟高斯激光束的衍射以及全息图中出现的非均匀光栅的情况,下面重点讨论 1‑D理论。

分析平面光栅衍射最常用的方法是耦合波法和模态法。采用耦合波法,光栅中的总场表示为振幅在垂直于光栅方向上变化的平面波(空间谐波)的叠加,光栅内部的这些空间谐波对应于光栅外部的衍射级次,光栅介质中的这些分波被视为衍射波,衍射波通过光栅板时来回互相交换能量。

采用模态法,光栅内部的场表示为周期性介质的允许模式(布洛赫波)的叠加,通过适当的边界条件,这些模式与光栅外部的衍射波相连。耦合波法和模态法针对衍射问题都能获得精确解,而非近似描述,在其完整的严格形式中,这些公式是完全等效的[4.2]。4.3 节和 4.4 节给出了耦合波方法的应用示例,本书不使用模态法。

4.2～4.4 节讨论永久光栅的衍射,4.5～4.7 节讨论光诱导动态光栅的特殊效应,4.5 节考虑了诱导光栅光束的衍射,讨论了各种自衍射效应。与之密切相关的是简并四波混频实验,其中信号光束在动态光栅上的衍射产生一个相位共轭并放大的反射光束,四波混频在图像信息处理中有重要的应用,因此在 4.6 节中重点讨论。

最后,在 4.7 节给出了运动光栅的一些衍射特性,这种光栅是由两个不同频率的光波干涉或两个光波之间的时变相移产生的。

4.5～4.7 节对动态光栅的描述首先基于永久光栅耦合波方法的推广,一些例子表明,使用三阶非线性光学极化率的理论给出了相同结果。

4.2　薄透射型光栅

通过空间周期强度透射率 $T(x) = T(x + \Lambda)$ 或具有 $|t|^2 = T$ 的振幅透射率 $t(x)$ 函数来描述平面薄型光栅(见图 4.2)。对实数 $t(x)$ 可获得振幅型光栅。如果 $t(x)$ 只作用于透过光栅的光波的相位,则称为相位型光栅。通常,$t(x)$ 是复数则描述的是振幅和相位混合光栅。

入射光波由下式给出:

$$E_i = \frac{A_i}{2} \exp[i(\omega t - kz)] + \text{c.c.} \quad (4.1)$$

为简单起见,假设为正入射,光栅前面的场强为 $A_i \exp(i\omega t)$,则光栅后面的场强为

$$E(z=0) = \frac{A_i}{2} t(x) \exp(i\omega t) + \text{c.c.}$$

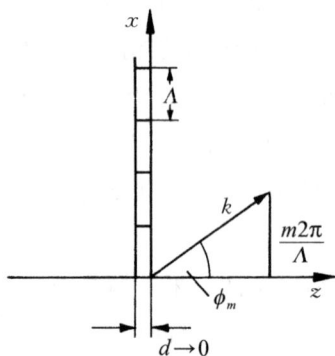

图 4.2　薄透射型光栅

$$(4.2)$$

即光场以 $(z=0)$ 为边界的场向右半空间 $(z>0)$ 传播,在 $z>0$ 区域的场强 E 由振幅为 A_m 的平面波叠加而成:

$$E = \sum_m \frac{A_m}{2} \exp[i(\omega t - k_m x - \sqrt{k^2 - k_m^2}\, z)] + \text{c.c.} \quad (4.3)$$

式中,k_m 是第 m 分波的波矢在 x 方向的分量,在 z 方向分波的波矢绝对值等于

k。当 $k < k_m$，在 z 方向上的波消失。考虑边界条件式(4.2)，由式(4.3)确定振幅 A_m 为

$$\sum_m A_m \exp(-\mathrm{i} k_m x) = A_i t(x) \tag{4.4}$$

因为 $t(x)$ 是以 Λ 为周期的函数，式(4.4)与 $t(x)$ 的傅里叶级数展开有关，如果选择 k_m 为

$$k_m = \frac{m 2\pi}{\Lambda}, \quad m = 0, \pm 1, \pm 2, \cdots \tag{4.5}$$

则衍射波方向为

$$\sin \varphi_m = \frac{k_m}{k} = \frac{m\lambda}{\Lambda} \tag{4.6}$$

注意，上式只适用于正入射，对于任意入射 ($\alpha \neq 0$) 的一般情况见式(2.42)。衍射分波的振幅 A_m 由透射率 $t(x)$ 的第 m 阶傅里叶系数给出：

$$A_m = \left(\frac{A_i}{\Lambda}\right) \int_0^\Lambda t(x) \exp\left(\mathrm{i} m \frac{2\pi x}{\Lambda}\right) \mathrm{d}x \tag{4.7}$$

4.2.1　正弦振幅透射型光栅

由正弦透射率函数：

$$t(x) = \tau_0 + \tau_1 \cos\left(\frac{2\pi x}{\Lambda}\right) \tag{4.8}$$

可得

$$\begin{aligned}
A_0 &= \tau_0 A_i, \\
A_{1,-1} &= \left(\frac{\tau_1}{2}\right) A_i \\
A_m &= 0 \quad \text{对于 } m \neq 0, \pm 1
\end{aligned} \tag{4.9}$$

对于透射率 100% 调制，即 $\tau_0 = \tau_1 = \frac{1}{2}$，达到最大衍射效率 $\eta = \left(\dfrac{A_1}{A_i}\right)^2 = 6.25\%$。

文献[4.6]总结了有关非正弦透射型光栅的衍射特性。

4.2.2　吸收和折射率光栅

复折射率 $\tilde{n} = n + \Delta\tilde{n}\cos qx$ 的空间调制产生振幅透射率为

$$t(x) = \exp\left[\mathrm{i}\varphi\cos\left(\frac{2\pi x}{\Lambda}\right)\right] \qquad (4.10)$$

其中，

$$\varphi = \frac{2\pi\Delta\tilde{n}d}{\lambda} \qquad (4.11)$$

衍射波的振幅为

$$A_m = \left(\frac{A_i}{\Lambda}\right)\int_0^\Lambda \exp\left\{\mathrm{i}\left[\varphi\cos\left(\frac{2\pi x}{\Lambda}\right) + m\frac{2\pi x}{\Lambda}\right]\right\}\mathrm{d}x \qquad (4.12)$$

$$= (A_i/2\pi)\int_0^{2\pi}\exp(\mathrm{i}\phi\cos t)\cos mt\,\mathrm{d}t \qquad (4.13)$$

$$= A_i\mathrm{i}^m J_m(\phi) \qquad (4.14)$$

其中，J_m 是由式(4.13)定义的第 m 阶贝塞尔函数。当 $|\varphi| \ll 1$，满足以下近似：

$$J_0(\varphi) \approx 1$$
$$J_1(\varphi) = J_{-1}(\varphi) \approx \frac{\varphi}{2} \qquad (4.15)$$

根据这些近似导出了衍射效率 η［见式(2.47)］。通常，一级衍射效率由下式给出：$\eta = |J_1(\varphi)|^2$。

在图 4.3 中给出了 $\Delta\tilde{n}$ 实部和虚部的各种比率的衍射效率，对于纯相位型光栅对应的 φ 和 $\Delta\tilde{n}$ 的实数，在这种情况下，$\varphi \approx 1.8$ 时，得到最大衍射效率为 34%。

4.2.3　理论的局限性

在上述理论中，光栅由空间调制传输函数描述，该传输函数调制入射平面波，这意味着光学性质在与波长相当的空间维度上变化缓慢，认为近似平面波。因此，可以认为所给出的理论仅适用于复折射率的小调制。到目前为止，具有强

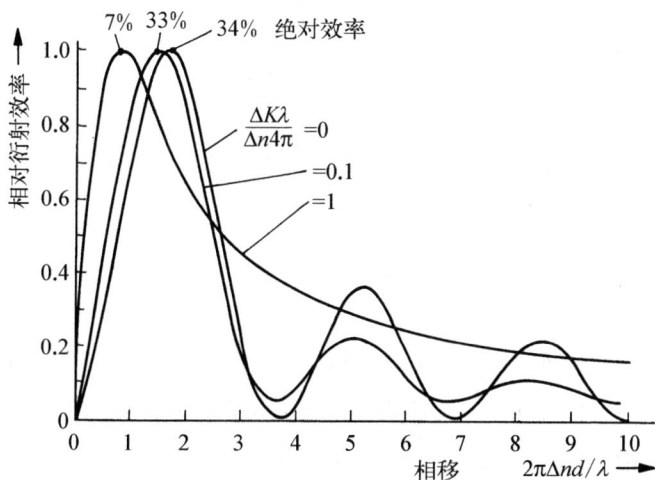

图 4.3　纯相位型光栅和混合型光栅的衍射效率随 $\dfrac{\Delta K\lambda}{4\pi}$ 虚部
与 $\Delta\tilde{n}$ 的实部 Δn 之比增加的关系

折射率调制 ($\Delta n \approx n$) 的光栅的衍射似乎很少受到关注,这可能是因为这种光栅尚未研制出来。对于瞬态光栅实验,折射率调制通常很小,本章的理论也适用。

为了对强折射率调制光栅的衍射特性有一些了解,我们引用了由正弦轮廓的波纹表面组成的反射光栅的一些结果,在这种表面反射的平面波的相位调制就像相位透射型光栅传输的波一样,因此认为相位透射型光栅和波纹表面反射光栅具有相似的特性。

正弦表面光栅的衍射效率是 $\dfrac{\lambda}{\Lambda}$ 的函数,取决于调制深度或 $\dfrac{h}{\Lambda}$ 比(h 为峰-峰槽高度)和入射角[4.7-4.8]。小调制深度 $\left(\dfrac{h}{\Lambda} < 0.05\right)$ 可以采用标量理论计算给出 34% 的峰值衍射效率,即与相位传输光栅相同;高调制深度 $\left(\dfrac{h}{\Lambda} > 0.25\right)$ 超出标量衍射范畴。在这些情况下,一个偏振面上的衍射效率理论上可以达到 100%,而垂直偏振面的衍射效率非常低。只有当比值 $\dfrac{\lambda}{\Lambda} > 0.7$ 时,才能实现如此高的效率。对于具有强折射率调制的透射光栅,预期也会有类似结果。

4.2.4　薄光栅

厚度为 d 的光栅可以分成很多很薄的单元(见图 4.4),光束经过第一个薄片

95

单元衍射,相对于出口处光栅薄片衍射的光束的相位增加为

$$\frac{Q}{2}=\left(\frac{2\pi n}{\lambda}\right)(d-d\cos\varphi_1) \tag{4.16}$$

其中,λ 为真空波长,n 为折射率,引入衍射角 $\sin\varphi_1=\lambda/\Lambda n$,衍射角在材料内部测量,并假设衍射角很小($\varphi_1\approx\sin\varphi_1$),可得

$$Q=\frac{2\pi d\lambda}{\Lambda^2 n} \tag{4.17}$$

如果相位差足够小($Q\ll1$),则所有来自光栅薄片单元的光束产生干涉相长。如果相位差较大($Q\gg1$),则会发生干涉相消,总衍射强度变小。只有在斜入射角度 α 和衍射角 $\varphi_1=2\alpha$ 的情况下,可以认为是入射光束在光栅平面上的反射,在光栅平面上衍射的所有光束之间没有相位差[见图 4.4(b)],这种情况满足布拉格条件[见式(2.46)]。由于在薄光栅薄片单元上衍射的所有波都会产生干涉相长,在厚度较大的光栅中,也可以在布拉格方向上观察到强衍射。

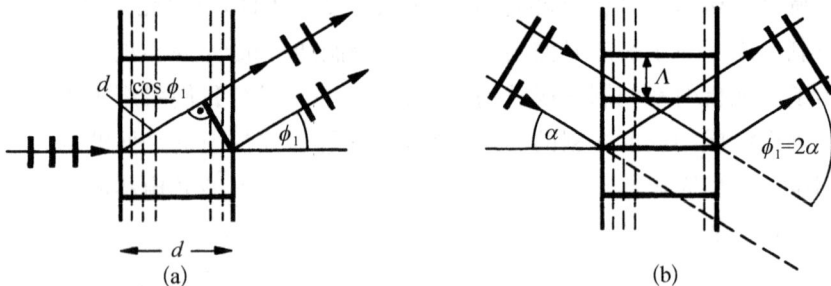

图 4.4 根据入射光束在光栅薄片单元上的连续衍射处理厚光栅上的衍射

(a) 正入射;(b) 布拉格衍射

4.3 厚透射光栅的耦合波理论

一般平面衍射问题如图 4.5 所示[4.2,4.9]。电磁波斜入射在由均匀介质构成的倾斜条纹平面光栅上,一般来讲,将同时存在正向衍射波和反向衍射波,如图中所示。

入射平面波偏振态垂直于入射平面(H 模式),文献[4.9]中的讨论扩展到 E

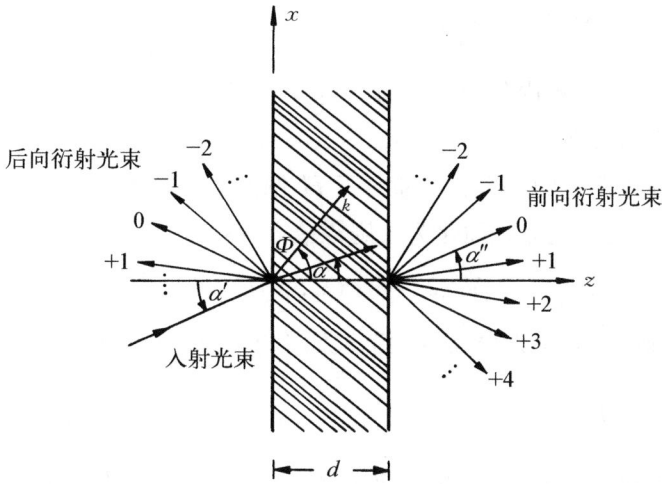

图 4.5　厚平面光栅结构

计算中不考虑界面处的反射和折射（$\alpha' = \alpha = \alpha''$）

偏振态。光栅区域的相对介电常数为

$$\varepsilon(x, z) = \varepsilon + \varepsilon_1 \cos(\boldsymbol{q} \cdot \boldsymbol{r}) = \varepsilon + \varepsilon_1 \cos[q(x \sin \varphi + z \cos \varphi)] \quad (4.18)$$

其中，ε_1 是正弦型相对介电常数的复振幅，$q = \dfrac{2\pi}{\Lambda}$。 如果在实验中光栅材料不垂直于产生光栅的干涉条纹，可能会出现光栅倾斜，故引入光栅倾斜角 φ。 此外，倾斜角度为 $\varphi \approx \dfrac{\pi}{2}$ 会产生反射光栅，因此，反射光栅与透射光栅被统一处理。

平均相对介电常数 ε 可能是复数，与复数折射率 $\tilde{n}$ 和实数折射率 n 以及吸收常数 K 之间的关系为

$$\tilde{n} = n + \frac{\mathrm{i}K}{2k} \quad (4.19)$$

$$\varepsilon = (\tilde{n})^2 = n^2 + \frac{inK}{k} - \frac{K^2}{4k} \quad (4.20)$$

式中，$K = \dfrac{2\pi}{\lambda}$，$\lambda$ 是真空波长。入射波由下式给出：

$$A_{\mathrm{i}} = \frac{A_{\mathrm{i}}}{2}\exp[\mathrm{i}(\boldsymbol{k}_i \cdot \boldsymbol{r})] + \text{c.c.} = \frac{A_{\mathrm{i}}}{2}\exp[\mathrm{i}k_i(x\sin\alpha + z\cos\alpha)] \quad (4.21)$$

其中，α 是指光栅材料内部的入射角，尽管可以更完整地讨论反射[4.2]，在此不讨论入射波和衍射波在边界处的反射。

衍射波在光栅中的产生和传播对于 H 偏振由标量波动方程描述，如果将时间项分离出去，则波动方程简化为亥姆霍兹方程：

$$\boldsymbol{\nabla}^2 E + k^2\varepsilon(x, z)E = 0 \quad (4.22)$$

光栅内部的场表示为振幅 S_m 沿 z 方向变化的平面波的叠加：

$$E(x, z) = \int_{m=-\infty}^{\infty} S_m(z)\exp(\mathrm{i}\,\boldsymbol{\sigma}_m \cdot \boldsymbol{r}) + \text{c.c.} \quad (4.23)$$

在调制材料内部的分波被视为衍射波，其在平行薄片中传播，并在传播过程中相互前后耦合能量，分波之和 $E(x, z)$ 满足波动方程。但是，分波并不单独满足波动方程，光栅内部的衍射波矢量 $\boldsymbol{\sigma}_m$ 可用以下公式表示：

$$\boldsymbol{\sigma}_m = \boldsymbol{k}_i - m\boldsymbol{q}, \quad m = 0, \pm1, \pm2, \cdots \quad (4.24)$$

上述表述有点武断[4.2]，依据 4.2 节中对薄光栅的衍射讨论，只使用式(4.4)中 x 分量已经足够了；衍射波在 z 方向上的相位变化完全由波的振幅来描述。需要指出的是，$\boldsymbol{\sigma}_m$ 是光栅内部衍射波的波矢量，光栅外的波矢量通过在光栅边界处内外场的匹配形成，这已经在 4.2 节中讨论，衍射波方向由式(4.6)给出。

将式(4.18)和式(4.23)代入波动方程[见式(4.22)]并进行微分，得

$$\sum_m\left[\frac{\partial^2 S_m}{\partial z^2} + 2\mathrm{i}(k_i\cos\alpha - mq\cos\varphi)\frac{\partial S_m}{\partial z} - \boldsymbol{\sigma}_m \cdot \boldsymbol{\sigma}_m S_m\right.$$
$$\left. + k^2\varepsilon S_m + \frac{k^2\varepsilon_1}{2}S_{m-1} + \frac{k^2\varepsilon_1}{2}S_{m+1}\right] \cdot \exp(\mathrm{i}\,\boldsymbol{\sigma}_m \cdot \boldsymbol{r}) = 0 \quad (4.25)$$

变量的所有值要满足该方程，因此，每个指数的系数要分别为零，利用这一点以及 $k_i = nk$ 和 $k = \frac{2\pi}{\lambda}$，可以得到严格耦合波方程：

$$\frac{\mathrm{d}^2 S_m}{\mathrm{d}z^2} + 4\pi\mathrm{i}\left(\frac{n\cos\alpha}{\lambda} - \frac{m\cos\varphi}{\Lambda}\right)\frac{\mathrm{d}S_m}{\mathrm{d}z} + \frac{4\pi^2 m}{\Lambda^2}\left[\frac{2n\Lambda}{\lambda}\cos(\alpha - \phi) - m\right]S_m$$
$$+ \frac{4\pi^2}{\lambda^2}(\varepsilon - n^2)S_m + \frac{2\pi^2\varepsilon_1}{\lambda^2}(S_{m+1} + S_{m-1}) = 0 \quad (4.26)$$

上式是一个无穷集的二阶耦合微分方程,在文献[4.2]中讨论了这些方程的严格求解,使用适当的近似可以大大简化,许多著名的解析表达式都是在特殊极限情况。如果假设与波长相比,分波振幅 $S_m(z)$ 仅在距离上缓慢变化,则可以忽略二阶导数[4.9],在这种情况下,吸收也必须很小,并且可以由式(4.20)近似得到 $\varepsilon - n^2 \approx \dfrac{inK}{k}$。

精确的布拉格入射导致式(4.26)的进一步简化,对于倾斜光栅,布拉格条件为

$$\cos(\alpha - \phi) = m\,\frac{\lambda}{2\sqrt{\varepsilon}\,\Lambda}, \quad m = 0, \pm 1, \pm 2, \cdots \tag{4.27}$$

对于具有 $\phi = \dfrac{\pi}{2}$, $\lambda_2 = \dfrac{\lambda}{n}$ 的未倾斜的透射光栅,该方程等价为式(2.46)。将式(4.27)代入到式(4.26)中,有 S_m 的第一项为零,但仅适用于满足 Bragg 条件式(4.27)的第 m 分波。同样,在透射波($m=0$)的方程中,第一个 S_0 项为零。容易看出,第一个 S_m 项对式(4.26)的求解影响很大,如果忽略二阶导数和吸收(即 $\varepsilon = n^2$),并且耦合项设为常数,如果 S_m 项为零,则振幅 S_m 与 z 呈线性关系;如果 S_m 项存在,S 表现为振荡行为。因此,式(4.26)中的 S_m 项被称为去相位项,它可以防止 S_m 的持续累加。只有对于主光波和可能的布拉格波,式(4.26)不包含去相位项,因此可以忽略其他波,从而得到双波近似。

Kogelnik[4.9]首次将双波一阶耦合波理论应用于全息术,由于涵盖以下内容,其 1969 年发表的这篇文章被大量引用:① 吸收、相位和混合光栅;② 偏离布拉格入射;③ 透射 $\left(\varphi = \dfrac{\pi}{2}\right)$ 和反射($\varphi = 0$)光栅;④ 倾斜条纹光栅;⑤ H 偏振和 E 偏振。这些结果的深入讨论,读者可参考文献[4.9],在此只给出一些简单案例。

如果一阶衍射波($n=0$)满足布拉格条件,则只需考虑 S_0 和 S_1,对于未倾斜光栅 $\left(\varphi = \dfrac{\pi}{2}\right)$,式(4.26)近似为

$$\begin{aligned}
\frac{\mathrm{d}S_0}{\mathrm{d}z} &= -\frac{K}{2\cos\alpha}S_0 + \mathrm{i}\,\frac{\pi\varepsilon_1}{2n\lambda\cos\alpha}S_1, \\
\frac{\mathrm{d}S_1}{\mathrm{d}z} &= -\frac{K}{2\cos\alpha}S_1 + \mathrm{i}\,\frac{\pi\varepsilon_1}{2n\lambda\cos\alpha}S_0
\end{aligned} \tag{4.28}$$

用初始条件 $S_0(z=0)=A_i$，$S_1(z=0)=0$，求解这些方程得

$$S_0 = A_i \exp\left(\frac{-Kz}{z\cos\alpha}\right)\cos\left(\frac{\pi\varepsilon_1 z}{2n\lambda\cos\alpha}\right),$$

$$S_1 = iA_i \exp\left(\frac{-Kz}{2\cos\alpha}\right)\sin\left(\frac{\pi\varepsilon_1 z}{2n\lambda\cos\alpha}\right)$$

(4.29)

在纯相位光栅的情况下，ε_1 是实数，可以直接使用式（4.29），式（4.29）也适用于 ε_1 为复数的振幅型和混合型光栅。

利用 ε、ε_1 与折射率 n 和吸收系数 K 之间的下列关系：

$$\sqrt{\varepsilon} = \tilde{n} = n + \frac{iK\lambda}{4\pi},$$

$$\varepsilon_1 = \Delta\varepsilon \approx 2\tilde{n}\Delta\tilde{n} \approx 2n\left(\Delta n + \frac{i\lambda\,\Delta K}{4\pi}\right)$$

(4.30)

透射强度 I_0 和衍射强度 I_1 归一化到入射强度 I_i，可得

$$\frac{I_0}{I_i} = \exp\left(\frac{-Kz}{\cos\alpha}\right)\left(\cos^2\frac{\pi\Delta nz}{\lambda\cos\alpha} + \cosh^2\frac{\Delta Kz}{4\cos\alpha} - 1\right)$$

(4.31)

$$\eta = \frac{I_1}{I_i} = \exp\left(\frac{-Kz}{\cos\alpha}\right)\left(\sin^2\frac{\pi\Delta nz}{\lambda\cos\alpha} + \sinh^2\frac{\Delta Kz}{4\cos\alpha}\right)$$

(4.32)

式（4.32）给出了吸收材料中混合光栅的衍射效率 η。当 $\Delta K = 0$ 时，表示纯相位型光栅。当 $\Delta n = 0$ 时，表示纯吸收型光栅。图 4.6 给出了无吸收的纯相位型光栅，即 $K = 0$，对应的两个波的归一化强度，其强度在主光束和衍射光束之间来回振荡。为了达到 η 为 100% 的最大衍射效率，必须选择光栅厚度 $d = \dfrac{\lambda\cos\alpha}{\Delta n}$。在 X 射线和电子衍射中，$\Delta K = 0$ 的方程［见式（4.31）和式（4.32）］给出了两个光束之间的周期性能量交换，称为钟摆。

图 4.7 给出了吸收光栅的归一化强度。如果是负吸收，即光学增益不包括在内，则 ΔK 的最大值等于 K。在极限情况 $\Delta K = K$ 下，当 $\dfrac{Kz}{\cos\alpha} = 2\ln 3$ 时，吸收光栅可能达到最高衍射效率。根据式（4.32），最大效率为 $(I_1/I_i)_{\max} = \dfrac{1}{27}$ 或 3.7%。

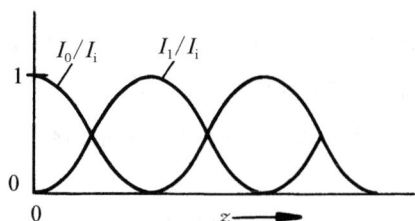

图 4.6　相位型光栅：布拉格条件下 $\dfrac{I_0}{I_i}$ 和 $\dfrac{I_1}{I_i}$ 的归一化强度与光栅厚度 z 的关系

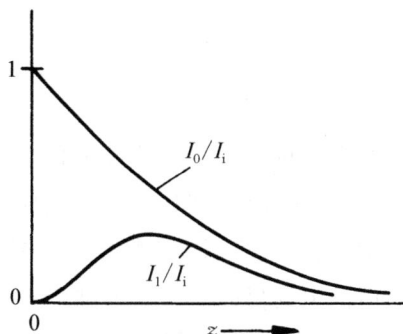

图 4.7　振幅型光栅：布拉格条件下 $\dfrac{I_0}{I_i}$ 和 $\dfrac{I_1}{I_i}$ 的归一化强度与光栅厚度 z 的关系(图未按实际比例)

　　吸收光栅的零级和一级强度显现出一种有趣的效应,这种效应在 X 射线和电子衍射中一直被称为 Borrmann 效应[4.10]。最简单的情况,使用 $\Delta n = 0$ 和 $\dfrac{Kz}{4\cos\alpha} \gg 1$,这种效应根据式(4.31)和式(4.32)求解得到:

$$I_0 \approx I_1 \approx I_i \exp\left[-\left(K - \frac{\Delta K}{2}\right)\frac{z}{\cos\alpha}\right] \tag{4.33}$$

　　与吸收常数的平均值相比,有效吸收常数 $\left(K - \dfrac{\Delta K}{2}\right)$ 有所降低。在 $K = \Delta K$ 的极限情况下,有效吸收常数仅为 $\dfrac{K}{2}$。因此,布拉格情况下的两个光束的强度 I_0 和 I_1 比不同于布拉格角的角度穿过光栅,具有平均吸收常数 K 的光束强度大几个数量级,文献[4.11]对体全息中的这样的类似 Borrmann 效应进行了详细讨论。

　　通过精确求解耦合波方程可以得到厚光栅的一些重要特性,在设计和解释实验时,必须考虑与布拉格条件的偏差,这种偏差可能由非理想角度的入射或由入射光束的波长偏移或由入射光束的弥散引起,Kogelnik[4.9] 给出了角度和波长对各种类型光栅影响的讨论。

4.4　反射式体光栅

光栅反射光束可以由不同的物理机制产生。首先,由透射光栅产生的反射光束,入射光束在周期边界处反射时产生一阶和高阶反射光束,如图 4.5 所示。类似地,在透射光栅中传播的各种衍射光束在第二边界处反射。在光谱仪中波纹反射面上的衍射是另一个例子。

然而,本节讨论反射光栅,与 4.3 节的透射光栅类似,但是所讨论的光栅平面 $[\varepsilon(x,z)=\text{const}]$ 或多或少与边界平行。图 4.5 中 $\varphi=0$ 对应未倾斜的反射光栅,这种情况下的光栅平面方向和布拉格条件[见式(4.27)]如图 4.8 所示。一阶波衍射到光栅前面的区域,在光栅后面的区域,只出现未衍射的透射光束。这种情况类似于光束在具有不同折射率的两种材料之间的边界处的反射,因此,满足 $\varphi \approx 0$ 的体光栅称为反射光栅,衍射光束通常表示为反射光束。

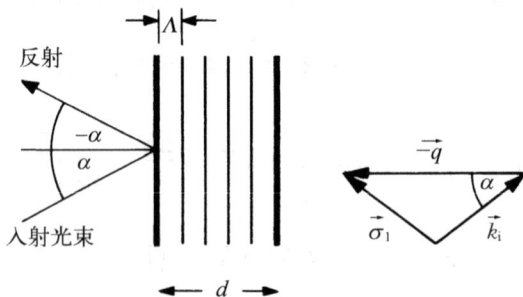

图 4.8　反射光栅示意图

在 4.3 节中厚透射光栅的数学描述也适用于反射光栅,对于精确的布拉格入射,设 $\varphi=0$,根据式(4.26)导出透射光波和一阶反射光波的振幅,忽略二阶导数,并假设吸收很少:

$$\frac{\mathrm{d}S_0}{\mathrm{d}z}=-\frac{K}{2\cos\alpha}S_0+\mathrm{i}\,\frac{\pi\varepsilon_1}{2n\lambda\cos\alpha}S_1 \tag{4.34}$$

$$\frac{\mathrm{d}S_1}{\mathrm{d}z}=+\frac{K}{2\cos\alpha}S_1+\mathrm{i}\,\frac{\pi\varepsilon_1}{2n\lambda\cos\alpha}S_0 \tag{4.35}$$

采用边界条件 $S_0(z=0)=A_i$ 和 $S_1(z=d)=0$,求解上述方程得

$$S_1(z) = \frac{-\mathrm{i}\kappa A_\mathrm{i}\{\exp[\gamma(z-d)] - \exp[-\gamma(z-d)]\}}{(\gamma-\delta)\exp(-\gamma d)+(\gamma+\delta)\exp(\gamma d)} \qquad (4.36)$$

其中,

$$\kappa = \frac{\pi\varepsilon_1}{2n_0\lambda\cos\alpha},$$

$$\delta = \frac{K}{2\cos\alpha}, \qquad (4.37)$$

$$\gamma = \sqrt{\kappa^2+\varepsilon_2^2}$$

将式(4.36)代入式(4.35)并进行微分,可以获得前行波的振幅 S_0。

在光栅边界 $z=0$ 处反射波的振幅 S_1 由下式给出

$$S_1(0) = \frac{\mathrm{i}\kappa A_\mathrm{i}}{\delta+\gamma\coth(\gamma d)} \qquad (4.38)$$

对于 $K=0$,$\delta=0$,$\lambda=\kappa=\dfrac{\pi\Delta n}{\lambda\cos\alpha}$ 的纯相位光栅,衍射效率由下式给出:

$$\eta_\mathrm{p} = \mathrm{tgh}^2\left(\frac{\pi\Delta nd}{\lambda\cos\alpha}\right) \qquad (4.39)$$

对于足够大的相移 $\dfrac{\pi\Delta nd}{\lambda\cos\alpha}$,衍射效率接近 100%。

对于满足 $\kappa=\dfrac{\mathrm{i}\Delta K}{4\cos\alpha}$、$\delta=\dfrac{K}{2\cos\alpha}$、$\gamma=\dfrac{\sqrt{K^2-\left(\frac{\Delta K}{2}\right)^2}}{2\cos\alpha}$ 的纯振幅型光栅,可以得到:

$$\eta_\mathrm{a} = \left\{\frac{\left(\dfrac{\Delta K}{2}\right)}{K+\sqrt{K^2-\left(\dfrac{\Delta K}{2}\right)^2}\coth\left[d\dfrac{\sqrt{K^2-\left(\dfrac{\Delta K}{2}\right)^2}}{2\cos\alpha}\right]}\right\}^2 \qquad (4.40)$$

对于允许的最深调制,$K=\Delta K$,对于 $d\Delta K\to\infty$ 时,这个方程给出最大衍射效率 $\eta_{a,\max}=(2+\sqrt{3})^{-2}=7.2\%$,这意味着要么厚度 d,要么吸收系数的幅值 ΔK

必须足够大。关于反射光栅特性的进一步讨论,请参考文献[4.9]。

4.5 自衍射

自衍射表示当两个等频率光束在非线性材料中相交时产生的相互作用效应。这两个光束形成一个干涉场,导致介电常数 ε 的周期性变化。这种变化就

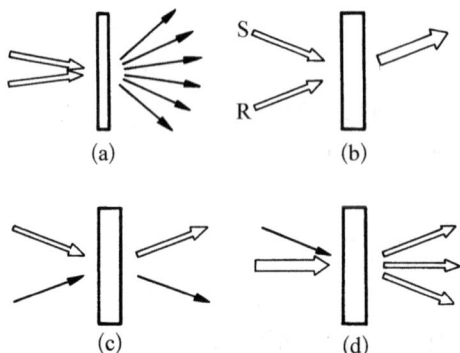

图 4.9 自衍射示意图

(a) 薄光栅的自衍射;(b) 两光束在具有非局域响应介质中的布拉格自衍射;(c) 具有局部响应介质的非稳态布拉格自衍射产生弱光束放大;(d) 具有非布拉格衍射级的非线性相位匹配的自衍射

像光栅一样对入射光束进行衍射,文献[4.12]对自衍射效应进行了深入的研究。在薄光栅的情况下,会出现新的光束,如图 4.9(a)所示。在厚光栅的情况下,大多数衍射级是干涉相消的,可以在图 4.9(b)、(c)和(d)所示的示意图中观察到自衍射。在图 4.9(b)和(c)中,光束 R 的布拉格自衍射沿着光束 S 方向,反之亦然。光束 R(或 S)的衍射光与光束 S(或 R)发生干涉,并改变该光束的振幅和相位。在具有局部和瞬时响应的材料中,即介电常数 ε_1 的变化与干涉区域的光强严格成正比,只有两束光的相位发生变化而没有能量交换。在非局部或非瞬时响应的材料中表现出振幅变化。

非局部响应意味着 $\varepsilon(x, z)$ 光栅相对于强度光栅在空间上发生位移,这种位移出现在类似 $LiNbO_3$、$Bi_{12}SiO_{20}$ 或 $KNbO_3$ 等电光晶体中。在这些晶体中,光吸收会在导带中产生电子(或空穴)的空间分布,这些电子扩散到暗区域,并被深阱捕获,由此产生的空间电荷场通过电光效应调制折射率,所产生的光栅相对于干涉场移动四分之一周期 $\frac{\Lambda}{4}$,详见 3.6 节。另一种可能性是在光栅和干涉场之间制造一个人为的失配,这可以通过非线性材料的移动、记录光束中的一个相对于另一个的相移或在电荷载流子光栅的情况通过施加电场和磁场来实现[4.12]。

非局部响应导致两个光束之间的能量交换,对于足够的厚度,两个光束的总

能量可转换到一个光束,如图 4.9(b)所示。

如果 ε_1 是局部响应,但与交叉光束的强度相比有时间滞后,则光束放大或能量转移也是可能的。例如,在激光脉冲宽度比热弛豫时间短时产生热光栅的过程中会出现这种非稳态响应[4.12]。由于在具有局部响应的材料中不存在优先的方向,因此只有当两个相交光束的强度不相等时,才会出现能量转移,并且能量转移总是从强光束转移到弱光束。

用厚光栅观察自衍射的另一种可能是非线性相位匹配,如图 4.9(d)所示。弱光束和强光束入射到产生光栅的厚非线性材料上,如果正确选择强光束的强度,就可以观察到强光束的一级非布拉格衍射。这可以通过非线性衍射过程产生的衍射光束中的相位变化来理解。这种相位变化可以补偿非布拉格衍射光束的几何退相,这束光的强度明显增强,这样三个光束出现在材料后面。这种三束自衍射的实验研究很少,所以这个问题在这里没有详细介绍[4.12]。

在文献[4.12]中,四波相互作用被认为是另外一种自衍射效应。由于这一课题在文献中得到了广泛的重视和关注,在 4.6 节将会讨论四波混频效应。在四波混频实验中,光栅的产生和检测可归因于不同的光束。因此,在专业术语中,如果不是自衍射效应,则是四波混频,其中光栅是由相同的光束建立和检测的。这表明用来描述自衍射的术语还没有最终建立[4.12]。

接下来,将对图 4.9(a)~(c)中描述的自衍射效应进行更详细的讨论。

4.5.1　薄光栅的自衍射

麦克斯韦波动方程结合适当的材料方程,给出了薄热相位光栅的自衍射[4.13],得到了衍射波振幅的一组非线性耦合积分微分方程,通过适当的近似,得到第 m 级衍射强度 $I_{\pm m}$:

$$I_{\pm m} = T I_0 \left[J_m^2(\varphi) + J_{m+1}^2(\varphi) \right] \tag{4.41}$$

其中,J_m 和 J_{m+1} 是贝塞尔函数,I_0 是入射强度,T 是样本透射率,折射率光栅随时间变化的相位振幅为 $\varphi = \dfrac{2\pi \Delta n d}{\lambda}$。对于小的 φ 值,如文献[4.14]中所假设的,在式(4.41)中需要考虑贝塞尔函数 J_m。式(4.41)很容易通过永久相位光栅的衍射来理解,其中入射单光束产生的第 m 级衍射强度与 $J_m^2(\varphi)$ 成比例,见式(4.14)。在自衍射实验中[见图 4.9(a)],存在两个入射光束,一个光束的第 m 衍射级与另一个光束的$(m+1)$衍射级一致，自衍射实验中的衍射强度由单光束的衍射强度之和决定。

尽管式(4.41)只是针对热相位光栅[4.13]，但是，它对于其他类型的薄振幅和相位光栅的自衍射也是个有用的近似。

4.5.2　恒定振幅厚光栅的自衍射

考虑两个相干光束：

$$R = R(z)\exp\left[ik(z\cos\alpha + x\sin\alpha)\right],$$

$$S = S(z)\exp\left[ik(\cos\alpha - x\sin\alpha)\right]$$

(4.42)

两束光相对于 z 轴以角度 α 对称地入射到非线性材料上，产生介电常数的周期性变化：

$$\varepsilon(x) = \varepsilon + \varepsilon_1\cos(qx - \phi)$$

(4.43)

其中，$q = 2\pi/\Lambda = 2k\sin\alpha$，引入相位角 ϕ 来描述介电常数光栅相对于两个光束干涉图的偏移，根据4.3节中的耦合波分析，忽略吸收（$K=0$），类似式(4.28)可以得到振幅：

$$\frac{\mathrm{d}R(z)}{\mathrm{d}z} = i\kappa\exp(-i\phi)S(z)$$

$$\frac{\mathrm{d}S(z)}{\mathrm{d}z} = i\kappa\exp(i\phi)R(z)$$

(4.44)

以下假定耦合常数 κ 为实数，由下式给出：

$$\kappa = \frac{\pi\varepsilon_1}{2n_0\lambda\cos\alpha} = \frac{\pi\Delta n}{\lambda\cos\alpha}$$

(4.45)

式中，Δn 是相应折射率光栅的振幅，λ 是真空波长。

对于式(4.44)，假设 ε_1、κ 和 ϕ 是与 R 和 S 无关的稳态值，存在边界条件 $R(0)=1$，$S(0)=A$，光束振幅为[4.15]

$$R(z) = \cos\kappa z + iA\exp(-i\phi)\sin\kappa z$$

(4.46)

$$S(z) = A\cos\kappa z + i\exp(i\phi)\sin\kappa z$$

(4.47)

强度由下式给出

$$I_R = \cos^2 \kappa z + A^2 \sin^2 \kappa z - A \sin 2\kappa z \sin \phi$$
$$I_S = A^2 \cos^2 \kappa z + \sin^2 \kappa z + A \sin 2\kappa z \sin \phi \tag{4.48}$$

首先考虑一个无相移的光栅（$\phi = 0$）。在这种情况下，通过考虑单个光束在厚相位光栅上的衍射，参见式（4.31）和式（4.32），并增加每个传播方向上的透射光束和衍射光束的强度，这两光束的强度就会发生变化。对于相同的入射强度，即 $A = 1$，在 $\phi = 0$ 的情况下，光束强度不会发生变化。

对于相同的入射光束强度（$A = 1$），仅在 $\phi \neq 0$ 时才能获得光束之间的强度转移：

$$I_R = 1 - \sin \kappa z \sin \phi$$
$$I_S = 1 + \sin \kappa z \sin \phi \tag{4.49}$$

光束强度朝着光栅移动方向转移到入射光束，在 $\phi = \dfrac{\pi}{2}$ 时发生最大强度或能量转移，即光栅移动 $\dfrac{\Lambda}{4}$。

透射光束与 ϕ 的关系［见式（4.48）或式（4.49）］可解释如下，当发生自衍射时，两个共轴光波沿着每个相互作用的光束方向传播，也就是其中一个光束的透射零级光波和另一个光束的一级衍射光波。对于无移动光栅，这两个光波彼此相位移动 $\dfrac{\pi}{2}$，从而强度增加；当光栅移动四分之一周期时，两波之间的附加相位差为 $\pm \dfrac{\pi}{2}$；在受主光束方向，这两个波是同相的，叠加增强，而对于供体光束处于反相位，叠加相消；这样就有可能将两个相互作用的光束的强度组合成一个光束，另一光束可能因干涉而完全相消。

由式（4.46）和式（4.47）可以得到另一个重要结论，对于 $\phi = \dfrac{\pi}{2}$，光束振幅 $R(z)$ 和 $S(z)$ 是实数，这意味着干涉条纹平行于 z 轴。另一方面，对于 $\phi = 0$，振幅 $R(z)$ 和 $S(z)$ 包含一个额外的复相位，这会导致干涉图弯曲。在这种情况下，干涉条纹不再平行于 z 轴。因此，光栅在非线性材料中也会弯曲，并且式（4.43）不再适用，考虑到由干涉图样产生光栅，故还需要进一步的认真分析。

4.5.3　振幅随强度变化的厚光栅自衍射

假设折射率变化 ε_1 与 R 和 S 干涉图中的光强度成正比，因此

$$\varepsilon_1 \propto aR(z)S^*(z)\exp \mathrm{i}(qx - \phi) + \mathrm{c.c.} \tag{4.50}$$

其中，a 是耦合参数，再次引入相位角 ϕ 来描述 ε_1 光栅相对于干涉图的可能位移，从耦合波理论分析，类似式(4.44)可得

$$\frac{\mathrm{d}R(z)}{\mathrm{d}z} = \mathrm{i}a\exp(-\mathrm{i}\phi)SS^*R$$
$$\frac{\mathrm{d}S(z)}{\mathrm{d}z} = \mathrm{i}a\exp(\mathrm{i}\phi)RR^*S \tag{4.51}$$

这些方程可以通过假设无相移光栅（$\phi = 0$）和相移光栅 $\left(\phi = \dfrac{\pi}{2}\right)$ 来求解。

1. 无相移光栅（$\phi = 0$）

通过 $R(z) = \mid R \mid \exp(\mathrm{i}\phi_R)$ 和 $S(z) = \mid S \mid \exp(\mathrm{i}\phi_S)$，由式(4.51)可得

$$\frac{\mathrm{d} \mid R \mid}{\mathrm{d}z} = 0, \quad \frac{\mathrm{d} \mid S \mid}{\mathrm{d}z} = 0 \tag{4.52}$$

$$\frac{\mathrm{d}\phi_R}{\mathrm{d}z} = aSS^*, \quad \frac{\mathrm{d}\phi_S}{\mathrm{d}z} = aRR^* \tag{4.53}$$

式(4.52)表明在非线性光栅材料中，两个光束的振幅 $\mid R \mid$ 和 $\mid S \mid$ 没有变化，对于任意入射强度的两束光束之间没有能量转移。根据式(4.53)，两个光束之间的相位差为

$$\phi_S - \phi_R = a(\mid R \mid^2 - \mid S \mid^2)z \tag{4.54}$$

这个相位差导致了介电常数光栅的倾斜：

$$\varepsilon_1 = 2a\cos[qx - (\phi_S - \phi_R)] \tag{4.55}$$

倾斜角度 φ 为

$$\mathrm{tg}\,\varphi = \frac{a(\mid R \mid^2 - \mid S \mid^2)}{q} \tag{4.56}$$

以上结论是，在振幅与光强成正比的厚光栅上的自衍射不会导致两束光之间的能量转移，只有光束的相位发生变化，如果光束的入射强度 $\mid R \mid^2$ 和 $\mid S \mid^2$ 不同，则会导致光栅倾斜。

2. 相移光栅 $\left(\phi=\dfrac{\pi}{2}\right)$

$$\frac{\mathrm{d}R}{\mathrm{d}z}=aSS^*R \tag{4.57}$$

$$\frac{\mathrm{d}S}{\mathrm{d}z}=-aRR^*S \tag{4.58}$$

R 和 S 的相位保持不变,因此,介电常数光栅不会倾斜,从式(4.57)和式(4.58)可以得到两束光强度 I_R 和 I_S:

$$\frac{\mathrm{d}I_R}{\mathrm{d}z}=2aI_SI_R \tag{4.59}$$

$$\frac{\mathrm{d}I_S}{\mathrm{d}z}=2aI_SI_R \tag{4.60}$$

求解这些方程,可得

$$I_R=\frac{I_0}{\left\{1+\left[\dfrac{I_S(0)}{I_R(0)}\right]\exp(2aI_0z)\right\}} \tag{4.61}$$

$$I_S=\frac{I_0}{\left\{1+\left[\dfrac{I_R(0)}{I_S(0)}\right]\exp(-2aI_0z)\right\}} \tag{4.62}$$

其中,$I_0=I_R(0)+I_S(0)=I_R(z)+I_S(z)$ 是入射光束的总强度,式(4.62)表明,对于厚度 z 足够大的非线性材料,总入射强度可以转移到光束 I_S。

4.5.4　非稳态光栅的能量传输

如果入射光束是稳定强度(连续光),在具有局部响应的非线性介质中,两束光之间通过自衍射进行的能量转移不会发生,见式(4.52);然而,在脉冲激励的情况下,在介电常数变化的建立时间与脉冲宽度相当,或者大于脉冲宽度的材料中,可以观察到能量转移。

定性理解这种影响可以参照图 4.10。在脉冲开始时,干涉条纹平行于两束光束的平分线,并垂直于非线性材料的表面,介电常数光栅形成并垂直于表面[见图 4.10(a)]。在脉冲的后续部分,相比式(4.53),光栅的衍射导致两个光束的相移,因此,干涉条纹变得倾斜。由于光栅的建立时间有限,干涉条纹的倾斜角小于光栅平面的倾斜角度[见图 4.10(b)]。对应式(4.51)的 $\phi \neq 0$,干涉图案和光栅之间的移动导致从强光束到弱光束的能量转移,在干涉模式与光栅同相的稳态下,弱光束放大停止[见图 4.10(c)]。

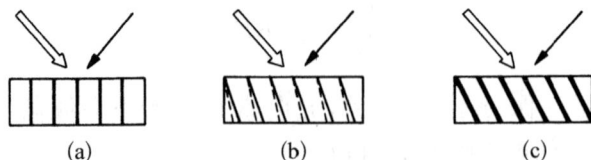

图 4.10 非稳态自衍射的干涉图(实线)和光栅(虚线)倾斜的演变[4.12]

(a) 脉冲开始,$t = 0$;(b) 与光栅形成相当的相互作用时间,$t \approx \tau$;(c) 稳态,$t \gg \tau$

文献[4.16]给出非稳态自衍射的数学计算,解析求解很复杂,因此需要使用弱光束的小增益近似或计算机求解[4.12]。

4.6 四波混频

四波混频表示具有不同频率 $\omega_1 \cdots \omega_4$ 和传播方向 $\boldsymbol{k}_1 \cdots \boldsymbol{k}_4$ 的四个光波之间的相互作用,这种相互作用由材料的三阶非线性极化产生许多不同效应,如三次谐波的产生和拉曼型混频,自 Bloembergen 及其同事[4.18] 和 Maker 和 Terhune[4.19] 的开创性工作以来,这些效应已得到了深入的研究[4.17]。

在简并四波混频中,入射光波的频率相等($\omega_1 = \omega_2 = \omega_3 = \omega_4 = \omega$),波矢相互反平行 $\boldsymbol{k}_1 = -\boldsymbol{k}_2$,$\boldsymbol{k}_3 = -\boldsymbol{k}_4$,这只是简并的一种形式。因此简并四波混频这个术语并不是完全特定的,本节同其他许多文献一样,省略了简并的叙述。

最简单但实验上最重要的四波混频的情况,只有两个泵浦光波,$\omega_1 = \omega_2 = \omega$ 和 $\boldsymbol{k}_1 = -\boldsymbol{k}_2$,一个信号波,$\omega_4 = \omega$ 和任意 $\boldsymbol{k}_4$,入射到非线性材料上(见图 4.11),由于三阶极化效应产生了 $\omega_3 = \omega$ 的反射波,其方向与信号波相反 $\boldsymbol{k}_3 = -\boldsymbol{k}_4$,如果另一个第四波以 $\boldsymbol{k}_3 = -\boldsymbol{k}_4$ 入射,该波可以被放大。

四波混频过程也可以通过光栅图像来理解,入射波 E_4 和 E_1 相互干涉[见图 4.11(b)],并产生一个矢量为 $\boldsymbol{q} = \boldsymbol{k}_4 - \boldsymbol{k}_1$ 的光栅,E_2 的布拉格衍射产生光波 E_3,$\boldsymbol{k}_3 = \boldsymbol{k}_2 - \boldsymbol{q} = -\boldsymbol{k}_4$。光波 E_3 的第二个贡献来自 E_4 和 E_3 干涉产生的光栅,

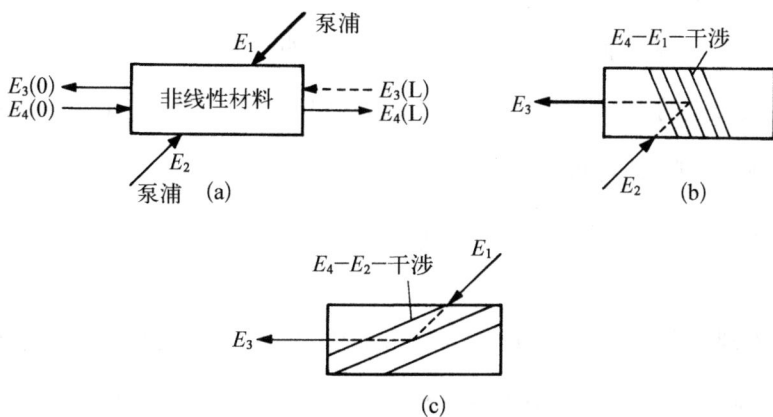

图 4.11　四波混频的光栅解释

它使波 E_1 衍射［见图 4.11(c)］。在材料的瞬时、局部和线性响应的情况下，对反射波的两个贡献是相等的，并且仅考虑由 E_4 和 E_1 干涉产生的光栅就足够了。

4.6.1　光栅相互作用描述的四波混频

理论上，四个波 $(m = 1, 2, 3, 4)$ 可以定义为

$$E_m(r, t) = \frac{1}{2} A_m(z) \exp[\mathrm{i}(\boldsymbol{k}_m \cdot \boldsymbol{r} - \omega t)] + \text{c.c.} \tag{4.63}$$

由 E_4 和 E_1 干涉产生的相对介电常数调制（SI 单位制）为

$$\varepsilon(x, z) = \varepsilon + \chi^{(3)} A_1 A_4^* \exp[\mathrm{i}(\boldsymbol{k}_1 - \boldsymbol{k}_4) \cdot \boldsymbol{r}] + \text{c.c.} \tag{4.64}$$

这里，ε 是与折射率 n 和吸收系数 K 有关的平均相对介电常数，振幅 $A(z)$ 由波动方程给出：

$$\boldsymbol{\nabla}^2 E + \varepsilon(x, z) k^2 E = 0 \tag{4.65}$$

其中，$k = \dfrac{2\pi}{\lambda}$（$\lambda$ 为真空波长）。

将式(4.63)和式(4.64)代入式(4.65)得

$$\frac{\mathrm{d} A_3}{\mathrm{d} z} = -\frac{\mathrm{i} k}{2n}(\varepsilon - n^2) A_3 - \frac{\mathrm{i} k}{2n} \chi^{(3)} A_1 A_2 A_4^* \tag{4.66}$$

推导式(4.66)时只考虑带有系数 $\exp[\mathrm{i}(\boldsymbol{k}_3 \cdot \boldsymbol{r} - \omega t)]$ 的一项,并使用关系式 $\boldsymbol{k}_3 = \boldsymbol{k}_1 + \boldsymbol{k}_2 - \boldsymbol{k}_4 = -\boldsymbol{k}_4$,假设 A_3 随 z 缓慢变化,因此二阶导数可以忽略。z 方向与 $\boldsymbol{k}_4$ 平行,波矢量的绝对值由 $k_m = nk$ 给出,其中 n 是折射率,使用 $\varepsilon - n^2 \approx \dfrac{\mathrm{i}nK}{k}$,其中 K 是吸收常数,可得

$$\frac{\mathrm{d}A_3}{\mathrm{d}z} = \frac{K}{2}A_3 - \mathrm{i}\kappa A_4^* \tag{4.67}$$

式中,引入耦合常数 $\kappa = \left(\dfrac{\pi}{\lambda n}\right)\chi^{(3)}A_1 A_2$,注意式(4.67)在文献中通常带有正号,这是由于对场振幅的定义不同,在此使用式(4.63)给出的场振幅的复共轭。

当非线性材料中存在光波 E_3 时,该光波与 E_1(和 E_2)干涉产生额外的光栅,产生沿 $\boldsymbol{k}_4$ 方向的衍射波,与 $\dfrac{\mathrm{d}A_3}{\mathrm{d}z}$ 类似可以得到振幅变化 $\dfrac{\mathrm{d}A_4}{\mathrm{d}z}$:

$$\frac{\mathrm{d}A_4}{\mathrm{d}z} = -\frac{K}{2}A_4 + \mathrm{i}\kappa A_3^* \tag{4.68}$$

4.6.2　非线性极化描述的四波混频

由式(4.63)给出的光波 E_1、E_2、E_4 产生的非线性极化:[4.20]

$$P^{\mathrm{NL}}(\omega = \omega + \omega - \omega) = \frac{\varepsilon_0}{2}\chi^{(3)}A_1 A_2 A_4^* \exp[\mathrm{i}(\omega t + k_3 z)] + \text{c.c.} \tag{4.69}$$

由于 $\boldsymbol{k}_1 + \boldsymbol{k}_2 - \boldsymbol{k}_4 = \boldsymbol{k}_3$,极化波 P^{NL} 与波 E_3 有恒定的相位,即 P^{NL} 和 E_3 是相位匹配的,电场 E_3 的振幅变化由非均匀波动方程(SI 单位)给出:

$$\boldsymbol{\nabla}^2 E_3 - \frac{\varepsilon}{c^2}\frac{\partial^2 E_3}{\partial t^2} = \frac{1}{\varepsilon_0 c^2}\frac{\partial^2}{\partial t^2}P^{\mathrm{NL}} \tag{4.70}$$

使用与上述相同的近似,结合式(4.63)、式(4.69)和式(4.70)给出式(4.67),同样,得到式(4.68)。

因此,从非线性极化推导的四波混频的基本方程与光栅图像(见 4.6.1 节)得到的相同。

4.6.3　反射波和透射波的振幅

假设泵浦光强度不耗散,即常数 κ 且忽略吸收 $(K = 0)$,耦合方程[见式(4.67)

和式(4.68)]的解为[4.20]

$$A_3(z) = \frac{\cos|\kappa|z}{\cos|\kappa|L}A_3(L) - \mathrm{i}\frac{\kappa\sin|\kappa|(z-L)}{|\kappa|\cos|\kappa|L}A_4^*(0) \tag{4.71}$$

$$A_4(z) = \mathrm{i}\frac{|\kappa|\sin|\kappa|z}{\kappa^*\cos|\kappa|L}A_3^*(L) + \frac{\cos|\kappa|(z-L)}{\cos|\kappa|L}A_4(0) \tag{4.72}$$

其中，$A_4(0)$ 和 $A_3(L)$ 是信号波和反射波在各自输入平面（$z=L$，$z=0$）的振幅。在下面的讨论中，只考虑在 $z=0$ 的 $A_4(0)$，$A_3(L)=0$ 的单个输入波，反射波由下式给出：

$$A_3(0) = \left(\frac{\mathrm{i}\kappa}{|\kappa|}\tan|\kappa|L\right)A_4^*(0) \tag{4.73}$$

因此，反射场 $A_3(0)$ 与入射场 $A_4(0)$ 的复共轭成正比，四波混频的这一重要特性称为相位共轭，这将在后面讨论。

根据式(4.73)，对于 $\frac{\pi}{4}<|\kappa|L<\frac{3\pi}{4}$，反射波强度超过输入波强度，根据下式信号波总是被放大：

$$A_4(L) = \frac{A_4(0)}{\cos|\kappa|L} \tag{4.74}$$

两个光束的功率为

$$P_3(z) = P_4(L)\sin^2|\kappa|(z-L), \tag{4.75}$$

$$P_4(z) = P_4(L)\cos^2|\kappa|(z-L) \tag{4.76}$$

在材料中，总功率 P_3+P_4 是恒定的：

$$P_4(L) = \frac{P_4(0)}{\cos^2|\kappa|L} = P_3(z)+P_4(z) \tag{4.77}$$

信号波和反射波之间的功率分布如图 4.12 所示，信号光束放大率 $\frac{P_4(L)}{P_4(0)}=\frac{1}{\cos^2|x|}L=6$，对于 $\frac{\pi}{4}<|\kappa|L<\frac{\pi}{2}$ 的其他 $|\kappa|L$ 值，也可得到类似曲线。

当 $|\kappa|L=\frac{\pi}{2}$ 时，信号波和反射波的放大率为无穷大 $[P_4(L)=P_3(0)\rightarrow$

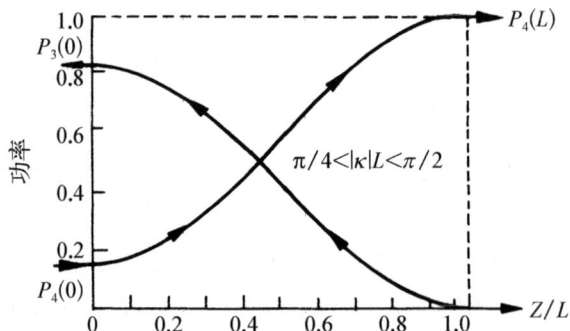

图 4.12　四波混频中信号光功率 P_4 和反射光功率 P_3，
耦合参数 $|\kappa|L$ 选择保证反射光束被放大[4.20]

∞]，在这种情况下，这两个波可以从最初的小波动增加到大的振幅，该振幅受泵浦损耗所限制，这对应于没有镜面反馈的振荡。这种四波混频振荡器的理论功率分布如图 4.13 所示，其中，假设总功率 $P(L)$ 已达到其极限值，但是式(4.75)和式(4.76)仍然适用。

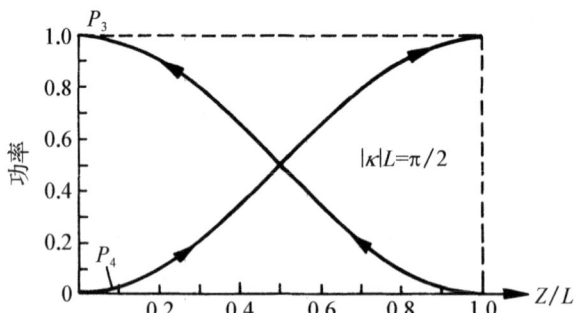

图 4.13　四波混频振荡器的功率[4.20]

4.6.4　理论的进一步发展

前面的章节中，简并四波混频理论只讨论了最简单情况，在文献中，给出了更详细的讨论，包括非线性材料中的吸收[4.21-4.22]，极化效应[4.23-4.25]，非线性折射率变化[4.26]，以及与时间相关的场和非线性相互作用的四波混频动力学[4.27-4.30]。

4.6.5　材料和光源

采用合适的激光光源及许多不同材料组合，观察到了简并四波混频产生相

位共轭,第 3 章对产生光栅和四波混频效应的非线性材料进行了讨论,一些特殊
材料的讨论可以参考以下文献。

(1) 气体、蒸气、等离子体[4.23,4.31-4.33]。

(2) 有机液体和染料溶液[4.29,4.34-4.36]。

(3) 半导体(如硅)[4.37]。

(4) 光折变晶体[4.38-4.42]。

(5) 二氧化碳激光器的四波混频[4.32,4.43]。

(6) 皮秒脉冲的四波混频[4.35-4.36]。

(7) 表面波的四波混频[4.44]。

4.6.6　应用

关于四波混频的大量文章[4.20,4.25,4.35,4.38-4.42,4.45]涉及信息处理和畸变校正中
的应用,相位共轭的四波混频见文献[4.45],由于第 6 章将针对这个主题进行详
细的说明,这里只选择了一些参考文献。

其他可能的应用讨论见第 7 章,包括窄带光学带通滤波器[4.46]和双稳态光
学器件[4.47]。

在科学上(见第 5 章),简并四波混频在高分辨率光谱中具有巨大的潜力,这
是 Liao 及其同事[4.31]在钠中首次通过实验认识到的。使用可调谐的窄带连续染
料激光器,他们测量了亚多普勒线形。四波混频在光谱方面的讨论见文献
[4.25,4.48 - 4.51],也可以参考 7.8 节。

4.7　移动光栅

具有不同频率 $\omega_1 \neq \omega_2$、波矢 k_1 和 k_2、激光电场强度:

$$E_j = \left(\frac{A_j}{2}\right) \exp[i(k_j \cdot r - \omega_j t)] + \text{c.c.}, \quad j = 1, 2 \tag{4.78}$$

产生一个非稳态的强度分布:

$$I = \frac{1}{Z} \overline{(E_1 + E_2)^2} \tag{4.79}$$

这里，Z 是材料的波阻抗，上划线代表时间平均，由式(4.78)和式(4.79)可得

$$I = \frac{1}{2Z}\{|A_1|^2 + |A_2|^2 + A_1 A_2^* \exp\mathrm{i}[(k_1 - k_2)\cdot r - (\omega_1 - \omega_2)t] + \mathrm{c.c.}\}$$
(4.80)

在推导该方程时，与光学周期 $T_{1,2} = \dfrac{2\pi}{\omega_{1,2}}$ 相比较长，但是与对应差频的周期 $\dfrac{2\pi}{(\omega_1 - \omega_2)}$ 相比较短的时间内求平均。

强度 I 呈现出具有光栅矢量的波状调制：

$$q = k_1 - k_2$$
(4.81)

频率为

$$\Omega = \omega_1 - \omega_2$$
(4.82)

定义频率 ω_1、ω_2 应确保 $\Omega > 0$，那么，与式(2.8)比较，给出了稳态光栅不存在任何歧义的光栅矢量 q。对于 $\omega_1 = \omega_2$，如前所述，可获得稳态干涉条纹。

波状调制光强度式(4.80)改变了干涉区内材料的光学特性，从而形成移动光栅结构[4.52]：

$$\Delta\varepsilon = \Delta\chi = \chi^{(3)} A_1 A_2^* \exp\{\mathrm{i}[(k_1 - k_2)\cdot r - (\omega_1 - \omega_2)t]\} + \mathrm{c.c.} \quad (4.83)$$

式中，$\chi^{(3)}$ 是三阶非线性极化率。

式(4.83)适用于稳态条件，如果考虑时间效应，光场和介电常数之间的耦合可能会复杂得多。

光栅可以通过波矢量为 k_3、频率为 ω_3 的第三束激光的衍射来检测，用 4.2 节的薄光栅或 4.3 节的厚光栅分析得到衍射波的方向和振幅，文献[4.53]给出了衍射波的方向。此外，还必须考虑衍射光束的频率偏移了光栅频率 Ω 的整数倍，这些频移在超声波衍射中是众所周知的，并可以解释为由于光栅的移动而产生的多普勒效应，光栅可以作为衍射波的源[4.54]。

4.7.1 薄光栅

用薄光栅可以获得任意角度入射光束的衍射，采用式(4.5)得到第 m 级衍

射光束的波矢量的 x 分量 $k_{4x}^{(m)}$：

$$k_{4x}^{(m)} = k_{3x} + mq, \quad m = 0, \pm 1, \pm 2, \pm 3, \cdots \tag{4.84}$$

x 方向与光栅矢量 q 平行，衍射波矢量绝对值 $k_4^{(m)}$ 的相应频率 $\omega_4^{(m)}$ 由下式给出：

$$\omega_4^{(m)} = \omega_3 + m\Omega \tag{4.85}$$

衍射角可以表达为

$$\sin \varphi_m = \frac{k_{4x}^{(m)}}{k_4^{(m)}} \tag{4.86}$$

相对静止光栅，由于衍射光束的频移，光栅衍射角也会发生变化。

4.7.2　厚光栅

求解总电场强度随时间变化的波动方程来处理衍射：

$$\mathbf{\nabla}^2 E - \frac{\varepsilon + \Delta\varepsilon}{c^2} \cdot \frac{\partial^2 E}{\partial t^2} = 0 \tag{4.87}$$

求解方法与 4.3 节的固定光栅类似，如果遵守布拉格条件可以得到入射波和衍射波之间的最佳耦合，一阶衍射的最佳耦合由下式给出：

$$\boldsymbol{k}_4^{\pm} = \boldsymbol{k}_3 \pm \boldsymbol{q} \tag{4.88}$$

因为频率也会变化，波矢量的绝对值不同（$k_4 \neq k_3$）：

$$\omega_4^{\pm} = \omega_3 \pm \Omega \tag{4.89}$$

对于一组入射波矢量 $\boldsymbol{k}_3$ 满足布拉格条件会形成以 $\boldsymbol{q}$ 为轴的两个圆锥。衍射波矢量形成对应的两个圆锥。

式 (4.85) 和式 (4.89) 乘以普朗克常数 $\hbar$，可认为是移动光栅产生光子 (ω_4) 时光子 (ω_3) 和准粒子 (Ω) 能量守恒的表达式，式 (4.84) 和式 (4.88) 表示动量守恒。在薄光栅的情况下，只有 $\boldsymbol{q}$ 方向的动量是明确的，动量的横向分量在动量空间中的分布很宽，这种分布的宽度与光栅的厚度成反比。因此，在薄光栅的情况下，只有波矢量的 y 分量由动量守恒确定，其他分量根据能量守恒确定。

4.7.3　非线性极化描述

在光栅图像中讨论的三个入射波 E_1、E_2、E_3 之间的相互作用也可以用非线性极化来分析,非线性极化是各种衍射波的根源,总的非线性极化由几项构成,分别对应衍射级的方向。

例如,一阶布拉格衍射认为是 $\omega_4 = \omega_3 \pm \Omega$,该频率下的非线性极化项由下式给出:

$$P^{\text{NL}}(\omega_4 = \omega_1 - \omega_2 + \omega_3) = \frac{\varepsilon_0}{2}\chi^{(3)}(\omega_4 = \omega_1 - \omega_2 + \omega_3)A_1 A_2^* A_3 \cdot$$

$$\exp i[(\boldsymbol{k}_1 - \boldsymbol{k}_2 + \boldsymbol{k}_3)\cdot\boldsymbol{r} - (\omega_1 - \omega_2 + \omega_3)t] \tag{4.90}$$

这种极化频率为 ω_4 的光波,如果满足相位匹配条件 $\boldsymbol{k}_4 = \boldsymbol{k}_1 - \boldsymbol{k}_2 + \boldsymbol{k}_3$,则极化波和光波之间的耦合效率最高,该条件相当于由光栅图像得到的布拉格条件[见式(4.88)],布拉格衍射波的振幅可以从非均匀波动方程中得到:

$$\boldsymbol{\nabla}^2 E - \frac{\varepsilon}{c^2}\frac{\partial^2 E}{\partial t^2} = \frac{1}{\varepsilon_0 c^2}\frac{\partial^2}{\partial t^2}P^{\text{NL}} \tag{4.91}$$

使用 $\Delta\varepsilon$ 和 P^{NL} 的定义[见式(4.83)和式(4.90)],则式(4.91)和式(4.87)的解相同,当然,在求解相应的方程时也必须进行同样的近似。

光栅图像和非线性极化分析之间的等效性允许将非共线激光束观察到的大量非线性光学效应解释为移动光栅的衍射。例如,(非简并)四波混频或相干反斯托克斯拉曼散射(CARS),新发展的相干散射技术[4.55]可被认为是运动干涉图像的相干分子振动的光衍射;一些综述文章[4.56-4.57]对四波混频光谱学的理论和实验以及相关技术进行了详细介绍。

第5章
利用受迫光散射研究物理现象

受迫光散射表示光波在激光诱导光栅上的衍射,这一术语是类比经典自发光散射(见1.1.6节)创造出来的。通过测量衍射效率,受迫光散射给出有关折射率变化的信息和相应的光学产生材料激发的幅度,在第3章中已经给出了大量的例子,本章节又增加了一些,如5.9节,这种测量需要校准泵浦光和探测光的强度。

在受迫光散射实验中进行的另一种测量是观察衍射效率的时间依赖性,以获得相关材料激发的动力学特性。动态行为更容易测量,因为可以以任意单位记录时间分辨的散射强度,或者可以通过频谱获得所需的信息。

衍射效率的动力学可以通过脉冲激励和直接时间分辨观测来研究,也可以通过调制激励和测量响应幅度作为调制频率的函数来研究。

频域测量通过两种方法完成。首先,对激励光束进行振幅调制,这对应驻波激励。其次,使用具有频率偏移的激励光束,从而产生行波激励。在这两种情况下,在固定点的激励的调制是暂时的,不同之处在于,驻波激励的相位是恒定的,行波激励的相位是位置的线性函数。激励光束的振幅调制用在观察相对较慢的效应,例如热光栅,并可方便地与相敏检测方法相结合对微弱衍射信号进行检测。行波激励是研究快速弛豫现象的理想方法。

在5.1节概述了时间分辨测量的不同方法,5.2~5.9节叙述了这些技术的应用。

5.1 光栅动力学研究技术

激光诱导光栅的时间演化特性可以通过一个简单的方式来研究,即通过短脉冲激光诱导光栅和观察衍射连续光束的时间关系来研究。图 5.1 是一个典型实验装置布置[5.1]，在这个例子中 30 ps 脉宽的 Nd：YAG 激光通过在 SHG 晶体中的倍频，再经分束镜产生两个在样品中以 θ 角交叉的波，从而形成光栅。

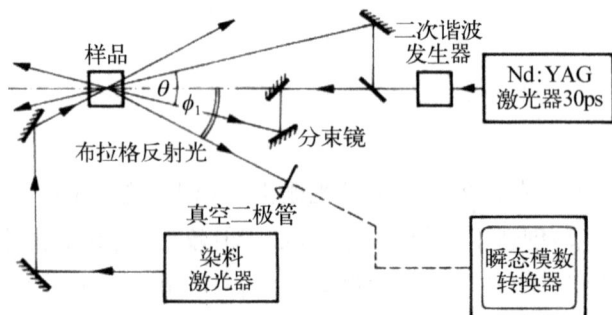

图 5.1　用准连续激光束衍射测量激光诱导光栅的衰减时间的实验装置

在第 3 章中已讨论了光栅形成的物理机制,利用准连续染料激光束的衍射来检测光栅。图 5.2 给出了 Nd：YAG 激光、染料激光和布拉格衍射光的时间关系。根据式(2.47),通过衍射强度的平方根近似给出了代表光栅空间振幅的 Δn，ΔK 与时间的关系。一般情况下,衍射强度与 Δn 和 ΔK 以更加复杂的方式关联,如第 4 章所述。

如果使用光电二极管和高速示波器检测衍射光,则脉冲激励和准连续激光束衍射测量时间分辨率会降低到约 1 ns;若使用条纹相机,则时间分辨率可以达到几个 ps。图 5.3 给出了[5.2a]这个时域的一个不太复杂的实验方法示意图。主激光分成两束激励光束,在样品中诱导光栅,由主脉冲产生的另一束有一定延迟的短脉冲作为探测脉冲。图 5.4 显示了衍射光束功率 P_{diff} 与探测脉冲延迟时间的关系,弛豫过程由弛豫时间 $\tau_s = 2$ ns 和 $\tau_{or} = 140$ ps 的双指数的和拟合组成。这些时间由产生光栅的染料溶液罗丹明 6G 在甲醇中的单线态荧光寿命和光栅的取向弛豫时间确定。在 3.4 节中详细讨论了光栅的机理。

该取样方法(见图 5.3)可用于测量低至 10 fs 的光栅衰减时间,这一极限由目前可用的最短激光脉冲给出,使用运动光栅[5.2b]可以测量更短的衰减时间,如 4.7 节所述运动光栅干涉条纹是由两个不同波长的光波叠加而成。

图 5.5 给出了一种用运动光栅技术测量材料超快过程的实验装置示意图[5.3],这种实验光路最初用于三阶光混频实验,也可以借助光栅图像来理解。

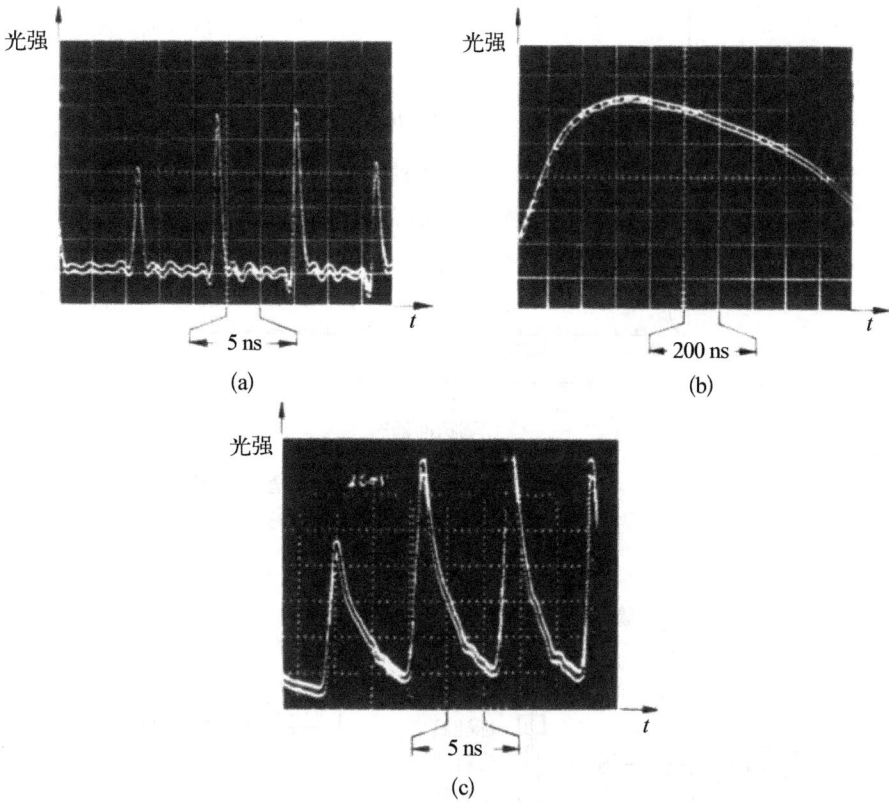

(a)

(b)

(c)

图 5.2　在图 5.1 的装置中观察到的时间波形

（a）Nd：YAG 激光；（b）染料激光；（c）衍射光

主脉冲

100 kW　50 ps

530 nm，500 Hz

激励光束

样品

可变延迟

被延迟的
探测光束

衍射的
探测脉冲

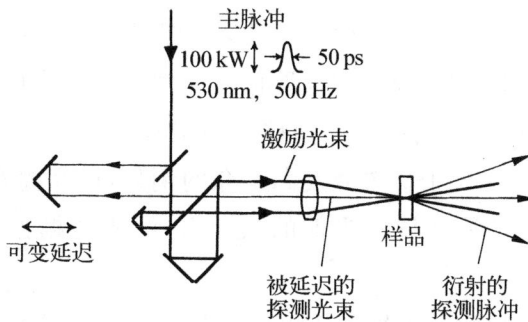

图 5.3　激光诱导光栅衰减时间测量的取样方法[5.2a]

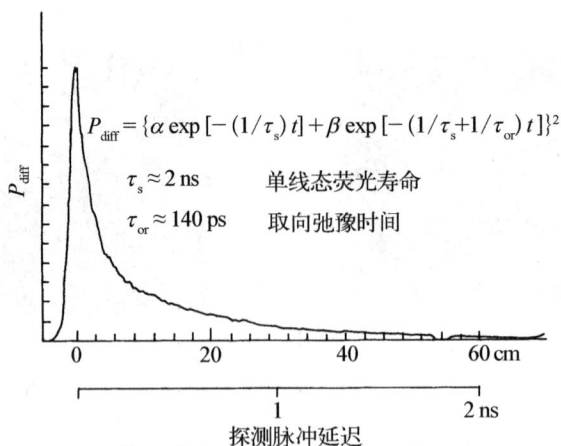

图 5.4　在浓度 10^{-4} mol/L 罗丹明 6G 甲醇溶液中
诱导光栅衍射功率 P_{diff} 与时间的关系[5.2a]

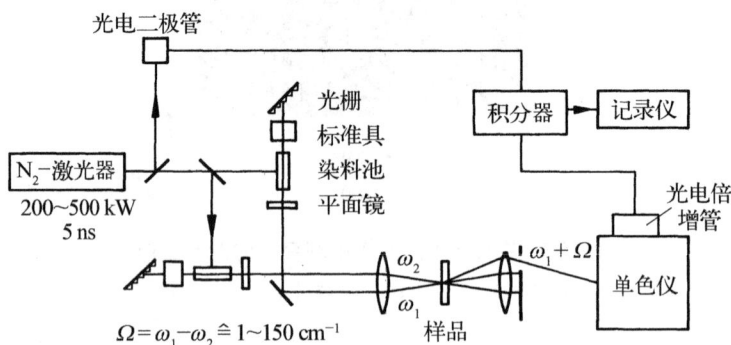

图 5.5　研究超快弛豫过程和运动光栅激励的双染料激光系统[5.3]

将两个染料激光调谐到频率 ω_1 和 ω_2，可变频率差为 Ω，具有 ω_1 和 ω_2 的两个光束在样品池中产生一个运动光栅，具有 ω_1 的光束以频率偏移 $+\Omega$ 的方式进行自衍射，测量衍射光束功率与光栅移动频率 Ω 的关系，可以得到材料的瞬态特性。如果频率 Ω 大于材料激发态寿命的倒数，即光栅寿命倒数，则材料的响应时间跟不上干涉区域中光能的快速振动，则光栅振幅和衍射效率随之降低。

到目前为止，采用运动光栅技术的实验很少，因此，作为一个例子，采用最初的计算方法[5.2b]，在图 5.6 中给出了衍射效率与差频 Ω 的关系。假设在三能级系统中存在一个粒子数密度光栅(见 3.4 节),如图 5.6 内插图所示。该光栅是由吸收频率 ω_1、ω_2 产生的,导致能级 E_2 的粒子数密度在空间和时间上呈现波形调制。激发电子从 E_2 衰减到 E_1 能级,由此而产生在后一能级调制的粒子数密度。在与能级的 τ_1、τ_2 寿命倒数相比较大频率 Ω 处,由于系统集成了能量密度的快速波动,使得粒子数密度的振幅减小。E_1 和 E_2 的粒子数密度调制导致衍射检测到的光学性质的调制。适当选择探测光束的频率,有可能通过衍射分别测量两个能级的粒子数与效率 η_1 和 η_2 关系,η_1 和 η_2 的频率关系决定了 E_1 和 E_2 的两能级寿命,如图 5.6 所示。

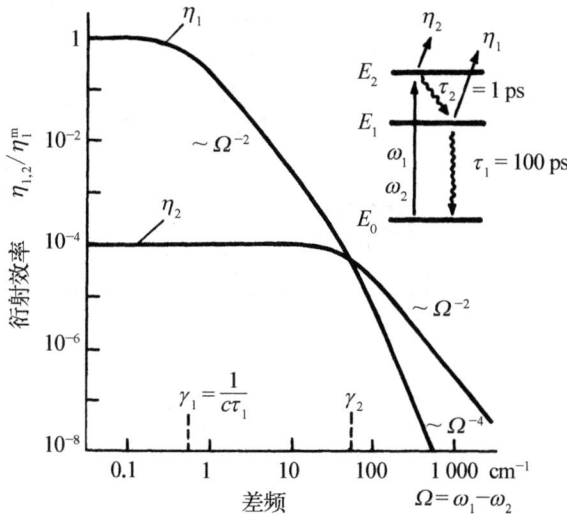

图 5.6　用三能级模型计算的衍射效率 η_1 和 η_2 与移动光栅的频率 Ω 的关系[5.2b]

对 η_1 和 η_2 探测频率是 $\omega_3 = (E_1 - E_2)/\hbar$ 和 $\omega_3' = (E_2 - E_0)/\hbar \approx \omega_1 \approx \omega_2$

5.2　热能激发实验

本节介绍了一些受迫瑞利散射实验处理低能激发,包括温度和浓度的波动、流体系统中分子排列的波动、玻璃中所谓的二能级态的分布,以及流体动力不稳定性附近的对流。研究的特性包括热流和第二声、质量扩散和分子迁移率、玻璃动力学、这些模式之间的耦合,以及不稳定性的前兆。

5.2.1 纯热流研究

历史上第一批 FRS(受迫瑞利散射)实验属于这一类,Eichler 等[5.4]通过倍频 Nd:YAG 激光器创建了热光栅,实验装置如图 5.7(a)所示。样品是液体(甲醇、甘油),或者红宝石晶体,通过添加染料使液体略微吸收。用氩离子激光器作为探测光束,可直接探测散射辐射。

图 5.7(b)和(c)显示指数衰减定律和衰减时间的预期 q^2 依赖性满足程度,

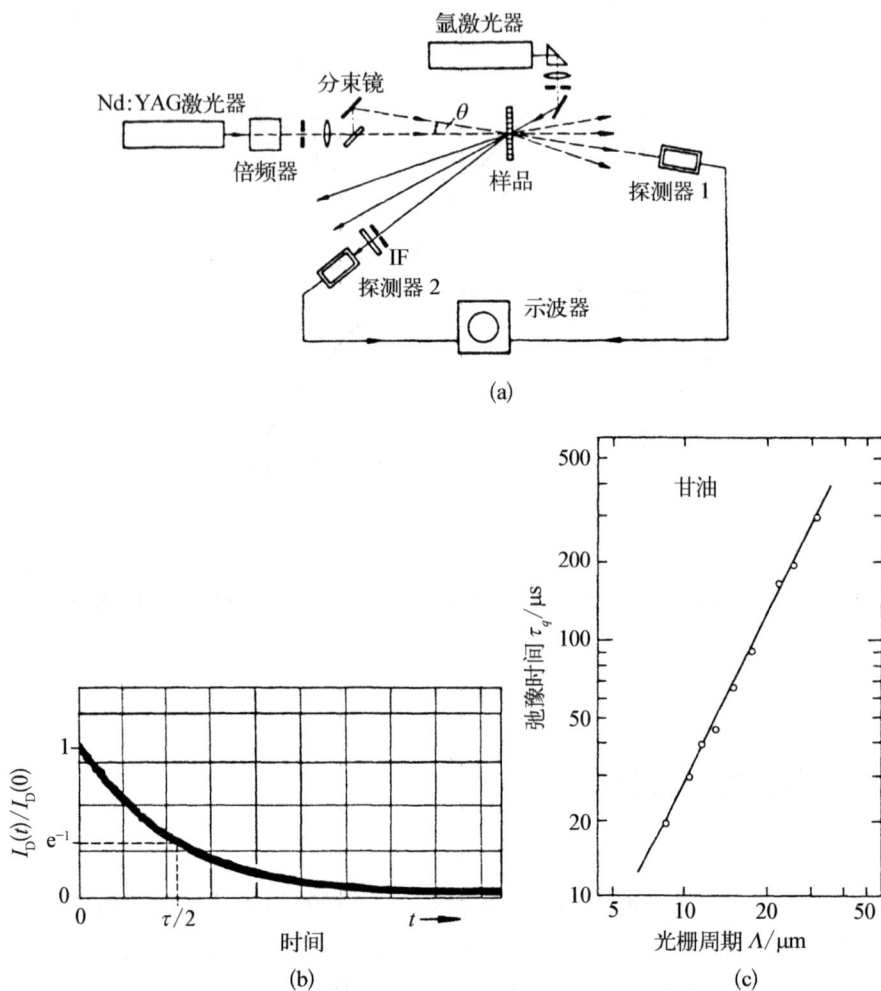

(a)

(b)

(c)

图 5.7 甲醇、甘油、红宝石的热扩散率测量[5.4]

(a)实验装置;(b)散射信号与时间关系;(c)衰减时间与 q 关系

参见式(3.112)和式(3.116)。注意,在时间 $\tau/2$ 时已经达到 $1/e$ 值,这是因为直接检测监控的是温度振幅的平方。根据衰变时间与 q^2 曲线的斜率确定热扩散率,其与文献值吻合良好。

Pohl 等[5.5]通过研究优质氟化钠(NaF)晶体中的热传输,首先证实了 FRS 的极高灵敏度。人们对这种材料的兴趣源于一个有趣的发现,即在低温下,热脉冲的传播像波,而不是扩散[5.6]。这种特性被认为是长期预测的介电晶体中第二声现象[5.7],最终验证还需要一种独立的、与目前不同的方法。

由于各种原因,光散射是最优的,但对于经典的散射技术来说,散射率太小。这可以通过已知的热膨胀(等压)热光系数和 NaF 的 Pockel 光弹性常数来估算[5.8]。图 5.8(a)所示的热膨胀系数 α_l 给出了晶体材料常见的 T^3 温度关系[5.9]。不幸的是,根据式(3.119)和式(3.120)计算的热光系数 $(\partial\chi/\partial T)_{\text{eff}}$ 随着温度的降低衰减得更快。因此,图 5.8(b)所示的期望的经典瑞利散射率,在冷却后下降到无法检测到的小值,上面曲线显示了用于比较的期望的布里渊散射率,阴影区域表示 1Hz 带宽的近似散粒噪声水平。

对受迫散射的相应估计表明,如果存在第二声,则有相当机会进行第二声检测。在图 5.8(c)中,实线表示与之前使用相同的参数计算的外差散射率。注意与图 5.8(b)相比,散射率与 T 的斜率有所不同,这是因为经典散射正比于 $\langle\delta T^2\rangle$,而在 FRS 中则正比于 δT(见 2.4.4 节和 2.4.5 节);阴影区域再次给出积分时间 1 s(1 Hz 检测带宽)内预期一阶信噪比的范围,以下将给出该图其他细节的解释。

由于 NaF 在紫外、可见和近红外区域具有高度透明性,因此需要一个在中红外区域的泵浦源,CO_2 激光是非常适合的,因为它的输出在 $\lambda = 10.6~\mu m$ 时 $K \approx 0.4~\text{cm}^{-1}$。

实验装置如图 5.9(a)所示,来自 10 W CO_2 激光器的泵浦光经斩波器 CH 并分成两束光,其相对相位、方向和光斑大小通过反射镜 $M_2 \sim M_9$ 进行调节。这种光路布局在不改变交叉点的情况下,允许泵浦光之间改变非常小的角度,交叉点位于样品中心,为了便于控制,交叉点也在 M_7 位置。这种似乎有些复杂的光路可以极大地改善红外光束的准直。探测光束和散射光束的光路用虚线表示,样品后面的空间滤波器选择散射辐射,通过信号平均器后的光电倍增管(PM)探测。

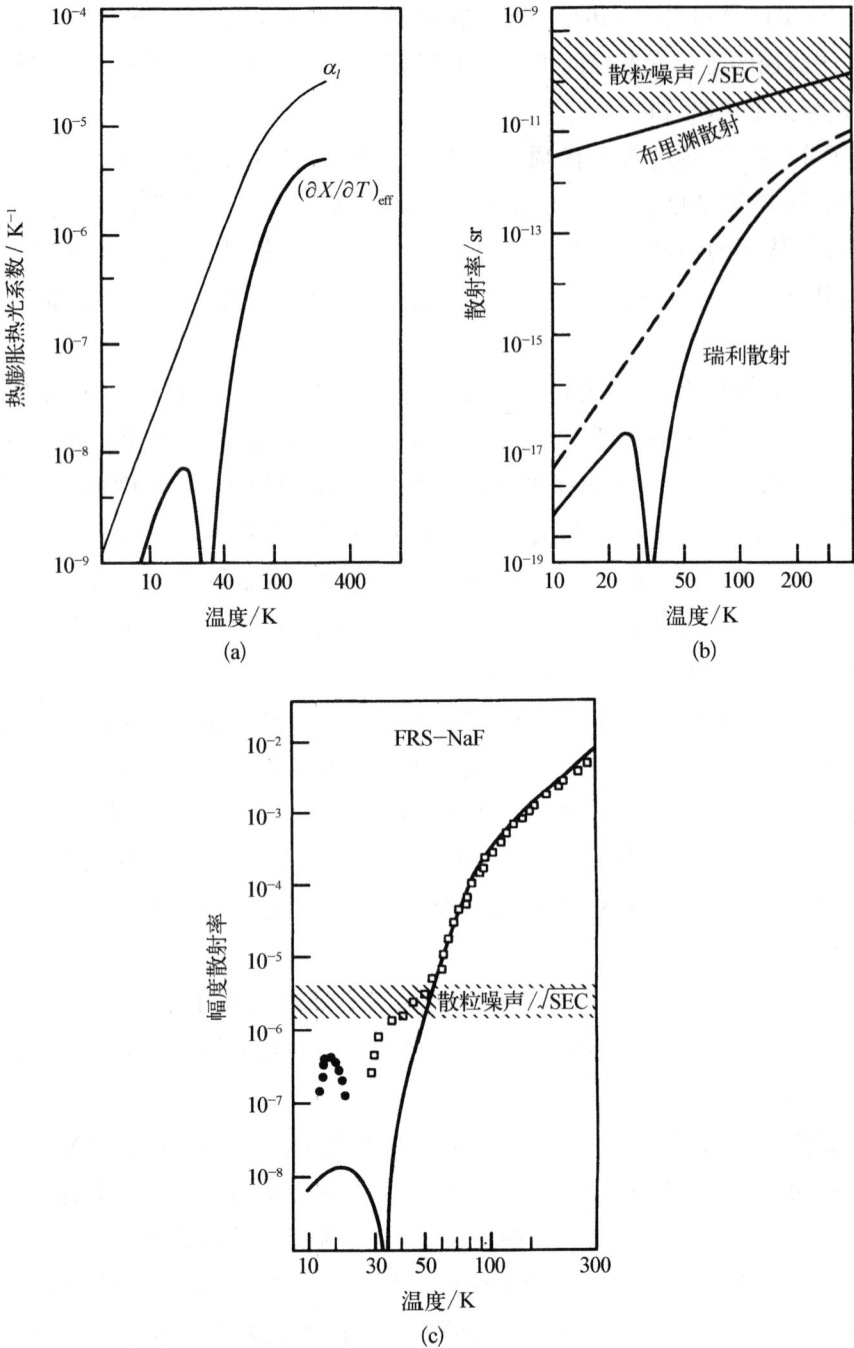

(a)

(b)

(c)

图 5.8　热膨胀热光系数、散射率、幅度散射率与温度的关系

（a）NaF 的线性热膨胀和热光系数与温度的关系；（b）经典[5.8a]和（c）受迫瑞利散射[5.5,5.8b]散射率

(a)

(b)　　　　　　　　　(c)

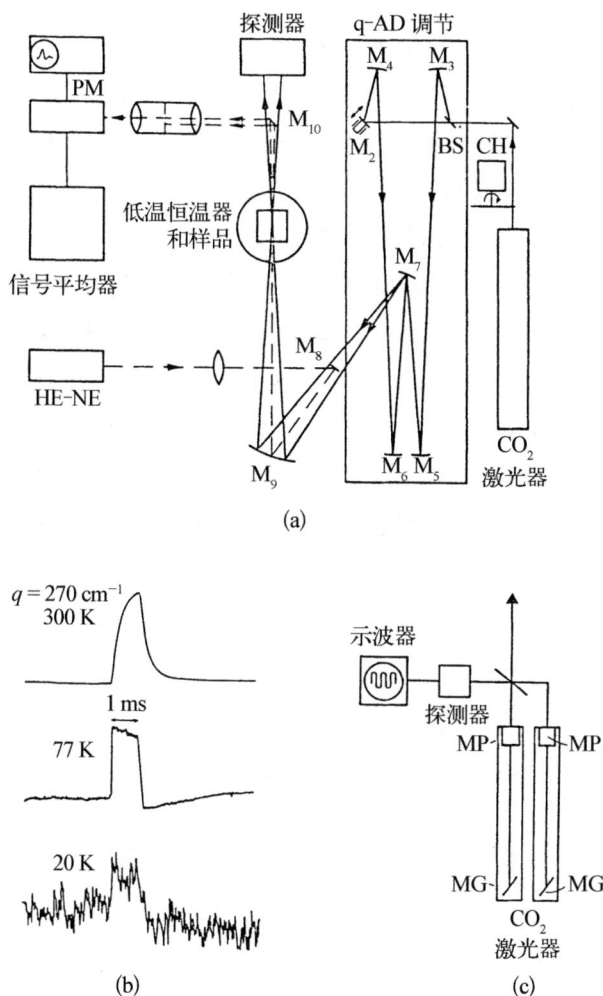

图 5.9　低温和红外泵浦下的受迫瑞利散射[5.5]

（a）实验装置（$M_1 \sim M_9$ 反射镜、BS 分束镜、CH 斩波器）；（b）NaF 在三个不同温度下的脉冲响应；（c）用于调制泵浦光的 CO_2 激光源（MG 为光栅镜、MP 为压电支架上的反射镜）

散射信号对持续时间为 1 ms 的矩形泵浦脉冲的响应通过信号平均器后如图 5.9(b) 所示,室温下的慢响应明显不同于 77 K 和 20 K 下矩形信号,这种差异是由低温下热导率的强烈增加而引起的[5.6],在 20 K 时,信号非常弱,只有经过几分钟的积分时间才能克服噪声。

实验数据的温度关系如图 5.8(c) 所示(空心方块符号),以通常的方式利用立式光栅图案获得这些数据。当温度大于 50 K 时,它们与计算值(基于扩散)完全一致,Eichler 和 Knof[5.10] 发现对于红宝石的散射强度与温度具有类似的关系,再次说明随着温度的降低,散射强度降低了许多数量级。

在一个狭窄的频率和温度窗口内,优质晶体中可能检测到固体中的第二声。因为要设置热扩散定律的边界具有挑战性,因此实验验证很困难。为了通过 FRS 进行检测,上述实验装置要稍作修改,如图 5.9(c)[5.11] 所示,通过控制两个稳定的 CO_2 激光器,将泵浦光幅度调制到 10 MHz,然后,FRS 信号加载具有相同调制的分量,如果第二声真的是波,那么式(3.118)的共振结构预计接近 $\Omega_0 = q/c_0$,c_0 是第二声的速度,大约是常规声音的 $1/\sqrt{3}$ 倍。

事实上,在 20 K,$\Omega/2\pi \approx 6.5$ MHz 处发现共振结构的频率略低于预期。图 5.10(a)中的实线表示不同温度下的散射响应,虚线表示具有阻塞泵浦激光的控制运行,点划线表示外差相位反转。Ω、q 和 c_0 之间的关系,明确地确定了共振就是第二声,图 5.8(c)中实心圆所示给出了从峰值导出的外差散射率。

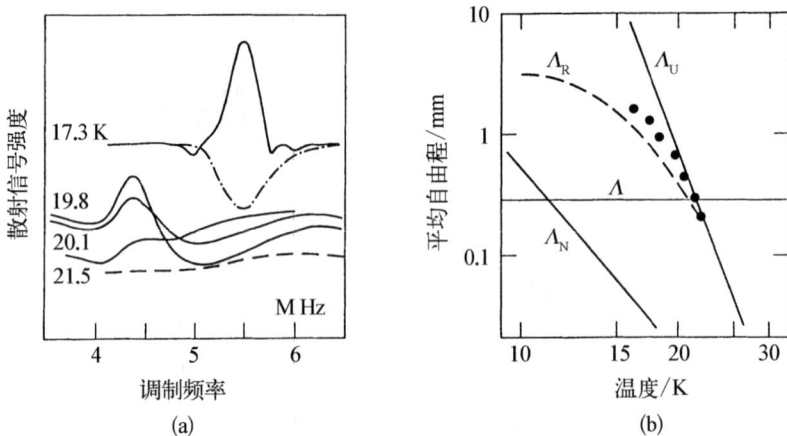

图 5.10 第二声区调制泵浦辐射的 FRS 外差散射响应(a)和由共振宽度与计算的平均自由程测定的阻尼长度(b)[5.11a,5.11b,5.6]

共振的宽度允许首次确定第二声的阻尼。在图 5.10(b)中,绘制了实验数据以及不同的理论阻尼极限,即折叠(Λ_u)、掺杂(Λ_R)和正交(Λ_N)过程[5.6-5.7]的平均自由程、标注了波长 $\Lambda = 2\pi/q$。

Urbach 等[5.12]讨论了 FRS 的另一个有趣的应用,即测量介质中的导热系数,这是经典技术不容易获得的。用 FRS 研究了几种液晶中 D_{th} 的各向异性,要使用加热器和温度传感器实现的话,需要较大的样品,而这些样品保持单畴结构是很不容易的。然而,FRS 技术只需要较小的体积和热振幅,避免了热诱导对流和测量时间短的风险,并且在泵浦光的路径上有一个 Dove 棱镜,使光栅结构相对于液晶取向旋转。

Urbach 等在液晶上展示了这项技术,这种晶体具有几个液晶相,b-丁氧基亚苄基对正辛基苯胺(BBOA)。发现当 q 平行于分子轴时扩散系数最大。这种特性可以通过不同相态随温度的变化函数来追踪(见图 5.11)。特别有趣的是,层列 C 相的结果清楚地显示,D_{th} 各向异性是由分子轴的取向引起的,而不是由层结构引起。

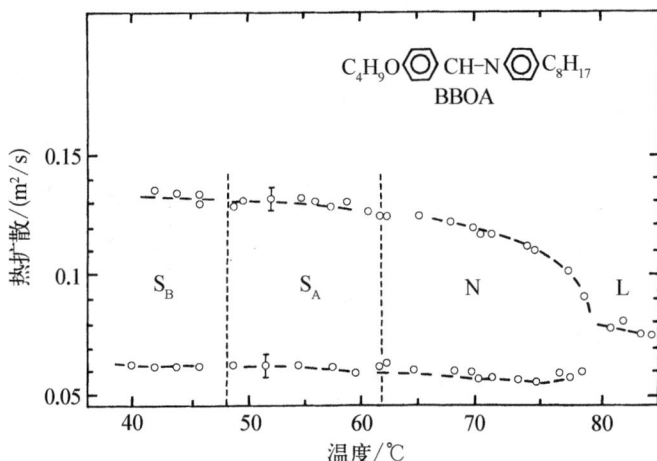

图 5.11　FRS 中液晶“BBOA”的各向异性热扩散率[5.12a]

S_B、S_A、N、L 分别代表层列 B 相、层列 A 相、向列相和液相

5.2.2　与其他模式耦合的热流

Pohl[5.14]在低温玻璃中发现了 FRS 的反常行为,非晶态材料与晶体的区别在于结构重排的可能性[5.15],这个过程可以用粒子在双势阱中的运动来描述,这两个能级粒子数的波动预计会影响光的低频散射[5.16]。在很大程度上,FRS 克服了信噪比问题,它曾限制经典瑞利散射在温度高于 60 K 条件下的研究[5.17]。

在 Pohl 的实验中,选择了光学滤光玻璃(Schott BG20 和 FG18)作为样品材料,它们被安装在一个泛指进行在 $25\sim300$ K 之间温区测量,并在一个抽气式 He^4 低温恒温器内进行更低温度下测量。重点关注了热光耦合因子 $(\partial\chi/\partial T)_{eff}$

和衰减时间 τ 随温度的变化规律(见图 5.12)。在室温下,$(\partial\chi/\partial T)_{\text{eff}}$ 约为 10^{-5} K^{-1} 数量级,这是许多玻璃和晶体的典型值。当温度降低到约 70 K 时,$(\partial\chi/\partial T)_{\text{eff}}$ 会随温度急剧衰减,但与简单晶体材料的近似 T^3 关系相比,低于此温度时,它实际上变为常数。额外的散射似乎是首次观察到重排对折射率的影响,其时间行为证明了这一点:在足够低的温度下,从热导率数据计算的曲线的衰减时间显示出明显的偏差,它们太大了,而且最重要的是,往往与 q 值无关。这有力地表明局部弛豫的影响随着温度的降低而增加;观测到的偏差可能是由不同双能态和声子热浴之间有限弛豫时间引起的。

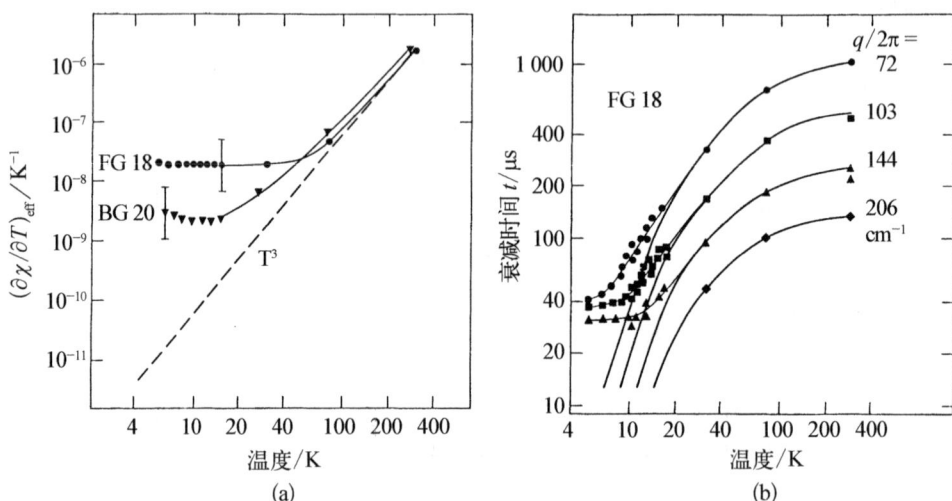

图 5.12　低温下玻璃中的"反常"FRS[5.13]

(a) 热光系数;(b) 衰减时间

　　Cowen 等[5.17]证明了温度光栅和液体中所谓的 Mountain 模式[5.18]之间的相互作用。在一个特定的温度窗口内,可以区分两个特征时间[见图 5.13(a)],在外差构型下获得的数据显示,$T=60.5$℃时出现快速正衰减,这代表了受迫 Mountain 散射的响应。注意,对于 Mountain 模式的分子重排是局部弛豫;因此,快速指数变化与 $|q|$ 无关。

　　Chan 和 Pershan[5.19]通过 FRS 测量了部分结合水在层状液晶脂膜之间的扩散[见图 5.13(b)]。图中已经从原始数据中提取出来两个衰减时间,该图显示了两种衰变过程的扩散特性。在他们的研究中,整体加热的衰减时间(有限光斑尺寸效应)与膜扩散时间非常接近,但可以通过相位和信号的周期反转来判别。

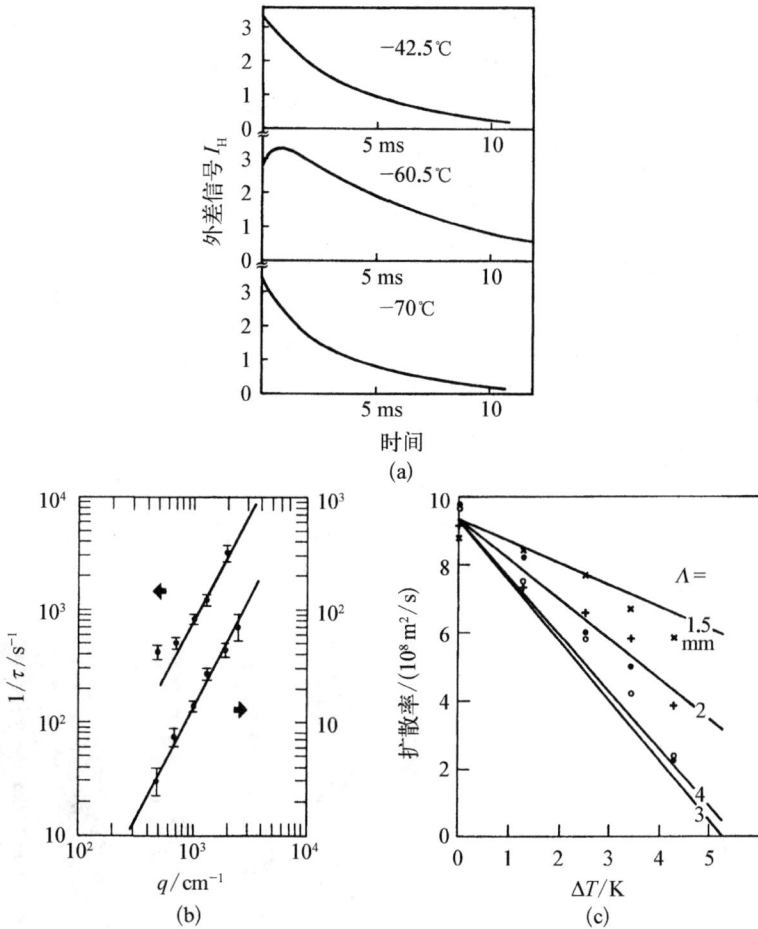

图 5.13　通过 FRS 检测到的温度耦合模式[5.17,5.19,5.21]

(a) 60.5℃时甘油中的 Mountain 加温度模式；(b) 在层状液晶脂膜溶液中观察到的两个衰变时间；(c) 接近 Benard 不稳定性的温度/速度耦合扩散率

Benard 池是一个装满液体的扁平容器，可以从下面加热，从上面冷却。在一定的温度梯度下，对流开始形成规则的流动模式。这种所谓的 Benard 不稳定性与相变有许多共同的性质[5.20]。问题是，温度波动与速度的耦合是否会在接近相变时严重减慢。Allain 等[5.21]在 FRS 实验中证明了这一现象，通过调整 q 到预期的流态结构，并观察接近临界梯度时的衰减时间[见图 5.13(c)]，他们使用图 2.11(h)的实验方法实现所示的大波长 Λ。

Boon 等[5.22]证明了反向 Benard 池中传播热波的存在，即从上方加热使得热梯度趋向于抑制对流波动。

到目前为止讨论的所有实验中，光栅振幅都比平均样品温度小。这显然是定义明确、易于解释的散射动力学的先决条件；另一方面，大振幅允许创建有趣的新实验条件，如 Marine 等[5.23]在退火条件下进行的瞬态光栅研究。

标准退火实验使用一个简单的圆形激光光斑进行加热。通过用干涉图代替均匀光斑，Marine 等能够在用 40 ns 红宝石激光脉冲激发期间和之后检测自衍射和受迫散射。因此，他们获得了在激光加热过程中 GaAs 薄膜（复）折射率的定量信息。

图 5.14(a)给出了三种不同泵浦能量下连续氩离子激光器散射信号与记录时间的关系，可以识别出许多有趣的特征：① 最大散射率在脉冲结束后很长一段时间内达到，这可能与激发电子的热化延迟有关；② 在更高的能量下，在时间 t_2 处可以看到由于熔化的尖锐拐点；③ 散射信号不会归零，因为泵浦干涉最大值处的再结晶过程是永久性的，平台高度是衡量再结晶条纹宽度及其再结晶程度的指标。图 5.14(b)给出了光栅形成后的 Ge 膜表面。类似的效应也在 3.5.5 节和 5.9 节进行了叙述。

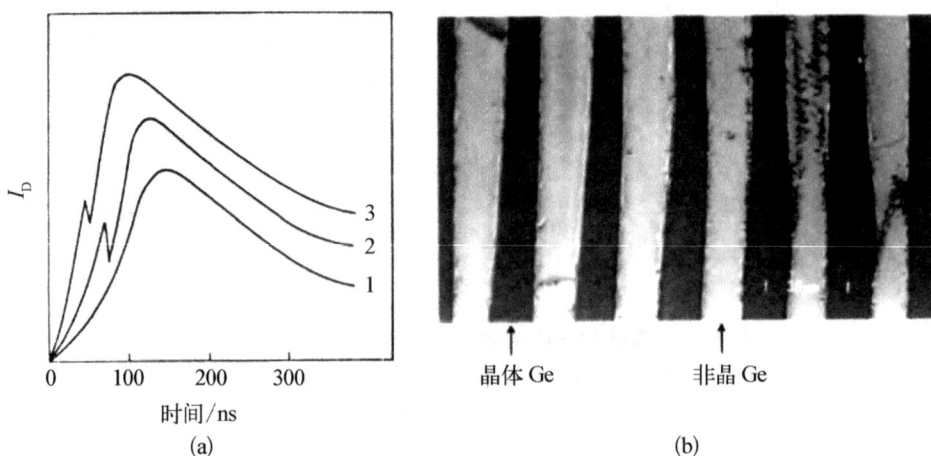

晶体 Ge   非晶 Ge

(a)   (b)

图 5.14 通过 FRS 和 SEM 观察到的 a‑GaAs 和 Ge 的再结晶[5.23]

(a) FRS；(b) SEM

5.2.3 浓度光栅和质量扩散

虽然大多数实验也属于耦合模式的范畴，但在此还是专门安排了一小节简述质量扩散实验。

如 3.7.4 节所指出的，液体混合物中的热光栅往往会产生一定量的相分离，即浓度光栅(Soret 效应)。Thyagarajan 和 Lallemand[5.24] 使用二硫化碳和乙醇的混合物证明了这种现象,这两种成分的折射率差异足够大,可以提供大的耦合系数 $\partial \chi / \partial \tilde{c}$。用 2W 氩激光泵浦和 He-Ne 激光外差方式的探测,就可以同时看到热光栅和浓度光栅,它们分别以截然不同的时间常数 τ_{th} 和 τ_m 衰减[见图 5.15(a)]。从这些数据中看出,基本上是两个指数的振幅比。表 5.1 给出了

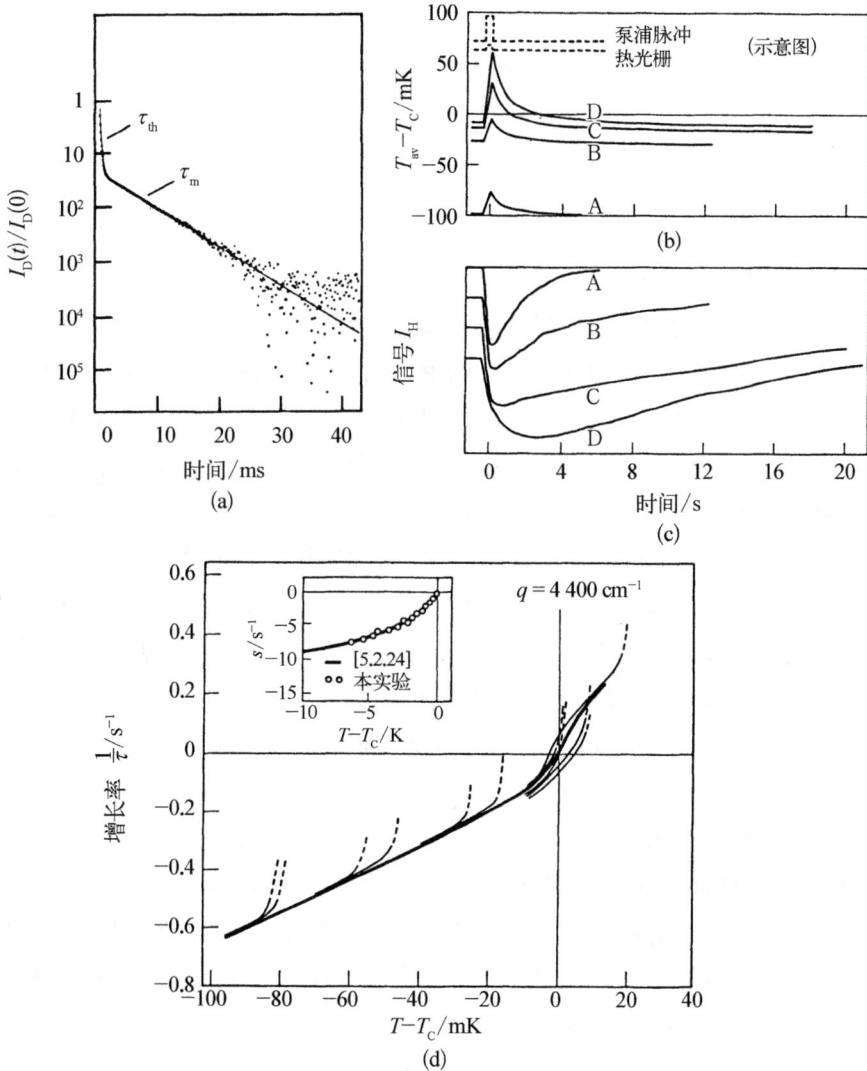

图 5.15 二元液体混合物中的质量扩散[5.24-5.25,5.27]

(a) 快速温度衰减和缓慢浓度衰减的 FRS 信号;(b) 平均温度;(c) 临界控制点附近的 FRS 信号;
(d) 由(b)和(c)产生的增长速率 $1/\tau$,内插图是与相应的经典散射实验的比较

测定的混合物不同浓度下的 Soret 常数 k_T。与使用外部加热器、散热器、温度计和成分分析的经典技术相比,这是一种方便、快速、非接触的方法。

表 5.1　19 μm 波长光栅在二硫化碳-乙醇混合物中的衰减时间、振幅比和 Soret 常数[5.24]

浓度(CS$_2$ 质量/总质量)	τ_{th}/μs	τ_m/ms	幅度比值	k_T
0.24	122	6.0	450	0.34
0.324	129	6.0	335	0.40
0.398	147	5.5	292	0.29
	126	4.4	320	0.30
0.44	132	4.0	226	0.34

Pohl[5.25] 还利用 Soret 效应研究了在临界平衡点 (C_c, T_c) 附近的浓度模式动力学,在临界平衡点处(相互)质量扩散变软,并在通过 T_c 后发散(见 3.7.3 节)。

在这个实验中,使用了 LW(2,6-鲁替丁/水)临界混合物,其具有反向共存曲线(这种混合物在加热时相分离,而大多数混合物在冷却时分离),临界点为体积分数为 31%/32℃[5.25]。由于其反向特性,LW 可以通过加热淬火,这比冷却更容易由实验者决定。

LW 混合物的温度稳定在 1 mK 以内,通过使用来自氩离子激光器的泵浦脉冲,在产生热光栅时,中心的平均温度可以升高 100 mK,为此,混合物用甲基红稍微着色。根据式(3.115)计算的中心平均温度的时间演化如图 5.15(b)所示,适用于不同的起始温度和脉冲强度。轨迹 A 的 $T_{av} - T_c$ 的变化相对较小;轨迹 B 使 T_{av} 在很短的时间内进入 T_c 附近;轨迹 C 表示 T_c 以上有一个很短的淬火,而在 D 中,系统深入到 T_c 以上的禁区。

各外差 FRS 信号的时间演变如图 5.15(c)所示。A 是一个定义明确的指数,表明 T_{av} 漂移的影响可以忽略不计;B 与 A 相似但较慢;C 在脉冲结束后略有增加,衰减极慢(注意时间刻度);然而,最有趣的曲线是 D:在这里,可以看到散射持续超过 2 s(而泵浦光在 0.4 s 后结束);散射信号在随后的 2 秒钟内几乎保持不变,最后才开始缓慢衰减。

从这些数据中,可以提取瞬时增长(衰减)率[见图 5.15(d)],$(1/\tau)_{inst} \equiv \partial I_H / \Delta I_H \partial t$,其中,$\Delta I_H = I_H(t) - I_H(t \to \infty)$。负数部分源自相图的稳定面,与之前的经典光散射数据[5.27]非常一致;零和正数部分源自禁止区域的深入,表示迄今为止除了 FRS 之外没有其他手段可以访问的全新信息。不同的曲线代表不同的启动条件和脉冲功率;应重点关注共同的包络线(粗迹线)。

Hervet 等[5.28]选择了一种不同的制作光栅的方法。将光致变色染料分子引入他们感兴趣的有机溶液(主要是聚合物和液晶)。泵浦脉冲产生了光激发分子的周期性变化而起到吸收光栅的作用,可以直接探测光栅的强烈衍射。

所用染料(甲基红)的激发态寿命约为几秒,对于足够大的 q 值,扩散引起的光栅衰减在几分之一秒内发生,因此可以测量这些示踪分子在所研究溶液中的扩散率。

图 5.16 显示了通过这种方式获得的液晶 MBBA 中质量扩散系数与温度的关系,右边的单曲线代表这种材料的各向同性的低温相,发现它在平行于光轴的向列相扩散率中具有连续性(图的左侧部分)。另一方面,垂直于该轴的扩散显著减少,这一结果与之前的数据非常吻合,相比而言,获取之前的数据更困难、更耗时[5.29]。

Wesson 等[5.30]最近将这种染料示踪 FRS 技术应用于溶胀凝胶扩散的研究中,他们仔细地将数据与用经典时滞法得到的数据进行了比较,结果表明,凝胶的结构均匀性达到微米级,两种方法结果完全一致。图 5.16(b)展示了通过两种方法获得的凝胶和溶胶状态的扩散率值。

纠缠聚合物链溶液的动力学很难用常规方法进行实验研究,因为它涉及非常缓慢的扩散。Hervet 等[5.31]首次使用 FRS 系统地测量了此类分子(聚苯乙烯)的扩散,并将其与缩放和蠕动模型联系起来。作为浓度的函数,在稀释浓度和纠缠浓度之间发现了一个明显的交叉[见图 5.16(c)],而且这个实验中扩散系数的数值非常小。

最近,Nemoto 等通过探索非晶聚合物中的自扩散,进一步扩展了扩散研究范围[5.32]。他们发现 FRS 衰减时间为小时量级时,对应的扩散系数为 10^{-16} m^2/s 数量级。由于这种高分辨率,首次可以在相当大的温度范围内比较质量扩散和剪切黏度。这些结果提供了自由体积理论关于聚合物分子链动力学的信息。

Johnson 及其同事[5.33]和 Yu 及其同事[5.34]将光致变色标记方法与电泳相结合,作为电泳光散射的替代方法。标记物沿着平行于 q 的电场线迁移,这导致外差检测中的相移增加,即接收到的信号中的波动,它们的频率提供混合物的每个组分中电泳迁移率、相对相移和标记物的相对数量。在 Yu 的实验中,样品池被

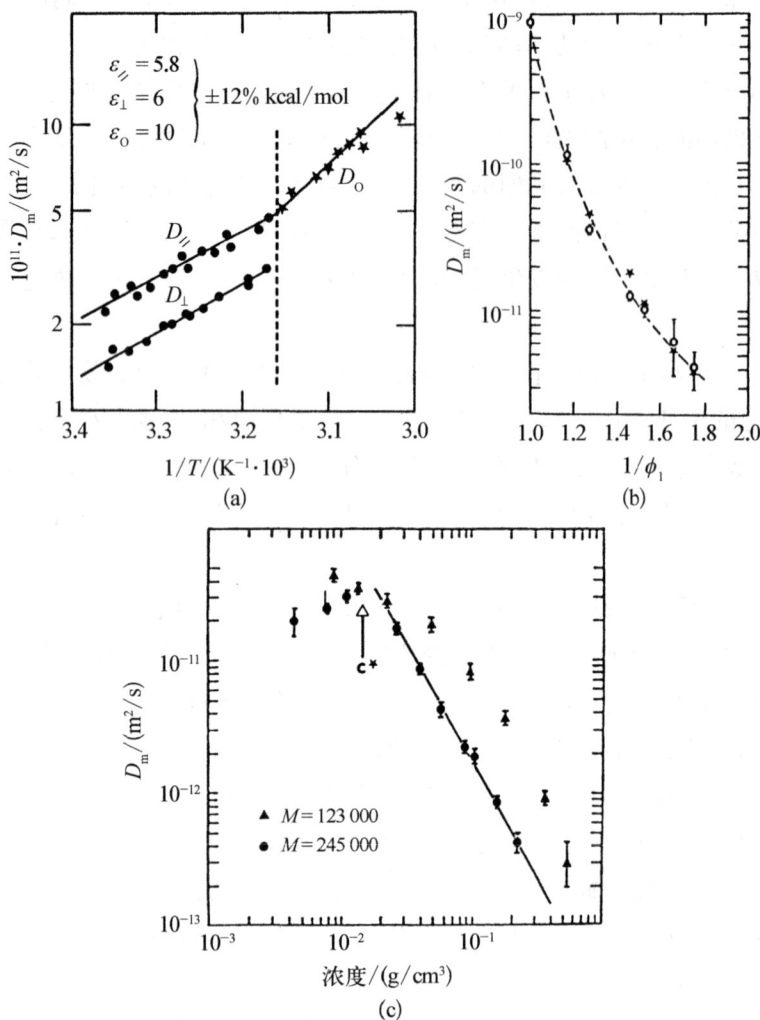

图 5.16　液晶 MBBA 中质量扩散系数与温度的关系图[5.28,5.30-5.31]

（a）甲基红扩散在 MBBA 的向列相和各向同性相；（b）甲基红扩散在溶胀凝胶和游离磷酸盐缓冲液中与反溶剂浓度（○：FRS，★：时滞数据）；（c）聚苯乙烯在苯溶液中的扩散图

分成两半：池的前部装有电极并提供电泳信号，而后部与前半部分相同，但没有电场，其作为参考提供常规的 FRS 信号，这些实验与 5.4 节中讨论的流动研究非常相似。

　　Yu 及其同事最近对使用 FRS 进行聚合物扩散的研究工作进行了综述[5.35]。

5.3　激光诱导超声波

动态光栅实验方法已用于超声波的光学产生,光激发和探测为声波研究提供了一种非常通用的方法。

在第一个实验[5.36-5.37]中,使用频率略有不同的两个激光束在液体和固体中通过电致伸缩混频产生声波。如果频率和速度匹配,这两个光波产生一个移动的干涉图案,就会共振激发声波。这些实验与受激布里渊散射密切相关,其中只有一个入射波出现,第二个波是由噪声产生的,如 1.2.2 节所述。

在后来的工作[5.38-5.50]中,通过短激光脉冲和空间周期照明实现声波激发,一个典型实验的示意图如图 5.17 所示。两个皮秒脉冲产生光栅间距 Λ 为 0.1～1 000 μm 的干涉图。脉冲宽度应比声振荡周期短,以获得有效的声激励。由于吸收,材料被加热,热膨胀导致空间周期性密度变化。在透明或者弱吸收材料中,由于电致伸缩或光弹性效应引起的密度变化也同样重要。由于材料的弹性响应,会激发出密度驻波。声波频率根据 $f = \upsilon / \Lambda$ 给出。对于液体,声速 υ 约为 1 000 m/s,频率 f 为 1 MHz～10 GHz。对于固体,声速更高,频率可能高达 50 GHz。

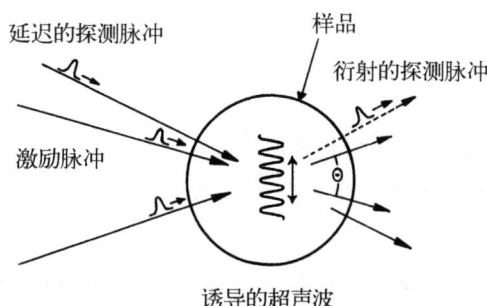

图 5.17　使用光栅排列的全光声波激发和检测实验示意图[5.46-5.50]

可以激发各种各样的超声波,实验工作主要在熔融石英、石英和金属[5.38,5.40]上的表面(瑞利)波,以及在甲醇[5.41]、乙醇[5.47]、其他溶剂[5.49]和有机晶体对三联苯[5.45,5.50]和芘[5.46]中的纵波。

线性流体动力学方程[5.45]描述了通过热耦合机制在液体中产生的纵向声波

（密度波），该方程也用于受激热布里渊散射的数学表述，如下所述：

$$\frac{\partial^2 \rho}{\partial t^2} + \upsilon^2 \mathbf{\nabla}^2 \rho - \frac{\eta}{\rho_0}\frac{\partial}{\partial t}\mathbf{\nabla}^2 \rho = \upsilon^2 \beta \rho_0 \mathbf{\nabla}^2 T \tag{5.1}$$

$$\frac{\partial T}{\partial t} - \frac{\lambda}{\rho_0 c}\mathbf{\nabla}^2 T = \frac{\gamma-1}{\beta \rho_0}\frac{\partial \rho}{\partial t} + \frac{K}{\rho_0 c}I \tag{5.2}$$

式(5.1)是密度 ρ 的声波方程，由温度 T 产生驱动项，而 υ 是绝热声速，η 是导致阻尼的黏度，β 是热膨胀系数，ρ_0 是平均密度，$\gamma = c_p/c_\upsilon$ 是比热比。式(5.2)是热传导方程，其中包含由于光强度 I 和材料压缩而产生的热量，其中 λ 是导热系数，c 是比热，K 是吸收系数。光学响应由下式给出：

$$\Delta n = \frac{\partial n}{\partial \rho}(\rho - \rho_0)$$

在固体中，也可能有横波和混频声波，可以通过计算应力和应变来描述热膨胀和随后的声动力学。一般情况下，会产生一个准纵波和两个准横波，其波矢等于光栅的波矢。沿着纯模式方向，将不包括纯横波。

文献[5.48]指出，如果两个激发脉冲的偏振不是平行的，而是针对产生特定偏振的声波（声子）而优化的，也可以激发横波或者剪切波。在这种情况下，必须使用光弹性耦合机制，在厘米克秒(cgs)单位系统中对所施加的电磁场的声学响应由文献[5.48]给出：

$$\rho_0 \frac{\partial^2 u_i}{\partial t^2} - \sum_{j,k,l}\lambda_{ijkl}\frac{\partial^2 u_i}{\partial x_j \partial x_k} = \sum_{j,k,l}\frac{1}{8\pi}P_{ijkl}\frac{\partial}{\partial x_j}D_k D_l \tag{5.3}$$

式中，u_i 是材料位移，λ_{ijkl} 是弹性刚度常数，P_{ijkl} 是光弹性常数，D_i 是样品内部的电位移。通过微分从材料位移中获得应变，并利用材料的弹性光学参数计算光学响应。

声波不仅由单脉冲对激发，还由双脉冲对[5.47]和脉冲序列[5.42]激发。如果两个脉冲之间的时间延迟与声波的振荡周期相匹配，则振幅会共振增强。因此，可以使用来自锁模激光器的连续脉冲来获得较大的声波振幅。

可通过探测脉冲的衍射来检测光激发的声波，如图5.17所示。作为延迟时间函数的衍射效率是声波振幅的度量。通常，不仅出现声光栅，还会出现缓慢变化的热密度或粒子密度光栅。如果使用连续探测光[5.41-5.42]，可以观察到光栅与总时间关系，图5.18给出了一个示例。声波是由锁模红宝石激光器产生，该激光器具

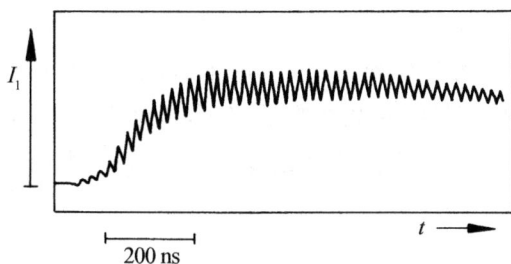

图 5.18　强度为 I_1 的探测光束在锁模红宝石激光器激发的
混频声波和热光栅下衍射[5.41]

有约 200 ns 脉冲宽度,包含约 10 个锁模脉冲。将大
约 50 MHz 的锁模频率调整为与声频相等,使得连续
的锁模皮秒脉冲产生大的声波幅度,准连续氩激光
束在声波中发生衍射,同时形成热光栅,如图 5.18 所
示,与热光栅振幅相比,声波振幅衰减很快。

在激励激光束干涉区域中产生的驻波衰减为
两个移动声波,因此,可以独立于温度光栅检测传
播的声波,该温度光栅保持其在激励区域的位置,
为此,探测氩激光束发生了偏移。如果探测区域和
激发区域完全分开,则出现未调制的衍射脉冲,其
延迟与声波包从激发区域传播到检测区域的时间
相对应(见图 5.19),位移可用于确定声速,而振幅
减小可产生声阻尼。

与传统的超声方法相比,光栅技术的优点是可
以在没有外部换能器的情况下,在微小的区域内激
发声波。因此,可以研究小样本或扫描非均匀材料
的超声特性。除测量声学参数外,已经证明[5.49]该
方法还可用于确定弱吸收和弹性光学常数。

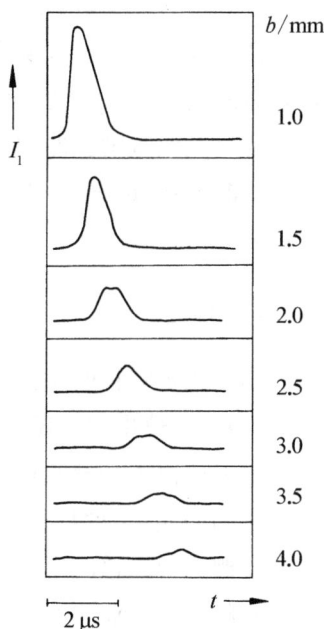

图 5.19　探测光束在纯行
声波光栅上的强
度衍射[5.51]

通过在激发和检测区之间引入
一个位移 b 来观察行波

5.4　流动研究

受迫瑞利散射已被用于研究液体流动中的速度和速度梯度[5.52-5.55],此外,激

139

光诱导热光栅已用于流动可视化[5.54]。实验技术首先通过脉冲激光(如 $\lambda =$ $1.06\ \mu m$ 的 Nd：YAG 激光器,80 mJ/15 ns)在流动液体(如含有吸收染料的水或甲醇)内产生局部热光栅,脉冲宽度要足够短,以便在脉冲周期内可以忽略液体的运动。由于液体的流动,光栅移动或变形可通过探测光束的衍射或者通过光栅成像观察到。

5.4.1　流动可视化

用具有延迟的激光脉冲探测流动液体中的热光栅。在实验上,使用声光开关 He-Ne 激光器,两个一阶衍射光束与透镜叠加,产生热光栅的图像,光栅的相位调制在像面上被转换为振幅调制,这常见于相衬或者立体镜技术中,例如通过轻微的离焦,100％的对比度是通过遮挡中心光束获得的。

通过改变激励脉冲和探测脉冲之间的时间延迟,可以跟踪光栅随时间的畸变,例如,Fermigier[5.54]用这种技术证明了层流泊肃叶(Poiseuille)流动的抛物线速度分布。

5.4.2　流速

如果用足够长的激光脉冲探测光栅,光栅图像中的条纹会随着流速移动,这是因为物(液体中的光栅平面)在移动。理解图像中条纹运动的一种更为复杂的方法是考虑由于光栅的移动在衍射光束中的频移 $\pm \Delta\nu$ (见 4.7 节),这两个频率略有不同的光束叠加在一起会产生移动的干涉条纹。

光栅图像的移动通过一个小口径的光电探测器进行检测,该光电探测器可以看到频率为 $2\Delta\nu = \Lambda/\upsilon$ 的时间强度调制,其中 Λ 是光栅周期,υ 是整个光栅周期内的平均流速。

上述技术是对经典激光多普勒测速技术的补充,在该方法中,可以检测到随着流动而移动的示踪粒子上散射的光的频移[5.56]。光栅技术的优点是：① 它不需要示踪粒子的存在;② 它还可以测量流动的其他特性,如热扩散率或质量扩散率,这在湍流中很重要。

测量流速的另一种方法是观察流动中激发的光栅的时间平均振幅,假设光栅不是由单个短脉冲激发的,而是由序列脉冲或宽度大于 Λ/υ 的长脉冲激发的。如果光栅平面垂直于流动,则光栅振幅强烈依赖于可冲刷掉光栅的流速[5.57-5.58]。如果光栅平面与流动平行,且在光栅尺寸足够大的情况下,则光栅振幅仅受流动的微弱影响。因此,可以通过测量平行和垂直于流速的光栅平面的光栅振幅比或衍射效率来确定流速。这种测量不需要快速光电探测器,该技术可能仅适用于液体流用作工具的光学实验室,如用于确定染料激光器射流的流速测量。

5.4.3　速度梯度

具有初始光栅矢量 $q_i(0)$ 的光栅在短时间 t 后,通过非均匀流转换为具有下式给出的最终光栅矢量 $q_i(t)$ 的光栅:

$$q_i(t) = q_i(0) - \sum_j q_j(0) s_{ji} t, \quad s_{ji} t \ll 1 \tag{5.4}$$

其中, $s_{ji} = \partial v_i / \partial x_i$ 是速度梯度张量[5.52,5.55]。这种变换可能导致光栅旋转或光栅周期改变。Poiseuille 流给出了一个简单的旋转示例,其速度从池壁向池中心逐渐增加(见图 5.20)。光栅周期变化的一个例子是层流通过一个横截面变化的管,其中速度沿流动方向变化。

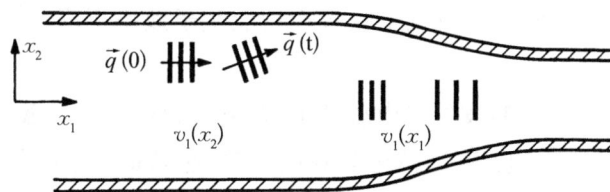

图 5.20　根据式(5.4)所述,流体中的光栅旋转或应变

在速度为 $v_1(x_2)$ 的剪切流中,光栅矢量 $q(0) = (q, 0, 0)$ 转换为 $q(t) = (q, -qt\partial_1/\partial x_2, 0)$;对于 $x_2 > 0$,$(\partial v_1/\partial x_2)$ 是负的,旋转角度由 $t\partial v_1/\partial x_2$ 给出;在纵向梯度流中,最终的光栅矢量由 $(q - qt\partial v_1/\partial x_2, 0, 0)$ 给出,它对应于光栅周期的增加

光栅旋转或周期变化可通过两个光脉冲的衍射图案与延迟时间 t 进行比较来检测。已在层流平面泊肃叶(Poiseuille)流实验中验证了该方法,给出了速度梯度 $\partial v_1/\partial v_2$ 与流动池中心距离 x_2 之间预期的线性关系。

该方法也适用于湍流的研究,根据理查森(Richardson)函数进行统计描述,以给出两个粒子渐进分离[5.52,5.55]。

5.5　半导体中载流子动力学研究

激光诱导的自由载流子光栅(见 3.5 节)通过许多不同的物理过程衰减,这些物理过程可以通过衍射探测光束的时间依赖性观测来研究。特殊的光栅衰减过程是复合和扩散,复合也发生在均匀激发的样品中,可以简单地通过载流子激发引起的吸收变化进行探测[5.59-5.60]。相反,只有当存在载流子密度的空间调制时,才发生扩散。因此,激光诱导光栅实验对于研究扩散过程特别有用。

光激发载流子密度 $N(x, t)$ 的时间和空间关系通过一维扩散方程描述:

$$\frac{\partial N(x, t)}{\partial t} + \frac{N(x, t)}{\tau} - D_a \frac{\partial^2 N(x, t)}{\partial x^2} = \frac{\zeta K I(t)}{h\nu}[1 + \cos(2\pi x/\Lambda)]$$

(5.5)

为简单起见,这里假设载流子密度仅与光栅方向上的坐标 x 有关,这意味着样品厚度与光栅周期 Λ 相比是较大的。此外,还假设它是均匀激发,光强分布的空间振幅 $I(t)$ 沿样品厚度不改变,即吸收系数 K 足够小。上式中,τ 为电子-空穴对的复合时间、D_a 为双极扩散常数、$h\nu$ 为光子能量、ζ 为入射光子激发电子-空穴对的量子效率。在低激发下,通常假定量子效率 ζ 为 100%,在更高的激发下,必须考虑各种自由载流子吸收过程及量子效率下降[5.61]。以下简化讨论中,假设 $\zeta = 1$。

式(5.5)表明,受光激发的自由载流子,即电子和空穴会扩散,因此它们的密度相等,不会产生空间电荷,这被称为双极扩散,这只是一个简化的描述。一般来说,电子和空穴的扩散必须单独考虑,各自具有单独的扩散常数。此外,还必须考虑由于空间电荷电场产生的空间电荷以及电子和空穴密度的耦合。在一个简化的图像中,可以描述电子和空穴分布的电吸引力,通过电子-空穴对受库仑力束缚并一起扩散,从而获得式(5.5)。然而,也应该可以通过使用强掺杂的 n型或 p 型样品来测量电子或空穴的单独扩散。

式(5.5)中的另一个近似值与复合寿命 τ 有关。在半导体中,复合速率 N/τ 强烈依赖于载流子,用泰勒展开近似:

$$N/\tau = AN + BN^2 + CN^3 + \cdots$$

(5.6)

式中,系数 A、B、C 至少可以大致归因于几种不同的物理机制。线性复合可能是由于杂质和一些背景载流子浓度造成的;系数 B 描述了双分子复合,这主要是由于辐射复合;C 来自俄歇(Auger)过程,在此过程中,电子和空穴复合的能量被转移到另一个载流子上,该载流子在价带或导带中被激发到更高的能量。在光栅实验中使用高的光激发时,非线性复合过程占主导地位,因此 τ 不是常数,式(5.5)变为非线性而难以求解。为了避免这种复杂性,可以将式(5.5)限制在载流子密度的一个小范围内求解,这样 τ 可以近似为一个常数。此外,大多数激光诱导自由载流子光栅的实验都是在扩散衰减占主导的条件下进行的,因此复合对光栅衰减时间的影响相对较小。

文献[5.61]给出了具有任意激励脉冲形状 $I(t)$ 的式(5.5)的解。对于简单情况下的狄拉克(Dirac)时间脉冲激发,可得

$$N(x, t) = N_0 [1 + \exp(-t/\tau_D)\cos(2\pi x/\Lambda)] \cdot \exp(-t/\tau) \qquad (5.7)$$

扩散衰减时间 τ_D 由下式给出:

$$\tau_D = \Lambda^2/4\pi^2 D \qquad (5.8)$$

空间振幅 $N(x, t)$,即光栅振幅,随光栅衰减时间 τ_g 而衰减

$$1/\tau_g = 1/\tau_D + 1/\tau = 4\pi^2 D/\Lambda^2 + 1/\tau \qquad (5.9)$$

光栅衰减时间 τ_g 是通过观察衍射探测光束与时间关系来测量的。在弱激发情况下,衍射强度 I_1 与复折射率变化 $\Delta\tilde{n}$ 和载流子密度 N 的平方成正比,即 $I_1 \propto |\Delta\tilde{n}|^2 \propto (N)^2$。因此,在衍射强度中观察到的衰减时间 τ' 相当于光栅衰减时间的一半,即 $\tau' = \tau_g/2$。在强激发下,衍射强度与折射率变化的关系更复杂,例如,在薄、强的相位光栅情况下,这种依赖关系由贝塞尔函数平方给出(见 4.2.2 节),光栅衰减时间 τ_g 的计算变得更加复杂[5.61]。

扩散和复合对光栅衰减时间 τ_g 的相对贡献,可以根据式(5.9)通过选择光栅间距 Λ 控制。如果假设典型值为 $D_a = 10 \text{ cm}^2/\text{s}$,$\tau = 10^{-8} \text{ s}$,则有必要选择 $\Lambda <$ 20 μm,以使扩散衰减占主导地位。

已经在许多半导体中测量了双极扩散常数,例如 Si[5.62-5.63]、Ge[5.64]、CdS、CdSe 和 ZnSe[5.65]。在 Si 和 Ge 中,双极扩散常数与根据迁移率数据计算的值非常吻合,而在 CdS 中,非线性瞬态光栅方法给出的空穴扩散系数比其他实验中获得的大得多[5.66]。非晶硅中的复合和扩散在文献[5.104 - 5.106]给出一些研究结果,热载流子扩散研究见文献[5.107]。

进行扩散测量不仅要使用短脉冲激励和观察光栅衰减,还要使用与光栅衰减时间相比较长的激励脉冲。在后一种情况下,测量的光栅振幅是光栅间距 Λ 的函数,即光栅衰减时间的函数。在这种情况下,τ_g 决定了稳态载流子密度和光栅振幅,并且可以在没有时间分辨测量的情况下估算。

光栅技术也被用于研究半导体中的表面复合。除了迄今为止讨论的大块体中的复合过程之外,光激发载流子也可以在样品表面复合。当激发辐射被强烈吸收时,表面复合尤其重要,因为载流子仅在靠近表面的薄层中产生,然后,通过表面复合速度和式(5.5)适当的边界条件来描述复合。结果显示,薄表面层中的载流子衰减取决于复合速度,也取决于层厚度和控制载流子向表面传输的双极扩散常数。关于光栅实验中表面复合的详细理论和实验讨论见文献[5.67-5.68]。

对锗[3.80-3.90]和锑化铟[3.189]载流子动力学的进一步研究见 3.5 节,此节对材料的研究也进行了总结。

5.6 固体中的电子能量(激子)转移

固体或其他材料中的光激发中心可以将能量转移到其他中心,这种光激发能的转移在自然和技术的许多过程中都很重要,如光化学、光合作用和太阳能收集,另一个例子是固体激光技术。在激光器中,激发态粒子被不均匀地耗尽,问题是空间粒子数密度调制是否被扩散冲淡,7.1 节将讨论这种空间烧孔效应对激光器性能的影响。

对能量转移已经开展了大量的理论和实验研究,我们在这里只提供一些关于无机晶体[5.69]和染料溶液[5.70-5.71]的部分参考文献。

用类似激光诱导光栅的受迫光散射的方法研究能量扩散,如 5.5 节所述的半导体中载流子扩散的测量。该方法主要包括测量待研究激发态的空间调制分布的衰减时间,指数的光栅衰减时间 τ_g 由激发中心的复合寿命 τ 和能量扩散常数 D 给出:

$$1/\tau_g = 1/\tau + D/4\pi^2 \Lambda^2 \qquad (5.10)$$

光栅衰减时间 τ_g 通常作为光栅周期 Λ 的函数进行测量,$1/\tau_g$ 与 Λ^2 的曲线给出了复合时间 τ 和扩散常数 D,如图 5.21 所示,图中数据是针对有机晶体,P型掺杂五苯对三联苯[5.78]。

如果能量扩散过程对光栅衰减有足够的贡献,那么光栅技术有助于研究能量扩散的过程。根据式(5.10),光栅周期满足以下条件:

$$\Lambda \leqslant F\sqrt{D\tau}$$

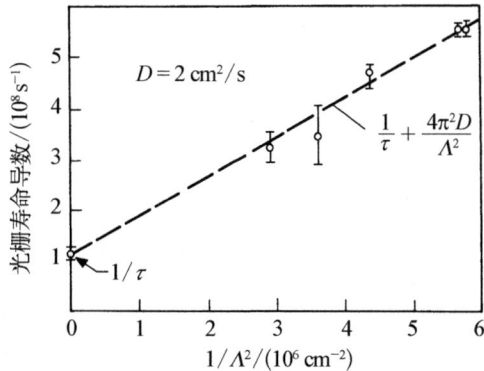

图 5.21　P 型掺杂五苯对三联苯的能量转移[5.78]

图示为光栅衰减时间与光栅周期 Λ 的关系

其中，$\sqrt{D\tau}$ 称为扩散长度，F 是一个取决于测量精度的一阶系数。可以产生的最小光栅周期通过 $\Lambda = \lambda/2n$ 给出，λ 是激发波长，n 是材料的折射率。使用可见光（$\lambda = 500$ nm）和高折射率材料（$n = 2.5$），光栅周期为 $\Lambda = 100$ nm $= 1\,000$ Å，可以检测到该距离内的能量扩散。另一方面，如果扩散长度仅相当于几个原子距离，那么用光栅技术测量能量扩散似乎很困难，正如许多材料所预期的那样。

最常被研究的无机体系之一是以 Cr^{3+} 作为活性掺杂的 Al_2O_3 红宝石。原因是人们已经完全了解了 Cr^{3+} 离子的能级图，其许多其他物理性质也是众所周知的。另外，红宝石是第一种实现激光作用的材料，因此，在技术上引起了极大的兴趣。人们对红宝石系统产生了额外的兴趣，是因为红宝石被认为是观察激发能态的低迁移率到激发中心临界密度以上的高迁移率之间跃迁的候选者[5.72]，这种安德森（Anderson）跃迁[5.73]也被称为迁移率边界。在低密度下，中心是局部化的，而在高密度下预计会发生离域，类似地，周期性晶体势中的电子波函数分布在整个晶体上。

光栅技术已被应用于测量单个 Cr^{3+} 离子之间的能量转移，而从单个离子到具有不同光谱发射的 Cr^{3+} 对的能量转移则通过荧光技术进行检测。

不同研究人员[5.74-5.76]对质量浓度为 0.05％～5％的 Cr^{3+} 进行的光栅或四波混频实验（见图 5.22）表明，光栅衰减时间 τ_g 与光栅周期 Λ 无关，即未检测到激发态能量的扩散。

研究了 $Nd_x La_{1-x} P_5 O_{14}$ 晶体中的空间能量转移，这些材料作为低阈值、高增

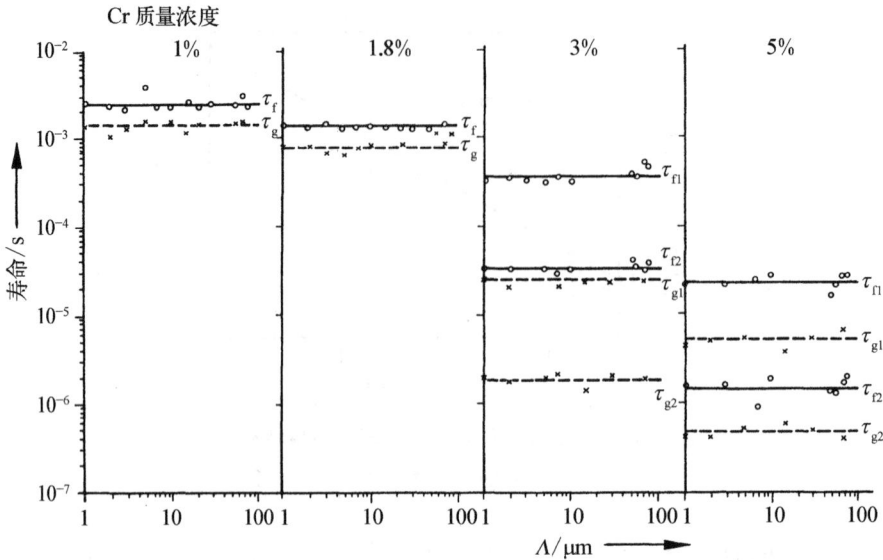

图 5.22   对质量浓度为 0.05%~5% 的 Cr^{3+} 进行的光栅或四波混频实验[5.74]

红宝石中没有能量转移；该图显示了不同 Cr^{3+} 浓度下的实验光栅衰减时间 τ_g 与光栅周期 Λ 的关系；为了比较，还给出了荧光衰减时间 τ_f，在高浓度下，观察到双指数衰减，因此给出了两个衰减时间

益应用的小型激光器引起了人们的兴趣，而且已经用光栅技术[5.77]观察到了能量迁移的存在。

5.7   电光材料中的电荷传输

激光诱导光栅可用于研究光折变材料中的电荷输运过程。这些材料中的相位光栅是由光诱导的空间电荷场产生的，该空间电荷场通过电光效应引起折射率的变化（见 3.6 节）。空间电荷场是由扩散、光电导和暗电导以及光伏效应等传输机制诱导的。原则上，电子、空穴和离子可以是电荷载流子。激光诱导光栅技术使人们能够研究每种输运机制的相对贡献和主要载流子电荷的符号确定。

光栅擦除时间由麦克斯韦时间常数给出，见式(3.101)：

$$T_0 = \frac{\varepsilon\varepsilon_0}{\sigma_0 + bKI} \tag{5.11}$$

其中，ε 为介电常数，$\sigma_0 = e\mu_e n_d$ 为暗电导率，KI 为吸收强度，$b = \zeta\mu_e\tau e/h\nu$ 为描述光电导性的常数（见 3.6.5 节）。μ_e 为电子（空穴）迁移率，n_d 为热激发电子（空

穴)浓度,ζ 为量子效率,τ 为载流子寿命,$h\nu$ 为光子能量。因此,光栅建立时间与强度相关性允许测量在无机械接触的情况下确定暗电导或热激发暗载流子浓度 n_d 以及光电导率 bKI 或 $\zeta\mu\tau$ 乘积。

图 5.23 显示了 KNbO$_3$:Fe 中全息图写入和擦除的示例,可以看出,写入比在黑暗中擦除快得多,因为在前一种情况下,光电导性起作用。

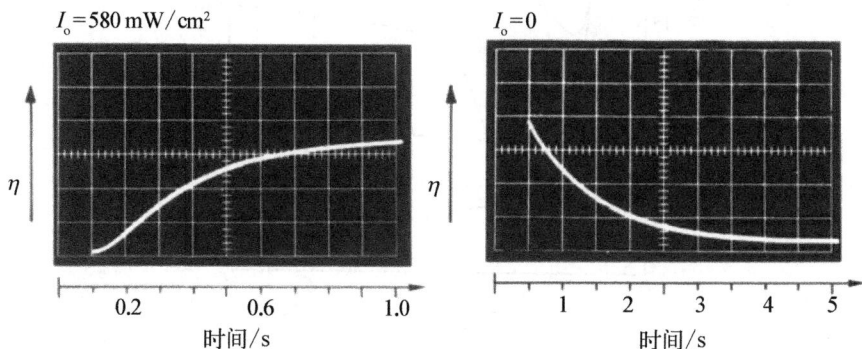

图 5.23　含有 46 ppm Fe 的 KNbO$_3$ 晶体中光折变光栅写入擦除周期[5.82]

上述的电荷输运机制的相对贡献也可以通过光栅技术进行研究,因为扩散的相对影响随着条纹间距的减小而增加(光致载流子浓度的空间梯度增加)[3.82-3.83],漂移的贡献随着外部施加电场的增加而增加,而光伏电流并不取决于这些量。如图 5.24 所示,对于 KNbO$_3$:Fe 300 ppm①[5.79]中形成的光折变光栅,给出了稳态衍射效率曲线。

3.6 节给出电光晶体中的光诱导光栅可以相对于强度发生光栅相移,这种静止的相移光栅可以在干涉光束之间产生强度重新分布,强度转移的方向取决于管控空间电荷积聚的电荷载流子的信号和电光系数的符号。因此,在双波混频实验中,如果已知电光系数的符号,则可以通过测量光束放大来确定载波的符号,反之亦然。如果不同极性的电荷载流子(电子和空穴)对扩散有贡献,那么与单物种扩散相比,电流密度会降低。这是由于电子和空穴沿浓度梯度在同一方向上迁移的结果,因此,光诱导空间电荷场的值以及折射率变化也会降低。如果电光系数的符号是已知的,则可以确定传输过程中的电子与空穴的比率。主导极性可通过折射率和光图案之间的相移中获得,见式(3.89)。通过这种方式,

---

①　1 ppm$=10^{-6}$。

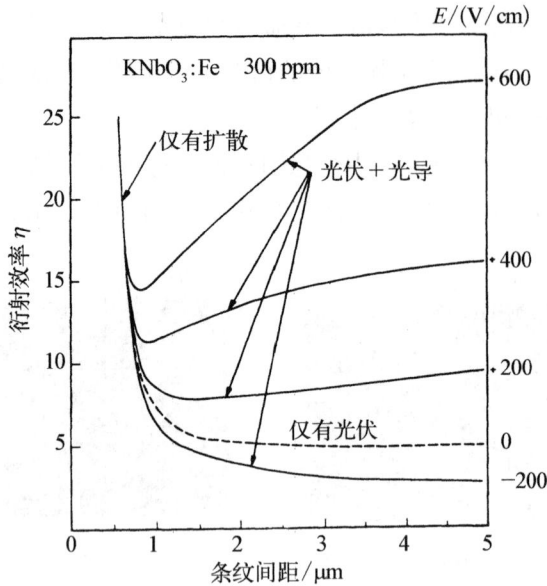

图 5.24 不同外加电场下 $KNbO_3:Fe$ 中激光诱导光栅的
衍射效率与条纹间距关系[5.79]

$LiNbO_3:Fe$ 和 $KNbO_3:Fe$ 中电荷载流子的性质通过光学方法来确定[5.80-5.81]。该技术表明，在 $LiNbO_3$ 中，电子和空穴都有助于光栅的形成，并且电子贡献在 Fe^{2+}/Fe^{3+} 高比率的晶体中占主导地位，而空穴导电性在 Fe^{2+}/Fe^{3+} 低比率的晶体中占主导地位（见图 5.25）。

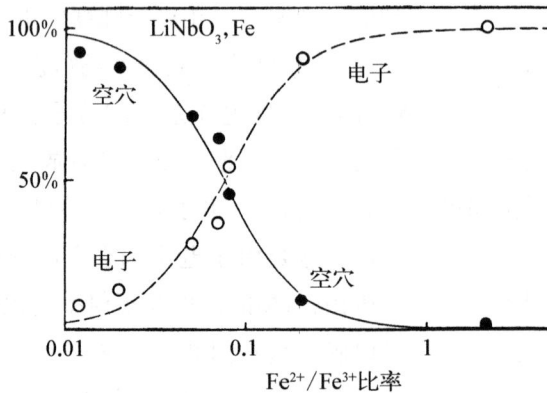

图 5.25 在 $LiNbO_3:Fe$ 中的电子和空穴对光电导率的贡献与 Fe^{2+}/Fe^{3+} 比率的关系[5.80]
实线和虚线表示直接光电导测量的结果，●和○表示全息方法的结果

在光折变材料中,光诱导光栅可以改变折射率的几个分量,这取决于晶体的对称性。通过使用读出光束适当的晶体取向和偏振,可以确定电光张量分量的相对幅度和符号。然后,可以使用不影响空间电荷场并且沿折射率椭球的两个光学主轴偏振的探测光束来测量描述沿着这些方向的折射率变化的电光系数的相对大小。此外,光束耦合可以确定这些系数的相对符号。

5.8　光化学反应研究

根据定义,光化学反应是由光引起的。也可以使用光来检测反应,因为系统的光学特性在反应过程中通常会发生变化。检测这种变化的传统方法是吸收光谱法,但已经证明瞬态光栅技术为光化学研究提供了几种优势[5.83-5.88]。

在光栅或全息技术中,两个干涉激光束通过空间调制诱导化学反应,用第三束激光探测产生的光栅,衍射效率的时间关系给出了光化学速率常数、量子产率和反应机理等信息。

与吸收光谱法相比,光栅技术有如下优点。

(1) 光学特性变化的无背景检测,与直接吸收测量不同,后者需要在大背景信号中检测微小变化。

(2) 由于无背景检测而具有高灵敏度。

(3) 对折射率和吸收率变化的敏感性。这允许在检测波长的选择上有更大的自由度,因为如果探测频率 ω 偏离分子的特征跃迁频率 ω_0,则吸收会随 $(\omega_0 - \omega)^{-2}$ 降低,而折射率仅随 $(\omega_0 - \omega)^{-1}$ 降低(见 3.4 节)。因此,光栅技术在单波长激光器的研究中提供了更多的信息,而可调谐光源通常用于吸收测量。

当然,这些优点是光栅技术所固有的,并不局限于化学反应的研究。光栅技术的一个缺点是实验复杂度略高,人们可能也会期望它像高分辨率全息照相术那样需要严格的稳定性和隔振要求,但对于光化学实验,所需的稳定性与任何中等分辨光谱设备所需的稳定性相当。

实验是用诱发反应的激光束的脉冲或逐步时间调制进行的,通过简单地打开激发激光器并观察衍射强度的时间增长来实现逐步激发。到目前为止,由于激光开关和检测设备的速度较慢,使用该技术进行的实验的时间分辨率相当差。然而,在固态光化学中,许多缓慢的反应发生在秒或分钟的时间范围内,因此,可以方便地进行研究。在流体溶液中进行实验也是可能的。然而,在这种情况下,光化学光栅也会因质量扩散而衰变,只要特征弛豫时间短于扩散时间[5.83],扩散时间可以大到 10 s,仍然可以研究化学反应。

5.8.1 连续波激光器的实验(阶梯式激发)

一个典型的实验装置包括诱导产生光栅反应的一个氩离子激光器、一个用于探测的 He‐Ne 激光器和一套锁定检测方案,这里给出的实验描述密切跟踪了 Burland、Bjorklund、Alvarez 和 Bräuchle 的工作[5.84-5.88]。

1. 简单的光化学反应

对于简单的光化学反应:

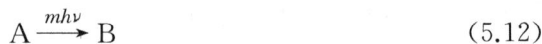

$$A \xrightarrow{mh\nu} B \tag{5.12}$$

折射率变化 Δn 由分子 B 的浓度 $C_B = [B]$ 给出,

$$\Delta n \propto [B](\delta n_B - \delta n_A) \tag{5.13}$$

其中,δn_A 和 δn_B 给出了分子 A 和 B 的单位摩尔折射率。

考虑到反应的早期 $[A] \gg [B]$,得

$$[B] = [A]_{t=0} \zeta K I^m t \tag{5.14}$$

式中,$[A]_{t=0}$ 是 $t=0$ 时 A 的浓度,ζ 是反应的量子产率,K 是产生反应的激光波长的吸收系数,I 是激光强度,m 是必须的光子数(如对于单光子过程,$m=1$)。

合并式(5.13)和式(5.14),给出衍射强度:

$$I_1 \propto (\Delta n)^2 \propto [A]_{t=0}^2 (\delta n_B - \delta n_A)^2 \phi^2 K^2 I^{2m} t^2 \tag{5.15}$$

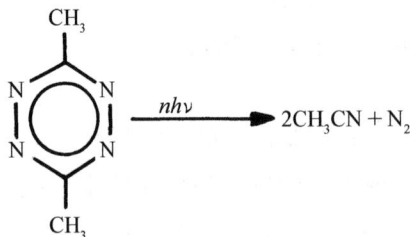

在诱发反应的激光开启之后,衍射强度随时间 t 的平方增加。通过生长曲线与强度的关系可以确定光子的数量 m 和量子产率[5.88]。

图 5.26 DMST 的光分解

例如,考虑分子二甲基司他嗪(DMST)(见图 5.26)在聚乙烯咔唑(PVK)宿主中的光解离,生长曲线与强度关系表明存在一个

双光子过程[5.87]。用樟脑醌(CQ)在 PVK 中进行了类似的实验,得到了 $m=1$。CQ 在聚合物宿主中的反应机理尚不清楚[5.85],对于溶解在聚甲基丙烯酸甲酯(PMMA)中的邻硝基苯甲醛(ONB),光子数[5.88]达到 $m=1$,光化学量子产率为 $\zeta=0.17$。

2. 两个激发波长的实验

为了确定发生反应的分子的激发态,可以研究量子产率与波长或能量的关系。在多光子激发 $(m \geqslant 2)$ 的情况下,采用两个独立波长的光源。为了说明在这种情况下光栅技术的使用,咔唑的光分解如图 5.27[5.87]所示。以频率为 $\nu_1 \approx 29\,700\ \mathrm{cm}^{-1}$ 的光照射制备咔唑分子的样品,使其处于最低三重态 T_1。具有频率 ν_1 的光照射不会产生光栅,也就是说用单个激光束或非相干灯光照射不会产生光栅。如果用较低的频率 ν_2 两个相干光束同时照射样品,则可由 T_n 发生的光化学而产生光栅。因此,可以在不受来自最低三重态反应的干扰的情况下研究从较高的三重态开始的光化学。

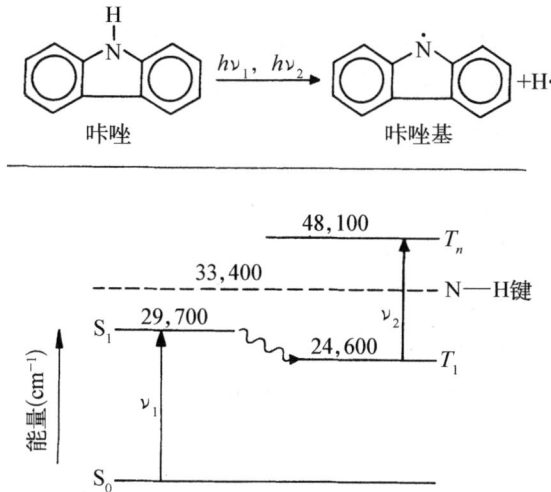

图 5.27　咔唑的光解方法和相关能级
"－－－"表示 N—H 键离解能

采用聚氰基丙烯酸酯中的双乙酰也进行了类似的实验[5.88]。在这里,三重态—三重态的吸收范围延伸到近红外(600～1 100 nm),与汞灯提供的紫外线辐射相结合,这种材料可用于该光谱区域的全息记录。化学显影是不必要的,全息图被定影。如果关闭紫外线辐射,则不再受读出光束的影响。

目前的红外光化学记录材料因灵敏度不够而无法得到广泛应用,因此,人们非常感兴趣了解记录过程和找出更敏感的材料,这种兴趣激发了本节所述的光化学反应方面的许多工作。

3. 复杂的反应序列

光化学反应通常发生在几个不同的步骤中,其中初始反应物 A 通过吸收 m_1 个光子转化为初级产物 B,进一步吸收辐射产生次级产物 C:

$$A \xrightarrow{m_1 h\nu} B \xrightarrow{m_2 h\nu} C$$

这种体系的一个例子是溶解在 PMMA 中的苯甲酮所经历的光化学反应,可能的光化学反应如图 5.28 所示,这种反应序列可以产生衍射强度 I_1 的特征非单调增长曲线,该曲线在理论上由式(5.13)直接扩展给出:

$$I_1 \propto (\Delta n)^2 \propto [[B]\delta n_B + [C]\delta n_C - ([B] + [C])\delta n_A]^2 \qquad (5.16)$$

现在假设 $\delta n_B > \delta n_A$ 和 $\delta n_C \ll \delta n_A$,在反应的初始阶段:$[C] \approx 0$,$\Delta n$ 是正值,随着反应的进行,$[C]$ 增加,Δn 最终变成负数,在 Δn 中间穿过零点,衍射强度为零,实验上观察到了这种行为[5.85],这表明苯甲酮的总光化学反应至少具有中间产物 B 的两步过程。

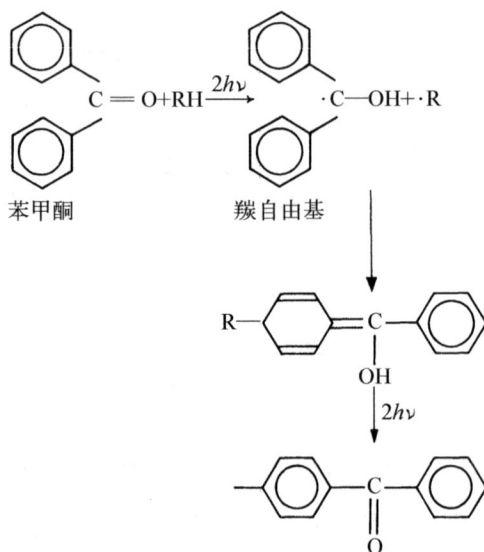

图 5.28　苯甲酮的光化学反应

5.8.2　脉冲激发

瞬态光栅技术结合脉冲激发已被应用于许多与光化学有关的问题。激发态的弛豫，包括旋转扩散（见 3.4.4 节）、能量转移（见 5.6 节）、质量扩散（见 5.2.2 节）和热扩散（见 3.7 节和 5.2.1 节）都在相应章节中进行了讨论。无辐射过程中能量沉积的光栅研究[5.89]和偶氮染料甲基红顺反光化学异构化的研究[5.83]在相应章节提供了进一步的例子。

总之，光栅技术已被证明是研究固态材料光化学反应的一种简单而灵敏的技术，鉴于这种方法的优点，可以期待进一步的应用。该方法具有较高的时间分辨率，利用这一优点，人们可能希望在液体中也进行光化学研究。

5.9　光学损伤和表面光栅

当吸收靶材料暴露于两个不同方向的激光束时，材料通过空间调制加热，如 3.7 节所述。如果光足够强，这种加热会导致材料熔化和蒸发，许多研究者都是以这种方式制作永久光栅，例如文献[5.90]和[5.91]所述，由于本书主要讨论动态光栅，本节主要讨论光栅制作过程中的瞬态效应。

通过连续氩离子激光器在纳秒时间尺度上的衍射，观察到了用调 Q 红宝石激光器光学蚀刻的薄膜光栅的时间波形[5.91]。玻璃衬底上厚度为 $50\sim400$ Å 的部分透明铝银和金薄膜，采用 $10\sim20$ ns 脉冲，能量密度高达 0.5 J/cm^2 激光，研究衍射氩激光功率的时间积累和衰减。实验表明，金属离子和缓慢移动的电子形成了空间周期性等离子体。关于表面损伤和表面等离子体之间关系的研究较多，而光栅技术似乎为研究损伤机制的细节提供了可能性。

类似地，瞬态光栅技术也被用于研究非晶 GaAs 的激光退火[5.92]，在这里，熔化和自由载流子的产生导致薄膜的后续结晶，参见 5.2.2 节。

永久衍射光栅生产工艺，最好采用连续波、可见光或近紫外气体放电激光器与蚀刻溶液（如 HF：H_2O、H_2SO_4：H_2O_2：H_2O、KOH：H_2O）相结合，激光束照射样品（如 Si、GaAs、CdS、InP）导致刻蚀速率的局部增强[5.93-5.94]，文献[5.95]研究了光栅形成过程与时间的关系。

表面光栅或波纹也出现在由足够功率的单束激光照射的材料上[5.96-5.103]。

这些周期性的表面结构是由随机表面扰动的傅里叶分量发展而来的,来自入射光束的扰动几乎沿表面散射。这种衍射光波与入射光束的干涉会产生光学干涉条纹,从而增强初始扰动[5.100],这种情况类似于受激光散射过程(见1.2.2节),因此被称为受激表面极化波散射[5.102]。通过观察探测光束的相关衍射[5.102-5.103],研究了由于该过程而形成的光栅的动力学,周期性表面结构可导致从最初的小(菲涅耳)吸收到高吸收的转变,因此它对金属和其他材料的激光加工可能非常有意义[5.103]。

第 *6* 章
实时全息和相位共轭

本章综述了激光诱导动态光栅在实时全息和相位共轭中的应用。首先，简要介绍全息和光学计算,动态全息记录应用包括信息的可擦除全息存储、实时干涉测量、全息透镜、棱镜等光学元件的实时记录以及在光学信号处理中的应用。讨论了动态记录介质中四波混频的非线性光学相位共轭问题,描述了使用连续激光器和光折变材料(如 $BaTiO_3$、$KNbO_3$ 等)的相位共轭,以及使用这种材料自泵浦相位共轭反射镜的可能性和相位共轭镜在光学谐振腔中的应用。

6.1　全息简介

在全息术中,通过使用参考波并将两束光产生的干涉图记录在合适的记录材料中,物波的振幅和相位信息得到存储。第 3 章讨论的激光诱导动态光栅非常适合使用全息技术存储和处理具有时变强度和位置的物体的相位和振幅信息。在本节中,将讨论全息的基本理论,以了解动态光栅材料的实时全息实验。关于全息术的更详细描述,请读者参阅有关专题讨论文献[6.1 - 6.7]。

全息术的基本原理如图 6.1 所示,在第一步中,由电场分布表示物波 O 的干涉图样:

$$E_O(\boldsymbol{r}, t) = E_O(\boldsymbol{r})\cos[\omega t - \phi_O(\boldsymbol{r})] = \mathrm{Re}\{A_O(\boldsymbol{r})\,\mathrm{e}^{\mathrm{i}\omega t}\} \tag{6.1}$$

参考波 R,与 O 波相干:

$$E_R(\boldsymbol{r}, t) = E_R(\boldsymbol{r})\cos[\omega t - \phi_R(\boldsymbol{r})] = \mathrm{Re}\{A_R(\boldsymbol{r})\,\mathrm{e}^{\mathrm{i}\omega t}\} \tag{6.2}$$

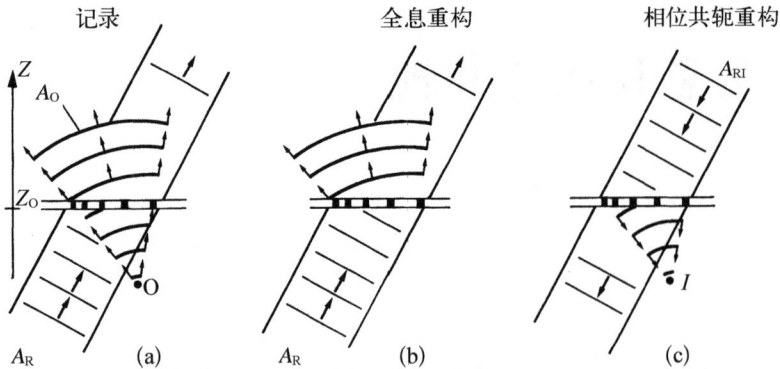

图 6.1　用于记录物点源球面波前的全息图记录和读出(主要装置)

(a) 记录;(b)"正常"读出,通过参考波 A_R 产生物体的虚像;(c)"相位共轭"读出,用与原始参考波 A_R 平行反向的第二参考波 A_{RI} 照亮全息图,产生相位共轭物波和物点实像

在记录介质中形成的总场为

$$E(\boldsymbol{r},t)=E_O(\boldsymbol{r},t)+E_R(\boldsymbol{r},t) \tag{6.3}$$

其中,$E_O(\boldsymbol{r})$ 和 $E_R(\boldsymbol{r})$ 是实振幅,$\phi_O(\boldsymbol{r})$ 和 $\phi_R(\boldsymbol{r})$ 是物波和参考波的相位,$A_O(\boldsymbol{r})$ 和 $A_R(\boldsymbol{r})$ 是复振幅。下式给出记录材料内的功率密度:

$$I(\boldsymbol{R},t)=\frac{E(\boldsymbol{R},t)^2}{Z}=\frac{[E_O(\boldsymbol{R},t)+E_R(\boldsymbol{R},t)]^2}{Z} \tag{6.4}$$

其中,$\boldsymbol{R}$ 表示记录材料中的位置向量。假设光学性质(折射率或吸收常数或两者)随强度 $I(\boldsymbol{R})$ 而变化:

$$I(\boldsymbol{R})=\overline{I(\boldsymbol{R},t)}=\frac{1}{2Z}\mid A_O(\boldsymbol{R})+A_R(\boldsymbol{R})\mid^2=\frac{1}{2Z}(A_O+A_R)(A_O^*+A_R^*) \tag{6.5}$$

在第一近似中,上横线表示时间平均值。根据材料响应的类型,记录了相位或振幅或张量光栅(见 1.1.3 节)。如果记录材料足够薄,并且光学特性的变化很小,则(记录的)全息图的(振幅)透射率由下式给出:

$$T(\boldsymbol{R})=\frac{A_t(\boldsymbol{R})}{A_R(\boldsymbol{R})}=1-\beta I(\boldsymbol{R}) \tag{6.6}$$

式中,$A_t(\boldsymbol{R})$ 和 $A_R(\boldsymbol{R})$ 分别是透射波和照明波的复振幅,而 β 是振幅光栅(振幅全息图)的实部。对于相位光栅记录,透射波 ϕ_t 的相移与强度成正比:

$$\phi_t(\boldsymbol{R}) = \gamma I(\boldsymbol{R}) \tag{6.7}$$

这对应一个复透射率：

$$T_p(\boldsymbol{R}) = e^{i\phi_t(\boldsymbol{R})} = e^{i\gamma I(\boldsymbol{R})} \approx 1 + i\gamma I(\boldsymbol{R}), \quad \gamma I \ll 1, \tag{6.8}$$

式(6.6)和式(6.8)表明,组合的振幅和相位全息图可以用复数 β 由式(6.6)来描述。

在经典全息术中(如使用照相底片作为记录介质),可以通过参考波照射全息图来读取记录的图像。第二个重构步骤可以通过两种方式进行：用相同的参考光束照射全息图[见图 6.1(b),正常重构];用与记录期间使用的参考光束反平行的读出光束读出全息图[见图 6.1(c),相位共轭重构]。对于正常重构,透射波的场分布为

$$A_t(\boldsymbol{R}) = T(\boldsymbol{R})A_R(\boldsymbol{R}) = [1 - \beta I(\boldsymbol{R})]A_R(\boldsymbol{R})$$
$$\approx A_R(\boldsymbol{R}) - \beta \,|\, A_R(\boldsymbol{R}) \,|^2 A_O(\boldsymbol{R}) - \beta A_R^2(\boldsymbol{R}) A_O^*(\boldsymbol{R}) \tag{6.9}$$
$$\text{如果 } A_O \ll A_R \quad \text{并且 } \beta \,|\, A_R \,|^2 \ll 1$$

式(6.9)给出了全息图后面的场分布。从衍射理论可知,边界表面的场分布唯一地决定了整个空间场。因此,式(6.9)中的第一项给出了透射的参考波,而第二项用 $\beta \,|\, A_R(\boldsymbol{R}) \,|^2$ 成比例的衰减重构原始的重构物波。式(6.9)中的第三项是共轭波,如果全息图很薄,它会给出物的实像("孪生")。

对于相位共轭重构[见图 6.1(c)],透射的读出波由下式给出：

$$A_{t|}(\boldsymbol{R}) = T(\boldsymbol{R}) \cdot A_{R|}(\boldsymbol{R}) = T(\boldsymbol{R}) \cdot A_R^*(\boldsymbol{R}) \tag{6.10}$$

$$\approx A_R^*(\boldsymbol{R}) - \beta \,[\, A_R^*(\boldsymbol{R}) \,]^2 A_O(\boldsymbol{R}) - \beta \,|\, A_R(\boldsymbol{R}) \,|^2 A_O^*(\boldsymbol{R}) \tag{6.11}$$

式中,第一项再次表示透射的读出光束,第二项是虚拟的孪生像。由于相位因子 $\phi_O(\boldsymbol{R}) - 2\phi_R(\boldsymbol{R})$,第二项在厚全息图中是相位不匹配的,即它不会辐射。式(6.11)中的最后一项表示相对于物波具有共轭复振幅波,这对应于原始物波的时间反转(或相位共轭)的复制[见图 6.1(c),另见 6.9 节]。

与经典全息记录材料(卤化银照相底片、重铬酸盐明胶等)需要三个连续步骤(记录、显影和读出)不同,所有这些步骤在实时记录材料中同时发生,因此任何物波的实时变化都被连续记录。

全息图记录和读出不仅可以使用如上所述的薄记录材料,还可以使用体记录材料,这样全息图对应于厚光栅(见 4.3 节)。

选择用于实时全息的动态光栅材料时需要考虑的三个主要属性：

(1) 光敏性。

(2) 衍射效率。

(3) 记录和擦除时间。

第 3 章讨论了不同光栅激励下的记录时间常数,其范围从粒子数密度光栅的皮秒到最慢光折变介质的分钟。

在全息术中,人们主要感兴趣的是由激光诱导引起的折射率或吸收变化衍射的强度,第 1 章已经讨论了薄和厚的振幅,相位或张量光栅的衍射问题。

文献[6.8]给出了厚相位光栅(较常用)的全息衍射效率,与式(4.32)比较：

$$\eta = \exp\left(\frac{-Kd}{\cos\alpha}\right)\sin^2\left(\frac{\pi\Delta nd}{\lambda\cos\alpha}\right) \tag{6.12}$$

其中,d 是全息图厚度,α 对应波长 λ 的布拉格角,K 是(均匀)吸收常数,Δn 是光诱导相位光栅的振幅。

振幅光栅的衍射效率由式(4.32)给出：

$$\eta = \exp\left(\frac{-Kd}{\cos\alpha}\right)\cdot\sinh^2\left(\frac{\Delta K\cdot d}{4\cos\alpha}\right) \tag{6.13}$$

式中,ΔK 是吸收光栅的振幅。与衍射效率可达到 100% 的相位全息图相比,吸收全息图的最大衍射效率仅为 3.7%。

将激光诱导光栅用于全息应用的另一个重要的优点是记录材料的光敏性。光敏性可以定义为给定衍射效率和全息厚度所需的入射光能;另一种定义给出了一个确定的入射或吸收能量密度的折射率或吸收常数的光致变化。由于这些定义通过式(6.12)或式(6.13)相互关联,我们仅给出基于第一个定义的数据,用于比较不同的记录材料。光敏性定义为全息图形成初级阶段,对于单位晶体长度、每入射能量密度 W_0 的衍射效率的变化：

$$S = \frac{\mathrm{d}(\eta^{\frac{1}{2}})}{\mathrm{d}W_0}\cdot\frac{1}{d} \tag{6.14}$$

为了材料的比较,在表 6.1 中列出了对于 $\eta=1\%$、$d=1$ mm 所需的入射能量密度 $W_0=It$：

$$S^{-1}\propto W_0(\eta=0.01,\ d=1\ \text{mm}) \tag{6.15}$$

表 6.1 一些材料在 $\eta = 1\%$、$d = 1$ mm 条件下所需的入射能量密度

记 录 材 料	记录或衰减时间/s	所需能量密度 $W_0 /(\text{mJ} \cdot \text{cm}^{-2})$	机 理
$LiNbO_3$	$10 \sim 10^3$	$3\,000^{[6.9]}$	
$BaTiO_3$	$10 \sim 10^2$	$100^{[6.9]}$	光折变效应
$KNbO_3 : Fe^{2+}$	$10^{-9} \sim 10$	$10^{[6.9]}$	
$Bi_{12}SiO_{20}$	$10^{-3} \sim 1$	$3^{[6.9]}$	
重铬酸盐明胶片		0.01	
高分辨率银	待处理	$10^{-5}(d = 10\ \mu\text{m})$	
照相底片			
Rh 6G 溶液	10^{-8}	$30(d = 100\ \mu\text{m})^a$	激发态分布
Si	10^{-7}	$1(d = 500\ \mu\text{m})^b$	自由载流子激励
热光栅	$10^{-3} \sim 10^{-6}$	10^c	温度变化

a 根据图 3.9 估算;

b 根据 $\eta^{\frac{1}{2}} = \dfrac{\pi \Delta n d}{\lambda}$ 和 $\Delta n = \dfrac{n_{\text{eh}} K W_0}{h\nu}$ 计算得出,n_{eh} 和 K 来自表 3.1;

c 根据 $\Delta n = \left(\dfrac{\text{d}n}{\text{d}T}\right)\left(\dfrac{K W_0}{\rho c}\right)$ 和 $K = \dfrac{1}{d}$ 计算得出,甲醇数据来自文献[6.10]。

6.2 实时全息和干涉测量

动态介质中的激光诱导光栅非常适合实时全息和干涉测量。为此需要具有高光敏性和大动态范围(折射率或吸收光栅的振幅)或衍射效率的材料。与普通照相底片相比,用于全息照相的动态材料的优点在于不需要对记录介质进行化学处理,并且动态全息光栅跟随要记录条纹图案的变化。在光折变材料中,光栅可以通过均匀照明来擦除,极限记录的灵敏度可与高分辨率照相底板和大衍射效率中获得的灵敏度相媲美,例如,光折变 $Bi_{12}SiO_{20}$ 或 $KNbO_3 : Fe^{2+}$ 晶体材料。这些材料中的激光诱导光栅对于实时全息、二次曝光或时间平均干涉测量非常有意义[6.11]。

图 6.2 为使用时间平均干涉技术实时观测振动结构[6.12]的光学示意图。也可以类似地采用两次曝光干涉测量法中的实验进行[6.13]。在图 6.2(a)所示光路中,平面参考光束的透射部分在被反射镜 M 反射后用于实时图像重构,分束镜

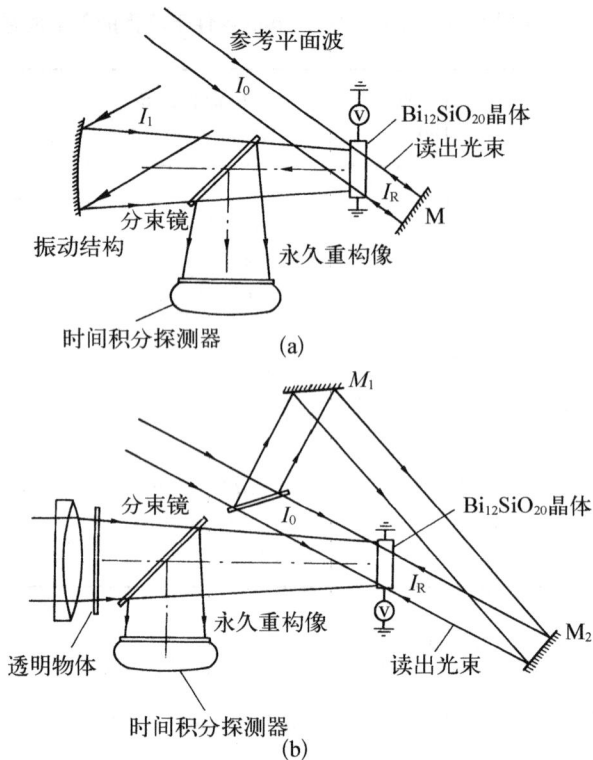

图 6.2　用于振动结构时间平均干涉测量的永久全息的记录和读出光学示意图

（a）后向反射参考光束，反射物体；（b）辅助读出光束，透明物体

BS 将重构光束从入射光束中分离。由于从体全息图重构图像时不允许波长变化，永久读出是破坏性的。

　　图 6.2(b)给出了类似的光路图，在这种情况下，入射参考光束的 50% 通过 M_1 和 M_2 向后反射到晶体上用于永久读取。在文献[6.12]中已经指出，图 6.2(a)的配置的效率略低于图 6.2(b)的配置，这是因为参考波两次通过晶体，反射和吸收损耗相应增加。然而，消除了 $Bi_{12}SiO_{20}$ 和 $Bi_{12}GeO_{20}$ 光学活性的第一种结构在实际使用时更简单且需要的光学调节更少。文献[6.12-6.14]中研究了几种振动物体，通过反射照亮这些物体，可以获得由零阶贝塞尔函数 J_0[6.1]给出的叠加干涉条纹的重构图像 I_d：

$$I_d \propto \left| J_0\left(\frac{4\pi}{\lambda}\delta\right) \right|^2 \tag{6.16}$$

其中，δ 是周期性变形的局部振幅。如果全息空间电荷场 E_{sc} 的记录时间 T_0 比振动周期长,即时间平均强度记录的 $T_0 \gg T$,则式(6.16)有效。由于光导 BSO 晶体的高灵敏度[见式(3.99)],T_0 在 $15~\mathrm{mW \cdot cm^{-2}}$ 入射功率下大约为 10 ms 数量级。这便于实时观察频率高于 1 kHz 的振动,通过降低入射激光功率,可以探索较低的频率范围。在文献[6.14]中讨论了使用 $\mathrm{Bi_{12}SiO_{20}}$ 作为记录介质记录三维漫反射物体全息图的最佳参数,此类物体很常见,例如,在机械结构的工业无损检测领域。类似于图 6.2(a)所示的装置中,研究人员建立了反射率为 $10^{-3} \sim 10^{-8}$ 的物体全息图,获得最佳光束比 $\dfrac{I_0}{I} = 1$ 和最佳时间常数 $T_0 = $ 500 ms。因此,振动结构的模态模式几乎可以在瞬间可视化。图 6.3 显示了以不同频率激励的振动扬声器膜,可以清楚地看到不同振动模式的节点(见图 6.3

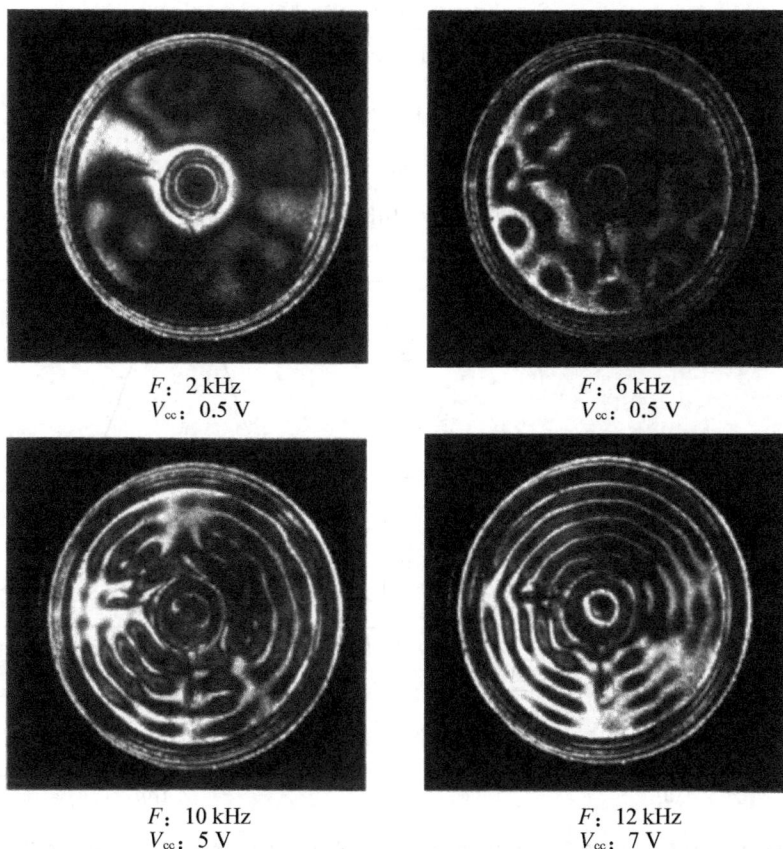

F：2 kHz
V_{cc}：0.5 V

F：6 kHz
V_{cc}：0.5 V

F：10 kHz
V_{cc}：5 V

F：12 kHz
V_{cc}：7 V

图 6.3　漫散射振动物体的时间平均干涉图[6.12]

在不同频率 F 和电压 V_{cc} 下激励的扬声器膜的模式可视化

中的亮线),这表明实时全息术对于振动物体的优化设计非常有用。通过散斑[6.16]噪声抑制,$Bi_{12}SiO_{20}$的时间平均干涉信噪比得到显著提高[6.17],实验中扩散屏放置在物光束中,并在相机的连续曝光之间逐步移动。

全息图中使用的其他特殊技术,如物体轮廓生成(边缘增强)或散斑干涉测量法,也适用于动态光栅记录,如文献[6.18-6.20]所述。

边缘增强基于这样一个事实,即仅当物光强度小于参考光束的强度时,存储的图像才是原始物的真实复制,如果不满足这个条件,则可以产生边缘增强。通过干涉物光 $I_1(x)$ 和参考光束 I_2 的调制比或折射率 $m(x)$ 可以理解边缘增强现象。如果 $I_1(x)$ 与光栅间距 Λ 相比变化缓慢,则 m 可被认为是局部调制指数 $m(x)$:

$$(x) = \frac{2\left[I_1(x)I_2\right]^{\frac{1}{2}}}{\left[I_1(x)+I_2\right]} \tag{6.17}$$

如果物光比参考光束更强,那么对于物体的明亮区域,$I_1(x) \gg I_2$,$m(x)$ 将远小于其最大单位值(见图 6.4)。同样,对于物体的暗区,$I_1(x) \ll I_2$,$m(x)$ 仍然很小(见图 6.4),但是,在物体亮区和暗区之间的过渡区的某个点 x_0(即边

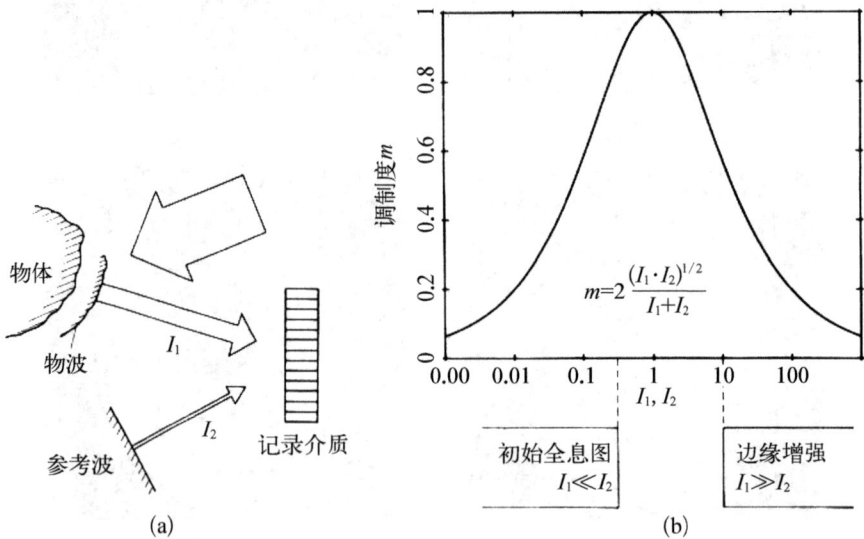

图 6.4 边缘或对比度增强发生在弱参考光束 $I_2 \ll I_1$ 的情况下的边缘增强的记录方法(a)和强度比 $\frac{I_1}{I_2}$ 与条纹调制度 m 的关系(b)

缘),$I_1(x_0) = I_2$,这使得 $m(x_0)$ 等于 1;因此,在 x_0 周围区域产生了具有大的衍射效率的局部光栅。读取光束将优先被该光栅散射,使得相应的图像具有增强的边缘。用 $Bi_{12}SiO_{20}$[6.20] 和 $BaTiO_3$[6.19] 晶体在动态记录材料中成功地进行了这样的实验,图 6.5 显示了使用 $BaTiO_3$ 晶体和 $Bi_{12}SiO_{20}$ 晶体进行边缘增强的例子。

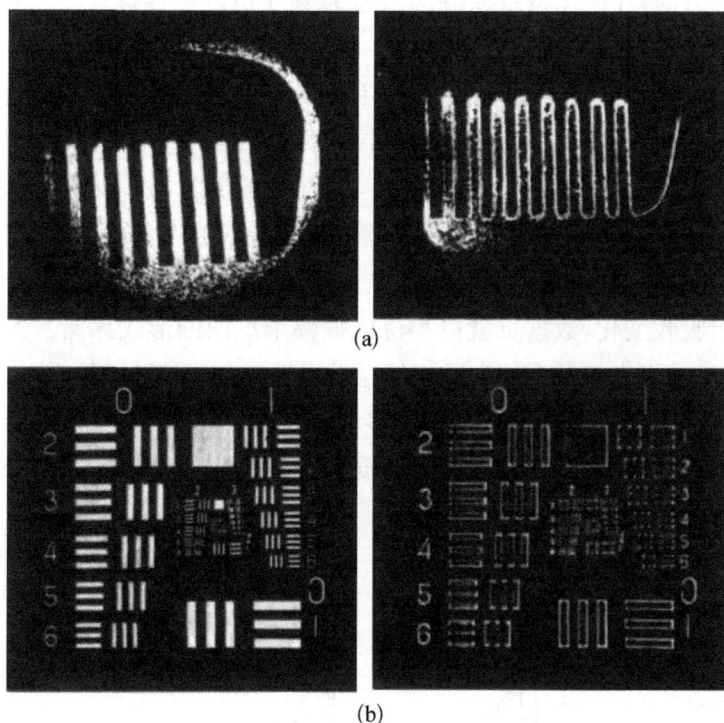

(a)

(b)

图 6.5 光折变 $BaTiO_3$ 晶体中通过非线性记录梳子产生的边缘增强(a)和光折变 $Bi_{12}SiO_{20}$ 晶体中边缘增强的测试图案(b)[6.19-6.20]

6.3 信息存储

动态介质体积的光信息存储具有以下优点:容量达到记录波长的每立方 1 比特(通常高达 10^{12} bits/cm^3),信息单元阵列的无接触并行读取以及擦除部分或全部存储器写入新信息的可能性。除了目前用于视频或音频光盘中记录数据的逐比特记录外,还演示了以全息图的形式并行记录整页信息。

与逐比特存储方法相比,比特阵列的全息存储提供了许多优点,单个比特被记录在记录介质的不同位置。因此,全息存储的一个主要优点是,它需要的机械精度较低,并且对存储介质的缺陷不太敏感。由于存储的是傅里叶变换,而不是比特模式本身,因此每个比特集的信息在空间上分布在整个全息图上[6.21]。灰尘和划痕会在一定程度上降低整个比特的信噪比,但不会导致某些比特的全部丢失。另一方面,在逐比特系统中,单个尘埃粒子可以很容易地将一个或多个比特完全清除。

全息读写擦除存储器的基本组成如图6.6所示。这种系统的特点是并行处理大块数据。输入元素(称为页面编辑器),本质上是一种电子控制透明元素,输入的数据流被转换成一系列暗区和亮区,代表一个页的二进制0和1数字数据。来自激光器的相干光照亮页面编辑器,透射光称为物光束(或信号光束),在动态光栅介质中的指定位置与参考光束发生干涉,由此产生的干涉图案会产生光致折射率或者吸收变化,数据页就以相位或振幅全息图的形式存储。当一页的记录完成时,借助光束偏转系统和适当的光学器件(如蝇眼透镜)的帮助,会在存储介质上定位一个不同的位置。当光束移动到新位置时,必须保持信号光束和参考光束的精确重叠。最后,整个存储介质将被全息图阵列覆盖,每个全息图代表一个含有大量比特的数据页。

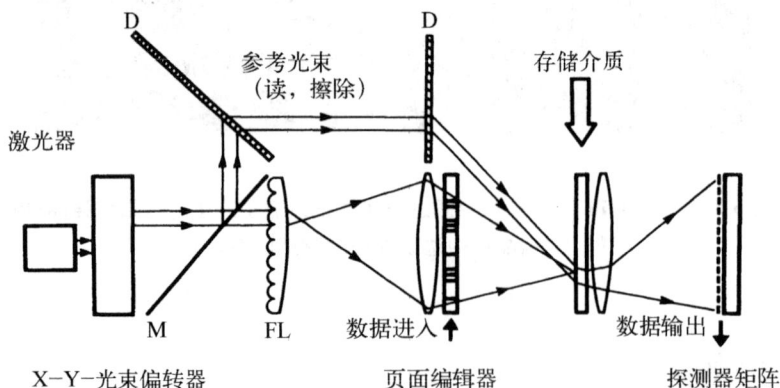

图6.6 包括激光源、光束偏转器、页面编辑器、存储介质和探测器矩阵的全息存储示意图[6.21]
蝇眼透镜(FL)可以将信号光束引导到不同的子全息图区域,反射镜(M)和衍射光栅(D)确保参考光束的同步移动

为了读出任何存储数据块,所需的全息图由参考光束单独寻址。全息图中衍射光是来自页面编辑器原始波前的真实复制。在像面放置一个光探测器矩阵

（每个光栅位置一个），全息图的内容被重新转换成一系列电信号，每个全息图的再现图像将出现在同一位置，即页面编辑器的光学像位置。因此，相同的探测器排布可用于读出所有不同的全息图，而无需移动探测器矩阵。

全息系统一个非常吸引人的特点是体存储。在产生 n 的体积变化光敏介质中，许多全息图可以叠加在同一体积元中[6.21]。例如，通过改变参考光束的入射角，实现每个单独的全息图都与一个特定的入射角相关联。因为只有当全息图以布拉格角寻址时才会发生有效衍射，从而实现叠加全息图有选择性的再现。体存储显然是高比特堆积密度的关键，也是实现高容量和高速度的关键。

面积约为 $1\,mm^2$ 的单个全息图可能包含 10^4 比特或者更多[6.22]。目前，在 $LiNbO_3$ 晶体中的每个位置[6.23-6.24]可以可逆叠加多达 500 幅全息图，总容量为 $0.5\,Gbits/cm^2$。对任何数据块的访问时间主要取决于光束从一个位置切换到另一个位置所需的时间，例如几微秒[6.25]。因此，微秒范围内的随机存取时间和 10^9 比特/秒的数据读取率似乎是可行的，当然，前提是其他系统组件不限制速度。

由于与传统电子技术对接良好的高密度半导体存储器的迅速出现，近年来对全息存储的兴趣有所下降。毫无疑问，目前对于容量不太高的完全可逆读-写-擦除存储器，诸如半导体存储器等非光学器件将占主导地位。然而，对于非常大的容量，由于可放置在单个芯片上比特数的限制（现有的技术水平约为 10^6 bits），预计会有困难。为了增加总容量，必须将大量的单个芯片互连，而这个问题最终将决定总容量的实际上限。因此，除了专业应用之外，光学存储器真正影响将在 10^9 比特及以上容量范围内，其中高存储密度和高速度的结合将起决定性因素。然而，迄今为止开发的材料中没有一种完全满足存储元件的所有要求。虽然动态光栅记录提供了读-写-擦除存储器潜力，但主要缺点是高灵敏度材料的光栅存储时间在室温下很短，并且擦除单个信息位需要擦除包含照明体积中的整个存储器。表现出与高分辨率卤化银乳剂相当的记录灵敏度的材料，例如 $KNbO_3$、$K(NbTa)O_3$ 和 $Bi_{12}SiO_{20}$，室温下在黑暗中的存储时间只有几个小时，即使在掺杂的 $LiNbO_3$ 中，存储时间最多也只有几个月，仅在 $LiTaO_3$ 中达到了 10 年的存储时间。通过降低环境温度来增加储存时间似乎并不是好的方法。由于厚全息图的布拉格条件要求读取和写入时必须使用相同波长的光，因此出现了另一个复杂问题。在没有任何定影过程的情况下，材料对读出光束保持光敏性，导致在读出期间存储图像的退化，当然，这种退化在最敏感的材料中最为严重。克服这个问题的一种方法是定影图像,如下所述,使其不易失(或少易失),但这将导致图像不能再被光学擦除,使存储器的多功能性降低了。

6.4　全息透镜和光栅

通过全息波前转换,可以在动态介质中实现透镜、棱镜或反射镜等实时光学元件。棱镜将一个平面波偏转成另一个在不同方向传播的平面波,可以用两个平面波记录的简单光栅来实现。柱面透镜可以用平面波和柱面波或两个柱面波记录全息图产生。对于三维透镜和反射镜,需要用球面波代替柱面波[6.15,6.26]。

图 6.7(a)给出了产生全息透镜-棱镜的组合,图 6.7(b)给出使用该全息元件从光纤源产生准直光束的过程,两个全息透镜-棱镜组合可用于耦合两个光纤,

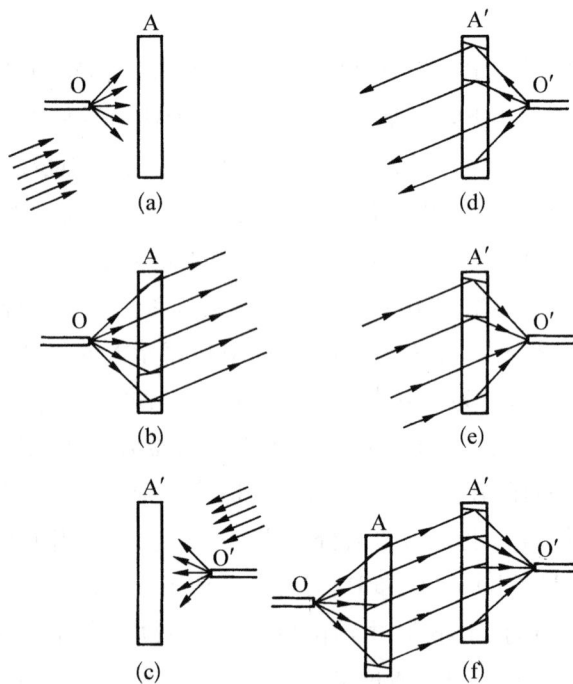

图 6.7　全息透镜-棱镜组合[6.2]

(a) 用平面波和 O 点发散光记录的一个全息图;(b) 通过来自 O 点发散光重构平面波;(c) 用平面波和来自 O′的发散光记录全息图;(d) 通过 O′点发散光重构平面波;(e)(d) 中平面波的共轭汇聚在 O′;(f) 在 O 和 O′处光纤之间全息耦合器

如图 6.7(f)所示,这种波前转换方式适用于具有柱形或椭圆形横截面或薄膜光波导等耦合光纤,如文献[6.2,6.27-6.31]所述。

与传统光学相比,全息元件可能具有以下优点:它们可以在单个元件中执行多个功能,并且可以轻松地并行执行相同的功能,从而形成透镜阵列(蝇眼阵列)。

6.5　光学图像的波长转换

文献[6.32-6.33]研究了利用实时全息技术对三维图像进行光学频率转换的几种方法。波长转换是通过以不同于用于记录 λ_1 的波长读出动态全息图来实现。通过使用可见读出光(λ_2)获得在 λ_1 处对(红外)图像进行缩小的红外到可见光上转换。如果全息图在紫外 λ_1 处记录,并在 λ_2 处读出(如可见光),产生的放大为 $M = \dfrac{\lambda_2}{\lambda_1}$。

对二维或三维物体进行高质量波长转换的主要要求是,对于全息图中涉及的所有空间频率,相互作用的光束必须满足一定的相位匹配条件或波矢量守恒条件(布拉格条件)。这可以通过采用相位匹配的四波混频过程以非共振的方式实现。利用这种技术,Martin 和 Hellwarth[6.33]通过在几种液体中使用光诱导粒子数密度和热光栅,成功地将 $\lambda_1 = 1.06\ \mu m$ 图像转换为 $\lambda_2 = 0.53\ \mu m$ 的可见光图像,所用的实验装置如图 6.8 所示,物光 O 的全息图是通过在样品池中 $\lambda_1 = 1.06\ \mu m$ 的物光束 F 与参考光束 G 发生干涉来记录的。该全息图由倍频 Nd:YAG 激光器以 $\lambda_2 = \dfrac{\lambda_1}{2} = 0.53\ \mu m$ 入射到全息图上读出,满足以下条件:

$$\boldsymbol{k}_E \equiv \boldsymbol{k}_G - \boldsymbol{k}_F + \boldsymbol{k}_H \tag{6.18}$$

其中,$\boldsymbol{k}_i$ 是所涉及的不同光束的波矢,$\boldsymbol{k}_E$ 是输出的上转换信号光束。文献[6.33]中显示,输入波矢量 $\boldsymbol{k}_F$ 和信号光束 $\boldsymbol{k}_E$ 可以旋转相对较大的角度,在典型光束相互作用长度(约为 1 mm)范围内不会破坏相位匹配。

因此,F 光束中的红外参考图像 O 可以通过该四波混频实验进行频移,以产生图像的缩小上转换复制品(见图 6.9)。用红外吸收染料(柯达 1401S 调 Q 染料)添加到 1-2 二氯乙烷中,实验中达到的最大转换效率为 5%。

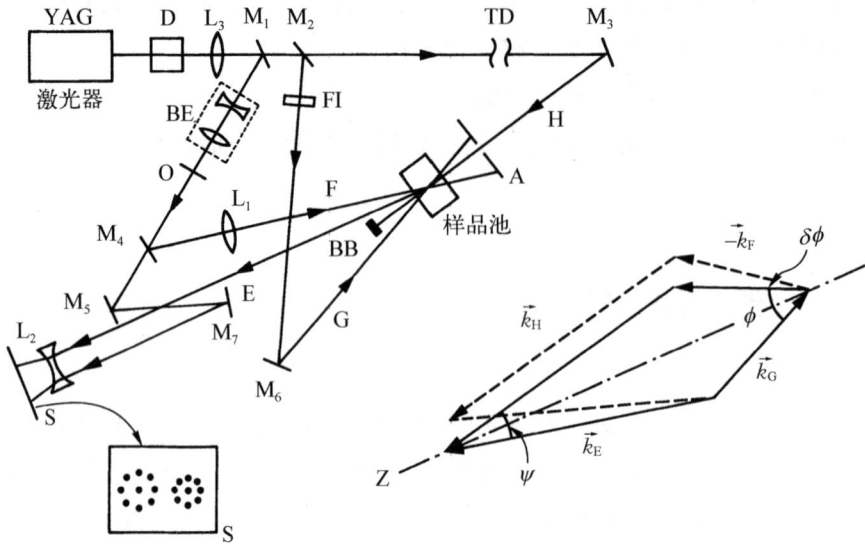

图 6.8 用于观察上转换相位共轭图像的实验示意图及对应光波的相位匹配图[6.33]

由物光 O 调制的红外光束 F,与红外光束 G 和可见光束 H 在样品中叠加产生可见相位共轭复制光束 E,该共轭复制光束 E 在 S 点(与 F 的参考分束光一起)被观察;D 是倍频器,BE 是扩束器,FI 是 532 nm 滤波器,BB 是光束遮挡块,A 是孔径,S 是屏幕或胶片纸,TD 是可变时间延迟,O 是孔图案,M 是平面镜,L 是透镜

可以通过图 6.8 的几何光学结构转换图像分辨率像素的数量 N,近似为相位匹配 k_E 的立体角 Ω_p 除以衍射立体角 Ω_p。当 $\Delta K \equiv \left| k_E - n_r \dfrac{\omega}{c} \right| \leqslant \dfrac{\pi}{l}$,满足相位匹配。这里,$l$ 是产生非线性极化的有效长度,它由光束重叠几何形状、样品长度或红外吸收长度(以最小者为准)来确定。图 6.8 表明,当 k_F 绕 k 矢量菱形的对称 Z 轴旋转时,k_E 是不变的。φ(其平均值为 φ_0)的微小偏差为 $\delta\varphi$,使得 $\Delta kl = \pi$ 很容易被看作是

$$\Omega_p \approx 2\pi\varphi_0\delta\varphi \approx 4\pi^2 \left(k_F l \left| 1 - \dfrac{k_F}{k_E} \right| \right)^{-1}$$

(当 $\varphi_0 \ll 1$ 时)。取输入光束的衍射立体角为

$$\dfrac{4\pi^2}{k_F^2}A,$$

A 为光束面积,可以得到相位匹配

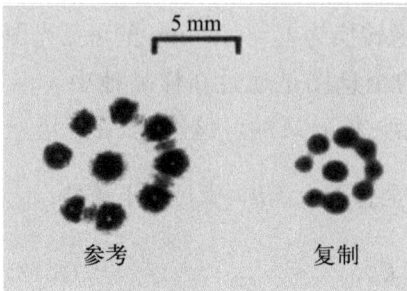

图 6.9 通过在图 6.8 中的观察面 S 处放置普通相片打印纸,获得红外(参考)光束 F 和相位共轭(复制)光束 E 的图像[6.33]

参考像由图 6.8 中 M_1 反射 4% 的绿光产生,打印纸对红外不敏感,在参考光束图像看到的菲涅耳条纹,在观察平面上的相位共轭图中应该是不存在

图像分辨率数量 N:

$$N \approx \frac{A k_{\mathrm{F}}}{l \left| 1 - \dfrac{k_{\mathrm{F}}}{k_{\mathrm{E}}} \right|} \tag{6.19}$$

当 k_{F} 接近 k_{E} 时,这个值接近无穷大,这意味着,对于图 6.8 所示的简并四波混频,对于所有输入光束角都满足相位匹配(并且生成的 E 波是 F 波的时间反转复制)。

6.6　图像放大

动态全息的另一个应用是相干光束的放大,包括携带光学信息的光束的放大,这种效应利用了动态体全息图记录过程中发生的光束耦合。4.5 节叙述了在记录材料中的两波混频允许强度光栅和折射率光栅之间的条纹失配,导致记录光束之间的能量再分配,从而将光能从一个光束转移到另一个光束,这种能量转换可以用指数增益因子 Γ 来表征。

扩展 4.5.3 节的理论到包括吸收和任意光栅相移 φ,放大(信号)强度由下式给出:

$$I_1 = \frac{I_0 \beta_0}{1 + \beta_0 \exp \Gamma d} \exp(\Gamma - K)d \underset{(\beta_0 \ll 1)}{\approx} I_{10} \exp(\Gamma - K)d, \tag{6.20}$$

其中,K 为光吸收常数,$I_0 = I_{10} + I_{20}$ 为入射到晶体的总强度,$\beta_0 = \dfrac{I_{10}}{I_{20}}$,$I_{10}$ 和 I_{20} 为入射强度,I_1 和 I_2 为透射强度。对于 $K = 0$,式(6.20)变为式(4.62),增益 Γ 由文献[6.9]给出:

$$\Gamma(x) = \frac{4 \pi \beta_0(x) \Delta n_1(x)}{\lambda \cos \alpha} \sin \varphi(x) \tag{6.21}$$

式中,$\Delta n_1(x)$ 是光诱导光栅的振幅,φ 是光栅相移。

在两波混频过程中,光束耦合的动态特性使得它可以用来放大与时间有关的信号。图 6.10(a)显示了 $KNbO_3 : Fe^{2+}$ 的光折变记录中,增益 Γ 与外加电场的理论关系。Γ 随着场强的增加而增加,这是由于场强越高,条纹失配 φ 增加,当 $E \approx 18 \, kV/cm \left(qL_E \approx 1,\text{光栅波矢量} \ q = \dfrac{2\pi}{\Lambda},\text{漂移长度} \ L_E = \mu \tau E_0 \ \text{时},\varphi = \dfrac{\pi}{2} \right)$,并且达到饱和。图 6.10(b)给出实验上增益 Γ 与电场强度的关系。

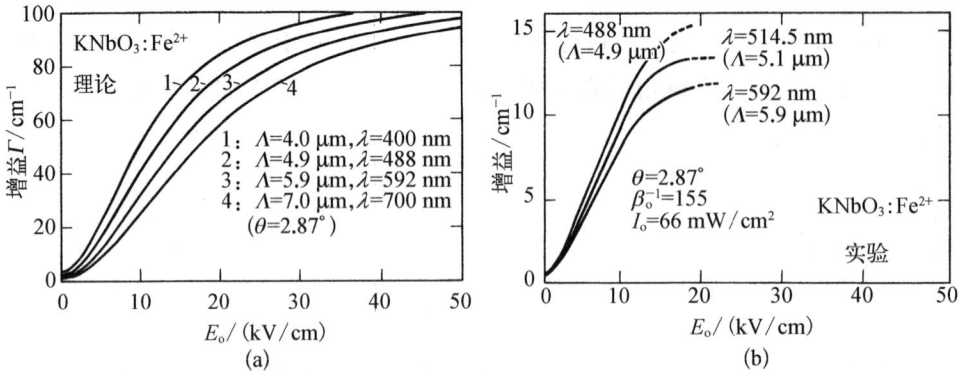

图 6.10　KNbO₃ 晶体的电场、条纹间距和记录波长与增益 Γ 的关系[6.34]

(a) 理论;(b) 实验

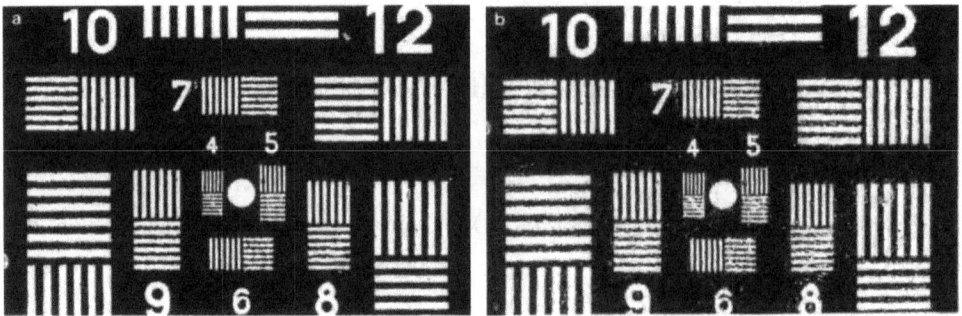

图 6.11　没有泵浦光条件下通过放大器晶体测试物体的图像(a)和使用泵浦光束在测试对象被放大约 4 000 倍的图像(b)[6.35]

在 3.2 mm 长的 BaTiO₃ 晶体中,增益因子 $g = \exp(\Gamma - K)d$ 达到了 4 000。在增益优化的较大晶体中,增益因子可能更高[例如,图 6.10(b)所示的 KNbO₃ 中 $\Gamma - K = 11.5 \, cm^{-1}$,$d = 1 \, cm$ 时,可获得 $g \geqslant 10^5$]。强度为 $I = 155 \, mW/cm^2$ 的快速记录时间 $T_0 \approx 10 \, ms$,以及可以通过外部电场控制光电导材料中的增益 Γ 的可能性在相干图像处理应用中提供了进一步的优势[6.36]。文献[6.37]中提出的光学元件,如光学限幅器、脉冲整形器、差分放大器、光学三极管、光学开关和逻辑元件,使用法布里-珀罗谐振器内更复杂的电光晶体布置,可以用动态光栅材料实现。

上述图像放大技术不仅限于平面图像,而且已经应用于三维图像的放大[6.38]。然而,在文献[6.38]实验报道中,记录材料 LiNbO₃ 对光不敏感,因此必须使用特殊技术来记录漫射体对象,具有更高灵敏度的材料($Bi_{12}SiO_{20}$、$Bi_{12}GeO_{20}$ 及还原的 $KNbO_3$)使三维物体的记录和放大更加可行。

6.7 节将讨论使用 LiNbO₃ 进行相干图像加减法的可能性。为了完成这些运算及其他复杂运算,必须使用经典复振幅减法二次曝光技术[6.39]。使用相干光放大,通过在参考光束中引入第二个图像,使用单次曝光技术也可以完成相同的运算,然后与文献[6.34]中相同的方式对两幅图像的公共部分进行相加或相减。除了具有单次曝光的优点外,光束耦合技术是一种强度减法,并且对物光束的相位不均匀性不敏感。

6.7　图像减法与逻辑运算

光致光栅在实时信息处理中的进一步应用是图像减法或加法。动态介质中记录的叠加全息图可以选择性地擦除。根据记录和擦除方法,可以执行一系列布尔运算。

选择性擦除一个完整全息图(或部分全息图)的原理包含叠加互补折射率空间调制:

$$\Delta n_1(x, y, z) = \delta n_1 \cos[qx + \varphi_1(x, y, z)]$$
$$\Delta n(x, y, z) = \delta n \cos[qx + \varphi(x, y, z)]$$
(6.22)

存储的全息图,使 $\Delta n_1(x, y, z) = -\Delta n(x, y, z)$。如果光诱导变化 Δn 与入射光强度成正比,则在要擦除的对象第二次记录期间,通过 π 相移参考波来执行此操作。用光折变 LiNbO₃[6.39-6.40]记录的傅里叶全息图证明了这种方法的可行性。图 6.12 再现了使用该技术选择性地擦除一页的信息(完整、部分和单个比特擦除)。对于某些信息块或比特的部分擦除,使用部分掩模的透明材料经 π 相移的参考光束记录该单元。

以这种方式将两个不同的二进制变量 A 和 B 叠加到同一全息图中,对应于

171

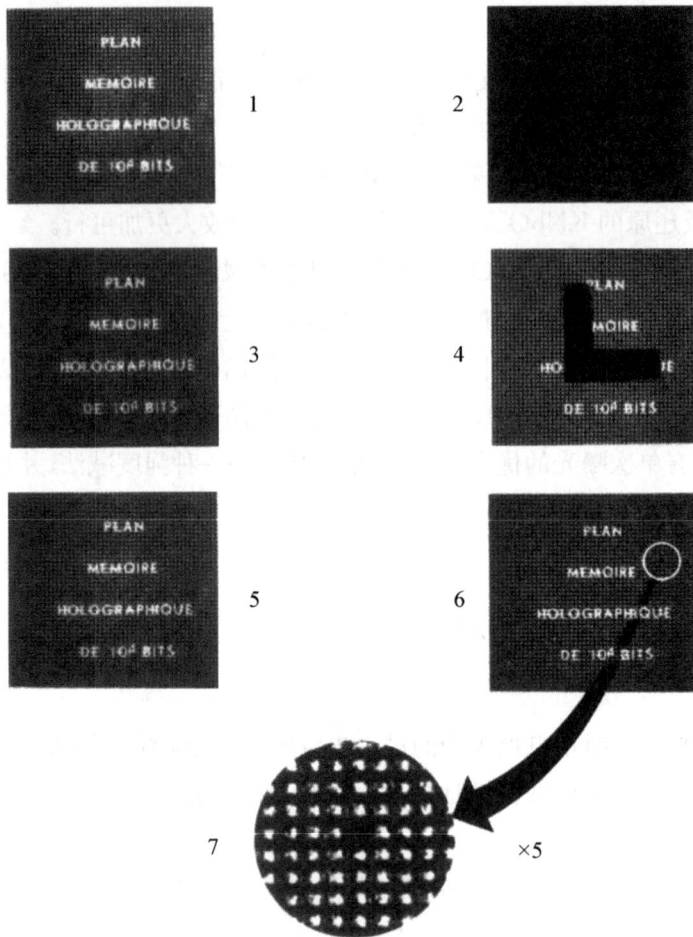

图 6.12 光折变 $LiNbO_3 : Fe^{[6.41]}$

完整(1，2)；部分页面(3，4)；单个比特(5，6，7)的选择性擦除

布尔运算"异或"(○)：

$$A \bigcirc B = (A \cap \bar{B}) \cup (\bar{A} \cap B) \tag{6.23}$$

其中，$\cap$ 和 $\cup$ 代表交集(与)和逻辑加(或)运算符。在 B 是均匀透明物体($B = 1$)的特定情况下，重建的图像与物体 A 对比度相反($A \bigcirc 1 = \bar{A}$)(见图 6.13)。Huignard 等[6.41]已经证明了这种逻辑运算和其他逻辑运算($\bar{A}$，$\bar{A} \cup B$，$A \cup \bar{B}$ 等)，如图 6.13 所示。

逻辑运算

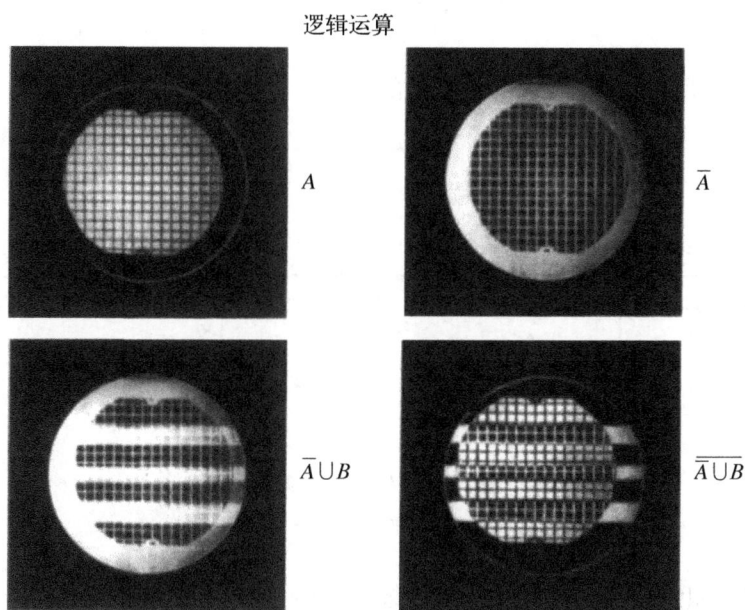

图 6.13 光折变 $LiNbO_3$：Fe 中两个二元透明体 A 和 B 之间的
逻辑运算 $(\overline{A} \cup B$ 和 $\overline{\overline{A} \cup B})$[6.41]

6.8 光场的空间卷积和相关

在动态记录材料中,用两个单色波场的两波或四波混频,可以实现具有经典傅里叶变换光学构造的动态互相关和空间卷积[6.11,6.42]。文献[6.43]报道了光折变材料在双透镜系统公共焦平面上的四波混频对单色场的空间卷积和相关,用于这些实验的四波混频光路如图 6.14 所示。光波场 1 和 4 沿 z 方向传播,光波场 2 沿负 z 方向传播,具有相同频率的这三个光场可以包含任意空间调制,该空间调制对每个光波是不同的。焦平面外的入射场振幅 $u_1(x，y)$、$u_2(x，y)$ 和 $u_4(x，y)$ 通过传播到共焦平面而进行傅里叶变换(FT),傅里叶变换场 $U_1 = FTu_1(x，y)$、$U_2 = FTu_2(x，y)$ 和 $U_4 = FTu_4(x，y)$ 入射到厚度为 d 的动态记录介质上。精确的傅里叶变换仅存在于后焦平面上。因此,存在处理元件的厚度 d 的上限,对于该上限,仍然满足变换,即

$$d < \frac{2f^2 \cdot \lambda}{r_{max}^2} \tag{6.24}$$

其中，r_{max} 是所有空间范围 u_i 中最大的[6.43]。

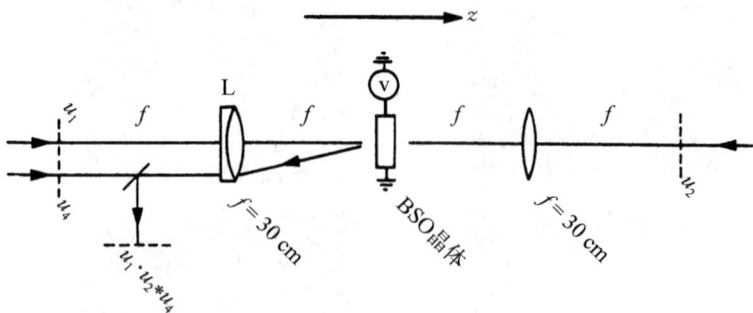

图 6.14　进行卷积和相关的实验光路[6.43]

输入和输出平面用(---)表示

根据卷积定理[6.9]，傅里叶变换结果等于响应因子的卷积，则在位于透镜 L 前方距离为 f 的平面上的反向波 u_3 为

$$u_3(x_0, y_0) = \Psi u_1(-x, -y) \cdot u_2(-x, -y) * u_4(-x, -y) \tag{6.25}$$

式中，Ψ 与材料的非线性极化率和傅里叶变换透镜参数有关，符号"·"和"＊"表示卷积和互相关积[6.45]。

文献[6.43]中，通过模拟第三个输入光束 u_2 或 u_4（参见图 6.15）的 δ 函数，进行了两图像处理。通过在双透镜系统外放置第三个透镜，使其聚焦在第三个输入平面上，并在变换平面上产生准直光束来完成模拟。对于具有实振幅透射率 u_i 的物体，相关和卷积运算仅在自变量 u_i[6.11] 的符号上不同，因此可以通过卷积反转的物体来实现相关，反之亦然。

在 $Bi_{12}SiO_{20}$ 中振幅型物体混合的典型实验结果如图 6.15 所示。前三列给出了输入场 u_1、u_2 和 u_4，第四列给出在输出平面上获得的照片，图 6.15(a)、(b) 和(c)表示相关性，图 6.15(d)表示卷积。文献[6.43]中已经证明，不仅可以处理振幅型物体，也可以处理纯相位型物体。

文献报道了利用可饱和吸收体[6.45]或 $Bi_{12}SiO_{20}$ 晶体[6.46]，通过照相透明胶片的空间调制光束的双波混频实现实时互相关。在经典的双透镜相干光学处理器中，Pichon 和 Huignard 使用很低的光功率（$\lambda = 488\ nm$，$I_0 \approx 200\ \mu W$），并保持

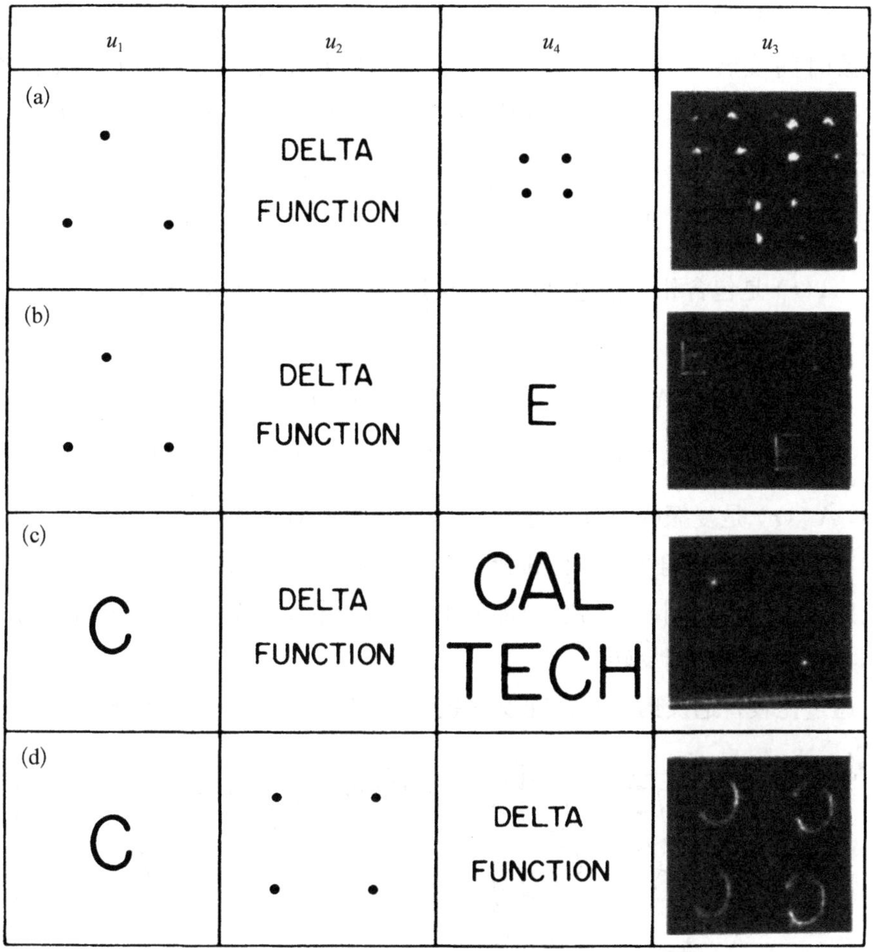

	u_1	u_2	u_4	u_3
(a)		DELTA FUNCTION		
(b)		DELTA FUNCTION	E	
(c)	C	DELTA FUNCTION	CAL TECH	
(d)	C		DELTA FUNCTION	

图 6.15　光折变 $Bi_{12}SiO_{20}$ 中的实时相关和卷积[6.43]

前三列是输入图像 u_1、u_2 和 u_4，最后一列是输出 u_3 的照片

非常低的周期时间来建立或擦除相关峰（$T_0 \approx 25$ ms），同时记录和读出了动态相位体全息图。然而，要了解这种方法在模式识别、光学计算和目标跟踪等应用中对空间带宽引起的限制，还需要做进一步研究。

6.9　相位共轭和时间反转

过去的几年里，在动态记录介质中通过四波混频实现非线性光学相位共轭得到了巨大的发展[6.47-6.54]。人们对激光诱导光栅的这种应用的兴趣主要源自对电磁波时间反转，以及将严重失真的光束恢复到其原始、无畸变状态的演示[6.53-6.54]。为了理解共轭场的性质，考虑一个频率为 ω，在 $+z$ 方向上传播的光波：

$$E_1(r, t) = |A(r)| \cos[\omega t - kz - \phi(r)] = \text{Re}\{A(r)\, e^{i(\omega t - kz)}\} \quad (6.26)$$

其中，$A(r)$ 是包含相位信息 $\phi(r)$ 的复振幅。时间反转波 $E_2(r, t) \equiv E_1(r, -t)$ 由下式给出

$$\begin{aligned} E_2(r, t) &= |A(r)| \cos[-\omega t - kz - \phi(r)] \\ &\equiv |A(r)| \cos[\omega t + kz + \phi(r)] = \text{Re}\{A^*(r)\, e^{i(\omega t + kz)}\} \end{aligned} \quad (6.27)$$

其中，$A^*(r)$ 是复振幅 $A(r)$ 的复共轭，该共轭波对应于沿 $-z$ 方向移动的波，相位 $\phi(r)$ 相对于入射波反向。因此，相位共轭可以看作是一种结合了相位反转的反射，这相当于保持 E 的空间部分不变，并反转 t 的符号；从这个意义上说，相位共轭相当于时间反转。

　　通过比较普通反射镜和共轭反射镜的反射，可以理解相位共轭。如图 6.16

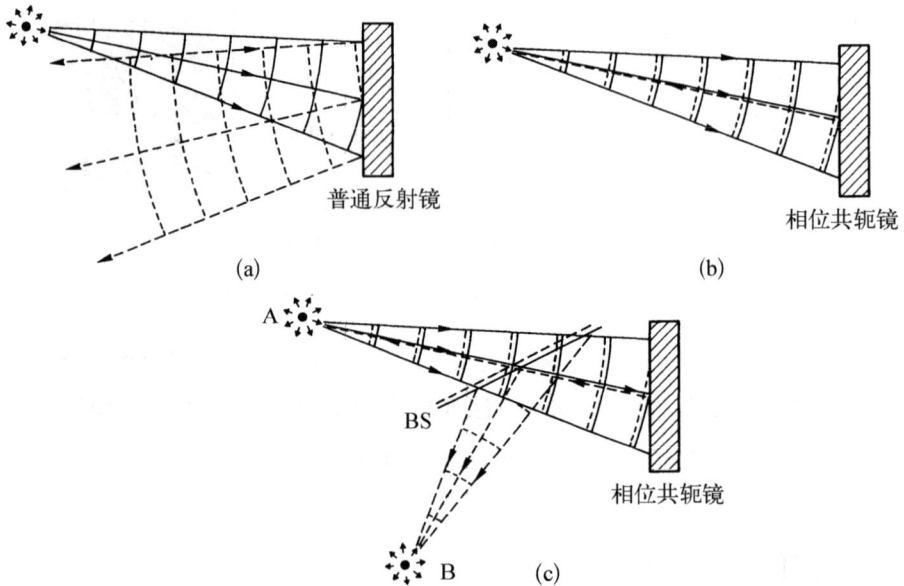

图 6.16　普通反射镜和共轭反射镜的反射比较

（a）普通反射镜；（b）相位共轭镜；（c）相位共轭镜通过分束镜（BS）进行光学成像，该分束镜使物体 A 的相位共轭反射光束转向，从而产生图像 B

176

所示,发散球面波以一定角度 Θ 入射到普通反射镜,以 $-\Theta$ 角离开并继续发散。与之相反,相同的波作为会聚波从共轭镜反射,会聚波将沿着与入射光相同路径重新回到波的起源点。因此,任何三维物体发出的光都会精确地映射到物体上,如果在物体和相位共轭镜之间放置一个半透明镜,物体的一部分可以成像到另一个地方(无透镜成像)。

电磁场传播定律表明相位共轭波沿着入射场的光路返回,特别是,入射波经历畸变介质(非均匀玻璃、湍流大气或液体或不规则光纤等)的任何波前畸变将通过相位共轭镜传输(相位反转)到反射光束,从而在畸变介质中第二次传输后被校正(见图 6.17)。前提是用于产生共轭波的激光诱导光栅的记录时间足够短,并且相位干扰在光波从干扰到相位共轭镜再返回的传播时间内保持不变,相位共轭镜可以补偿任何时间变化的干扰。

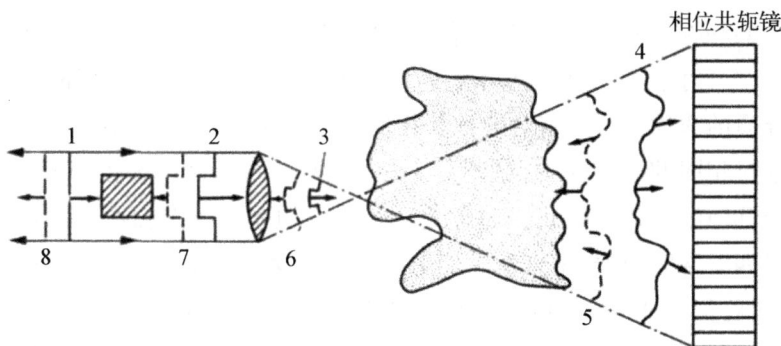

图 6.17　通过光学相位共轭补偿光学元件和像差引起的波前畸变

从左侧(实线)(1)入射的单色平面波在经过棱镜(2)、透镜(3)和折射率不均匀的区域 $n(r)$(4)时发生畸变(2~4),由此产生的畸变波前通过相位共轭镜进行共轭(时间反转),重新穿过与原始平面波前(5~8)相同的光学元件后被校正

为了说明反向传播的共轭波是波动方程的一个有效解,可以开展下面的讨论。为简单起见,假设由式(6.26)给出探测场的单个偏振分量。在折射率为 $n(r)$ 的介质中传播的信号波 $E_1(r, t)$ 的振幅是标量波动方程的解:

$$\mathbf{\nabla}^2 E_1 - \frac{n^2(r)}{c^2}\frac{\partial^2 E_1}{\partial t^2} = 0 \tag{6.28}$$

其中,c 是真空中的光速。

将式(6.26)代入式(6.28)并使用慢变包络近似:

$$| k^2 E_1 | \gg \left| k \frac{\partial E_1}{\partial z} \right| \gg \left| \frac{\partial^2 E_1}{\partial t^2} \right| \tag{6.29}$$

可得

$$\nabla^2 A + \left[\frac{\omega^2}{c^2} n^2(r) - k^2 \right] A - 2ik \frac{\partial A}{\partial z} = 0 \tag{6.30}$$

假设 $n(r)$ 是实数(没有吸收!),得到式(6.30)的共轭复数:

$$\nabla^2 A^* + \left[\frac{\omega^2}{c^2} n^2(r) - k^2 \right] A^* + 2ik \frac{\partial A^*}{\partial z} = 0 \tag{6.31}$$

它被认为是描述 A^* 在 $-z$ 方向传播的波动方程,故 $E_1(r, t)$ 的共轭波 $E_2(r, t)$ 满足波动方程,因此描述了在空间中的每个点上具有与 $E_1(r, t)$ 相同的等相面,并沿与入射波 $E_1(r, t)$ 相反方向的场的传播。如果假设相位共轭镜位于 $z = z_0$ 的平面,那么上述讨论适用于 $z \leqslant z_0$ 的所有情况。

相位共轭在自适应光学中的应用,其中畸变波前应恢复到初始状态,如图 6.17 所示。入射平面波前通过均匀光学元件发生变化,再通过另外一个存在相位畸变介质的非均匀空间将会导致等相面畸变。在与相位共轭镜相互作用并随后反向通过相同的畸变介质和光学元件后,恢复到初始平面等相位面。

相位共轭波是通过光波在动态记录介质中的非线性混频产生的,一种可行的方案是四波混频,它与全息术中使用的记录方案(见图 6.1)非常一致。在 6.1 节中,通过将信号波 A_O 与两个反平行泵浦波 A_R 和 A_{R1}(见图 6.1)共轭混频(简并四波混频)产生共轭波 A_O^*。因此,具有折射率或吸收常数的光诱导变化的任何动态记录介质都可以用作这种方法中的相位共轭镜。

6.10 相位共轭的应用

本节将讨论光学相位共轭的两个应用:无透镜成像和聚焦,以及通过畸变介质的相位畸变光波的实时补偿,这两种应用的特点都利用了相位共轭波精确地沿着原始波的光路返回的事实。

6.10.1 无透镜成像和聚焦

无透镜成像和聚焦的原理已经在 6.9 节和图 6.16 中描述,因为相位共轭波精确地沿着原始波的光路返回,所以每个像点都精确地映射(无失真)到原点(如果在光路中插入了透明的分束镜,则映射到其他位置)。以光折变 LiNbO$_3$[6.55] 或红宝石[6.56]为相位共轭材料的光刻技术已经证明了无透镜成像。在使用 LiNbO$_3$ 晶体的实验中,使用如图 6.18 所示的装置。用泵浦光波和 $\lambda = 413$ nm(Kr$^+$ 激光器)信号光照射光折变晶体,该信号波源于电子束光刻沉积在平坦玻璃基板上的 400 Å 不透明铬膜上绘制的照明鉴别率板图案。从分束立方体部分反射的物波与光折变晶体中的泵浦光束混频,在光折变晶体中产生相位共轭波。然后,后向反射的共轭波在光刻胶涂覆的基底的表面上形成图像。对于文献[6.55]中报道的实验,数值孔径(N.A.)为 0.48,这意味着分辨率极限[6.57]为

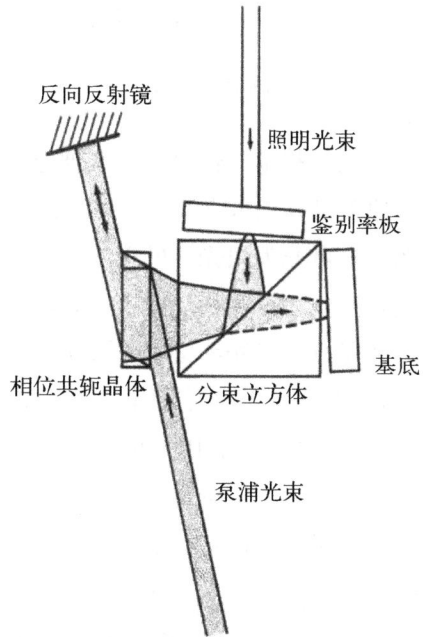

图 6.18　光刻中相位共轭的实验装置[6.55]

$$\Lambda \approx \frac{2}{\pi} \frac{\lambda}{\text{N.A.}} = 0.58 \ \mu m$$

5 μm

图 6.19　条纹宽度为 0.75 μm 和间距为 0.5 μm 的显影图[6.55]

证明了相位共轭无透镜成像实现亚微米光刻

焦深为 0.47 μm。后一种准直是从掩膜和衬底反射的白光通过迈克尔逊干涉法实现的[6.55]。数值孔径的理论极限为 0.65,与传统投影系统相比非常高。图 6.19 显示了显影基板的扫描电子显微照片,说明了通过相位共轭的无透镜成像可以实现亚微米分辨率。由于大多数光学像差在投影过程中使用相位共轭进行校正,并且共轭器中的所有表面都可以是平面,故文献[6.55]描述的系统在大的可用视场上实现了全分辨。文献[6.55]中报道的实验的主要技术困难是投影图像的低亮度,这是由于早期实验中使用的相位共轭材料(LiNbO$_3$)的反射率小。使用高反射率光折变材料 BaTiO$_3$:$R = 10\ 000\%$[6.58],Ba$_x$Sr$_{1-x}$Nb$_2$O$_6$:

$R>100\%^{[6.59]}$，$KNbO_3$：$R>25\%^{[6.60]}$可以解决这个问题。

6.10.2 自适应光学

光学相位共轭也可用于通过相位畸变介质进行功率和图像传输。波前校正的原理已在 6.9 节中阐述。自适应光学中应用动态记录介质的相位共轭第一个例子来自非理想光纤的图像传输[6.61]。沿光纤传输图像并在另一端恢复图像的问题源自光纤中的模式色散，这会导致空间信息混乱而严重降低图像质量。将图像通过一段光纤发送到共轭器中，并最终通过与第一根光纤相同的另一根光纤，共轭器位于路径的中点，这样可以抵消模式色散的影响并恢复原始图像。Alley 和 Dunning 用光折变 $BaTiO_3$ 晶体作为相位共轭镜，用连续氩离子激光器作为光源证明了这种效果[6.62]。

使用激光诱导光栅的自适应光学潜在应用的另一个例子是将高功率激光系统衍射极限的辐照聚焦在一个指定的靶点。

图 6.20 给出了用于激光聚变的传统高功率激光放大器系统与采用相位共轭镜系统的比较[6.73]。传统激光系统[见图 6.20(a)]使用一长串的激光放大器，可能会在到达聚焦靶点的光束中不断引入畸变。在相位共轭激光系统[见图 6.20(b)]中，一个空间宽的低强度激光照亮靶丸，该照明光的一小部分从聚变靶

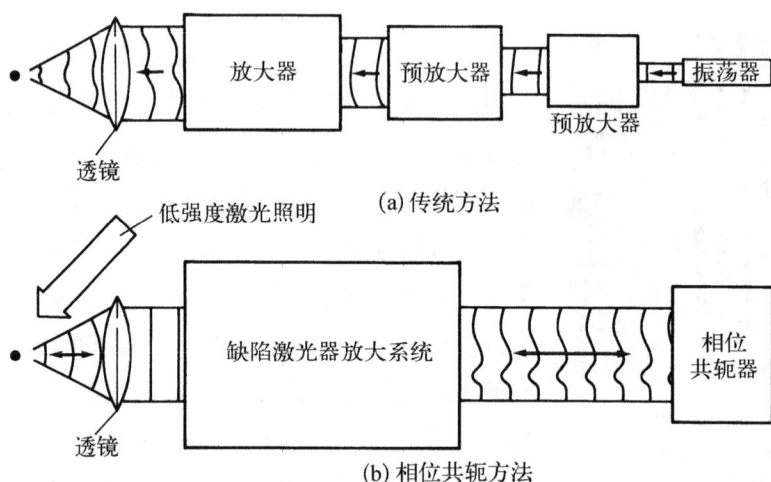

图 6.20 用于激光聚变的传统高功率激光放大器系统与采用相位共轭镜系统的比较[6.73]

(a) 用于激光聚变的传统激光系统；(b) 光学相位共轭应用于激光聚变的高功率激光系统；来自靶点的散射光由激光系统放大，相位共轭，无像差聚焦，并放大到靶点

反射到聚焦光学元件的立体角并被放大,经相位共轭反射和在返回时进一步放大。由于相位共轭光束精确地沿原路径返回,放大后的光束会自动聚焦到聚变靶。此外,由于复杂的放大系统对光束产生的任何相位畸变也将在返回的路径上进行补偿。

相位共轭镜的使用不仅可以补偿这种相位畸变,而且基本上可以充当实时指示器和跟踪器去跟踪目标(当然,这取决于往返光传播时间内的目标位移)。其结果是,即使在动态条件下,靶点上也能保持衍射极限焦斑。

6.11　自泵浦相位共轭镜

激光诱导光栅的光波相位共轭通常采用四波混频(见 6.9 节)或受激光散射[6.49-6.50]实现。因为相位共轭波是由入射物波与声学声子或液体池中的密度波动相互作用产生的,导致受激布里渊或瑞利散射,参见 1.2.2 节,故受激散射技术的实验装置比较简单[见图 6.21(a)]。由于该过程的非线性很小,因此只有在高入射功率下才能获得高强度的相位共轭波,即需要脉冲激光源。然而,传统的四波混频方案[见图 6.21(b)]也可以通过使用特殊的记录方法来简化[见图 6.21(c)、(d)、(e)和(f)],即使在低连续激光功率下,例如在光折变光栅中,这些方案也可以产生高的相位共轭反射率。

Jensen 和 Hellwarth[6.66]已经证明,如果四波混频发生在光波导或光纤中,

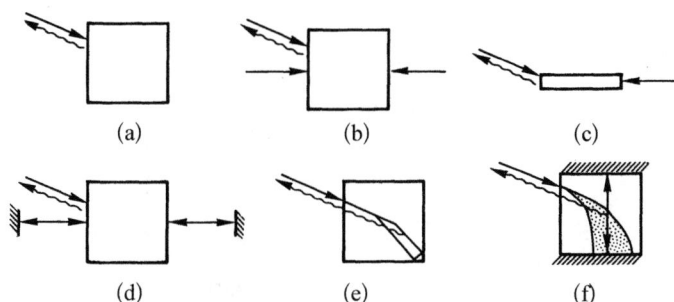

图 6.21　光学相位共轭的图示概述(相位共轭输出由波形箭头表示)[6.64-6.65]

(a)受激散射;(b)传统的四波混频(FWM);(c)只用一个泵浦光在光纤中的 FWM;(d)用两个外反射镜的自泵浦 FWM;(e)使用内部反射的自泵浦 FWM;(f)从侧端面反射的自泵浦 FWM

则只需要一个泵浦光束,因为这样入射波也可以用作第二个泵浦光束。

White 等[6.67]已经证明,如果在一对准直的反射镜间放置光折变 BaTiO$_3$ 晶体,如图 6.21(d)所示,形成一谐振腔,使用四波混频的相位共轭器可以自泵浦。两个泵浦光束都是由入射波与散射光沿反射镜传播的两波混频而产生的。Cronin Golomb 等[6.68]证明,如果相位共轭器是从弱光束开始,则可以去掉其中一个反射镜,相位共轭器仍然工作。

研究人员用 BaTiO$_3$ 晶体证明了两种无需外反射镜且均为自启动的自泵浦相位共轭器装置[见图 6.21(e)和(f)][6.64,6.69]。泵浦光由入射波自生成,并在晶面处被内部反射,由于泵浦光不会离开晶体,因此该结构紧凑,对振动相对不敏感,并且完全自准直。通过将复杂的图像聚焦到晶体中,并观察到即使图像的输入和输出光束穿过严重的相位畸变器也能忠实地再现,证明了以上装置的相位共轭质量。

图 6.22 给出使用一个晶体边缘作为内反射的自泵浦相位共轭的显微照片。

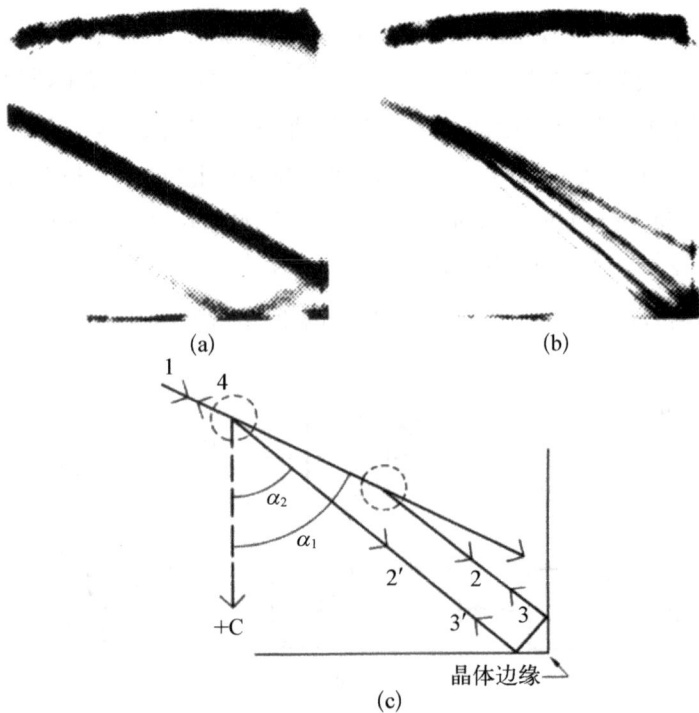

图 6.22 通过光折变效应和从晶体角反射的光束弯曲实现自泵浦相位共轭[6.69]

(a) 在光折变光栅建立之前,通过 BaTiO$_3$ 晶体的入射光束;(b) 光折变光栅建立后,从晶体角的光束弯曲和反射;(c) 图(b)的四波混频装置示意图

非寻常偏振光束(e 光)从左侧进入晶体,在由入射光束和晶体的 c 轴形成的平面中遭受不对称自散焦(见图 6.22),产生一个扇形光束,照亮晶体的一个边缘[6.65,6.70]。该边缘可以充当二维角立方体反射器,通过两次内反射,将扇形光束引导回入射光束。图 6.22(b)显示,扇形光束实际上塌缩成至少两条窄光束。可以推断,每个光束由一对反向传播光束组成,因此晶体中有两个反向传播光环,如图 6.22(c)所示,每对反向传播光束通过光折变效应与入射光束 1 混频形成相位共轭信号光束 4,相位共轭光束正好沿着入射光束的方向返回离开晶体,在这种方案中,测试的相位共轭反射率高达 72%[6.64]。

另一种完全独立的自泵浦相位共轭装置[6.64]如图 6.23 所示。通过 a 面入射的物光呈扇形到覆盖反射层的 b 面,反射衍射波后入射到同样涂反射层的 c 面。反射镜 b 和 c 之间的每对反向传播光束通过光折变效应与入射光束混频形成相位共轭光束,该相位共轭光束沿着入射光束的方向返回离开晶体。根据晶体相对于入射光束方向的取向,相位共轭光束可以具有稳定的反射率,但它也可以自脉动或以混沌方式振荡[6.64]。

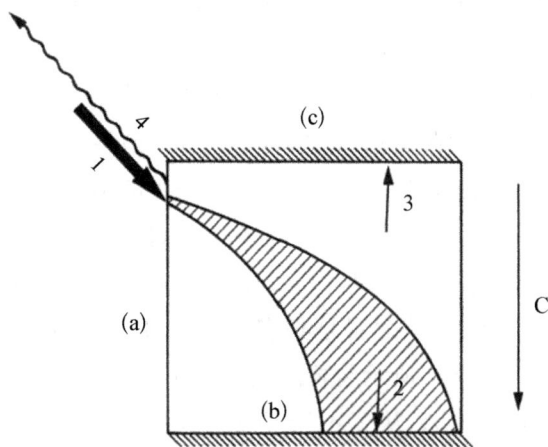

图 6.23 通过光折变效应和一对镀膜的晶体表面的反射实现光束扇形自泵浦相位共轭[6.64]

6.12 带相位共轭镜的光学谐振腔

利用激光诱导光栅进行光学相位共轭的一个有意义的应用是使用相位共轭

镜作为光学谐振腔中的一个元件。传统反射镜的一个或两个可以由相位共轭镜代替,多篇文献[6.47,6.67 - 6.68,6.71 - 6.72]已报道了这种装置的性能。这种谐振腔允许实时校正因激光棒中的缺陷、气体或液体增益介质中的湍流、有缺陷的光学元件、热效应和非线性效应而引起的畸变,这些畸变会严重限制常用的标准镜谐振腔的性能,这些畸变在高功率激光系统中可能会非常严重。

基于简并四波混频的相位共轭镜通常需要两个额外的参考光束,这可能会使具有相位共轭镜的谐振腔结构复杂化。在 6.11 节中给出了存在通过共轭波的自衍射一部分以及通过采用入射光束与自衍射和反向反射自衍射光束的四波混频来实现自泵浦相位共轭镜的机制。在 6.11 节已经阐明,光折变介质中,相位共轭波可以在独立的立方体晶体中有效地产生。图 6.24 给出使用光折变晶体的不同谐振腔排布。

Feinberg[6.58]设计了如图 6.24(b)所示相位共轭谐振腔。它使用一块 $BaTiO_3$ 晶体作为相位共轭镜,用一块普通的镀银金属镜作为第二个谐振镜,在 $BaTiO_3$ 晶体中形成光栅所需的几十秒之后产生谐振腔。

泵浦光束可以通过光折变晶体中的光学双波相互作用自行产生[6.67-6.68]。在图 6.24(c)和(d)所示的系统中,具有相位共轭谐振腔的激光不是自启动的,激光最初是在反射镜 M_1 和分束镜 BS 之间 488 nm 的氩的高增益线上产生的。通过分束镜传输的光泵浦放置在图 6.24(d)的 M_3 - M_4 谐振腔或半谐振腔 C - M_3 的晶体 C 上。通过双波混频(见 4.5 节和 6.6 节)获得的增益会在谐振器 C - M_3 或 M_3 - M_4 中产生振荡。反射镜 M_2 用于实验中间过程,在产生振荡后,分束镜和后反射镜 M_2 可以移走[见图 6.24(e)]。由于荧光的相干性不足以在晶体中形成光栅,因此以上给出的启动配置是必需的。通过将蚀刻玻璃板(P)插入通常的激光腔,证实了图 6.24(d)所示装置的畸变校正能力,畸变破坏了光束模式,并在 38 A 管电流下将输出功率从 2 W 降至 1 mW[6.67]。使用相位共轭镜,恢复了模态,输出功率提高到 500 mW。

研究人员已经研制出了如图 6.24(e)和(f)所示的其他自泵浦和自启动的谐振腔配置方案。图 6.24(f)所示的方法使用了自泵浦相位共轭镜(见 6.11 节),无需额外的反射镜产生参考光束[6.69,6.74]。另一个方案使用了自泵浦 $LiNbO_3$ 晶体作为铜蒸气激光器的端镜,来自激光器的自发辐射足以启动运行[6.75]。

利用自泵浦相位共轭镜组成的激光谐振腔的一个特点是在相位共轭镜和普通反射镜之间传播的光波的累积相移始终为零。因此,长度为 L 的相位共轭谐

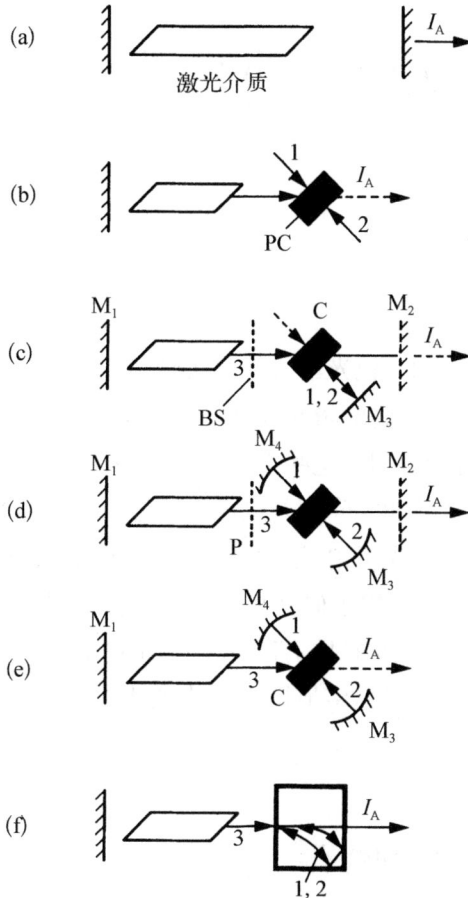

图 6.24　光学谐振器

(a) 普通双镜系统；(b) 具有一个相位共轭反射镜和一个普通反射镜的系统，相位共轭镜由两个反平行的泵浦光束从外部泵浦；(c)(d) 无自启动自泵浦相位共轭谐振器；(e) 使用双波混频自启动自泵浦相位共轭谐振器；(f) 利用光束弯曲自启动的自泵浦相位共轭谐振器

振腔可以维持与共轭镜本身和增益介质的带宽一致的任何波长。与普通谐振腔相比，在特定激光波长下的振荡不会受到腔长任何变化的干扰；当腔长变化时谐振腔的光谱输出将表现出模式跳变和频率漂移。

第7章
激光装置和实验中的光栅

本章讨论与激光器和其他光学器件及实验相关的动态光栅效应。在激光器的反射镜之间会形成驻波，光能量密度在空间上被调制，并且受激辐射对激光上能级的粒子数产生光栅状调制，这些空间孔以各种方式影响激光器性能，如 7.1 节所述。激光器光学特性的空间调制也可以通过外部手段产生，例如光泵浦，并作为分布式反馈来代替激光反射镜（见 7.2 节）。动态光栅用于偏转、调制和滤波光束（见 7.3～7.5 节），并用于研究相干特性（见 7.6 节）。超短光脉冲取样实验中的相干耦合伪影或相干峰（见 7.7 节）是激光技术中出现动态光栅的另一个例子。预计动态光栅将越来越多地用于未来的光子系统和量子电子学，从而扩展以下所述的应用范围。

7.1　激光器中的空间烧孔

在激光器工作期间，由于激光束在平行反射镜之间的多次反射，腔体中会形成驻波。驻波节点处的光能量密度较小，而波腹处的密度最大，如图 7.1 所示。激光上能级中的粒子数 N_2 优先在光波波腹处被受激发射耗尽，N_2 的空间不均匀损耗称为空间烧孔，N_2 的最小值称为空间孔。

产生激光的光学增益既取决于激光上能级的粒子数 N_2，也取决于激光下能级的粒子数 N_1。由于激光上能级的光学跃迁，N_1 也受到空间调制。为了描述 N_1 和 N_2 这两个能级粒子数间的影响，通常使用粒子数反转 N_2-N_1，烧孔也会在反转中产生空间孔。

图 7.1 显示了具有两个反射镜 M_1、M_2 激光腔内单纵模振荡的场强和空间孔的分布。如果存在多个纵模，情况会变得更加复杂，如图 7.2 所示。每种模式

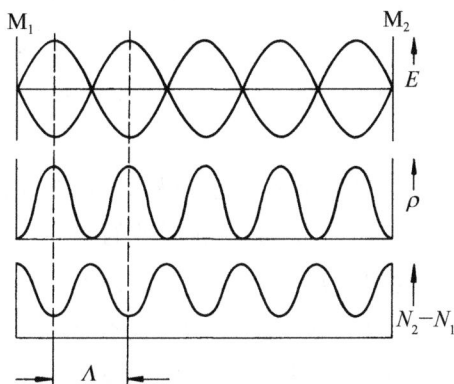

图 7.1　具有反射镜 M_1、M_2 的激光腔内的粒子数反转(N_2-N_1)、能量密度 ρ 和场强 E 的分布

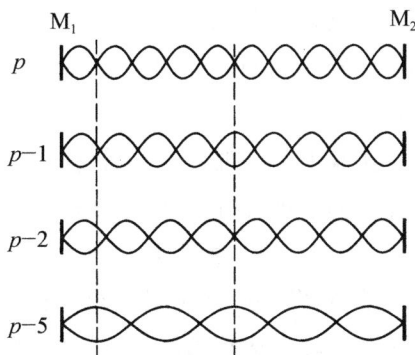

图 7.2　在不同最大值 p，$p-1$…数值下沿激光轴的纵模场强分布

都有不同的场强分布。不同模式的节点通常不重合,因此在多模激光运行时,每个模式产生不同的重叠孔空间分布。

空间烧孔通过以下方式影响激光器工作。首先,空间不均匀反转导致不同模式的总光学增益不同[7.1-7.5]。在空间均匀反转的情况下,如果忽略增益的频率依赖性,则所有纵模的增益都是相等的。其次,空间孔产生光栅,并将光波衍射到与入射传输方向反向平行的方向[7.6-7.10],衍射波与腔中反向传播的光波干涉。通常在一级近似中假定,如果空间烧孔产生振幅型光栅,则这种干涉是相消的。相消干涉对应于激光模式的额外损耗,或者可以被认为是导致增益饱和的机理。在环形激光器中,由于衍射作用,空间孔光栅耦合了反向行进的波。由于衍射波与另一个入射波不同步,模式往往相互抑制,从而可能产生双稳态单向环形激光[7.6]。

对于红宝石激光器首先考虑空间烧孔[7.1],以解释脉冲红宝石激光器和其他固态激光器(如钕激光器)的多纵模运行和输出功率的统计时间尖峰特性。

红宝石激光发射线均匀加宽,这意味着单色光与基态或激发态的所有原子相互作用,从而导致吸收或放大跃迁。相反,当可以将不同的原子群分配给谱线加宽内的跃迁频率时,谱线会不均匀地加宽。例如,在具有多普勒加宽的气体中,不同的跃迁频率对应于具有不同热速度的原子。中心频率的跃迁是由于原子在吸收或发射光波的传播方向上具有零速度分量。

在具有非均匀加宽跃迁的激光器中,就像气体激光器一样,通常会有几个纵模振荡,因为每个纵模的频率略有不同,并由此导致其自身的反转原子储备。在均匀加宽的激光器中,中心模式增益最大,首先达到阈值,然后耗尽全部反转粒子,使得其他模式永远不会达到阈值,因此,激光器应在单一纵模下工作。

实验上已经观察到,尽管存在均匀的谱线加宽,固体激光器仍以大量的纵模工作。为了进行解释,应考虑达到阈值第一种模产生的粒子数反转的空间分布(见图 7.1)。第一种模以空间不均匀的形式耗尽了反转粒子。第二种模具有不同的能量密度分布(见图 7.2),因此,如果泵浦功率足够高,可能会找到有足够的粒子数反转并达到阈值。以类似的方式,其他模也可能开始振荡,多模振荡会导致脉冲的不规则尖峰。如果开启激光器,模振幅的弛豫振荡就会发生,直到达到稳定状态。由于激光与腔内原子的非线性相互作用,弛豫振荡是非正弦的,但呈现出相当尖锐的尖峰。单模工作会产生规则的尖峰,对应于不同模的尖峰具有不同的重复周期并且是强耦合的。除了纵模,还必须考虑横模,模式尖峰序列的总和导致激光输出的不规则时间调制。

许多作者在考虑空间烧孔时,研究了固体激光器(如红宝石激光器和钕激光器)的光谱输出和尖峰特性[7.1-7.6],他们的理论解释与实验结果在定性上一致。如之前的 1.2.1 节,通过氩激光束的布拉格衍射对红宝石激光器中空间烧孔进行了直接实验证明。

在气体激光器中,空间烧孔通常是不重要的,因为反转光栅会被气体原子或分子的快速热运动冲走。

在半导体(如 AlGaAs、InGaAsP)激光器中,纵模的空间烧孔尚未引起太多关注[7.4,7.11],快速载流子扩散似乎可以防止纵模形成反转光栅[7.4]。这种光栅的周期只有 $\Lambda = \lambda/2n \approx 100, \cdots, 200$ nm,如果假设扩散常数 $D_a \approx 10$ cm^2/s,则扩散光栅衰减时间为 $\tau_D = \Lambda^2/4\pi^2 D_a \approx 10^{-12}$ s(见 5.5 节)。由于激光线的均匀加宽和可忽略的空间烧孔,横模稳定的 InGaAsP 激光器基本在单纵模下工作[7.13]。

横模也会在垂直于激光轴的方向上不均匀地耗尽反转粒子数。与纵模的烧孔相反,反转粒子数的分布不是空间周期性的,而是反映了横模结构,例如基模的高斯分布。这种分布的尺寸通常为几个 μm 数量级,因此扩散不那么重要,半导体激光器中的横向烧孔会影响横模结构[7.12-7.13]。

连续染料激光器中,空间烧孔导致了与固体激光器类似的多纵模运行。如在 1.2.1 节所述,单向行波环形激光器可避免空间烧孔,并实现高功率单模运行。然而,出于这个目的,也可以使用具有滤波器和其他模式选择器的线性腔。这些系统的低插入损耗是必要的,并且可以通过三镜反射器[7.14-7.15],或迈克尔逊选择器[7.16-7.17]来实现。

在产生飞秒脉冲的锁模染料激光器中,空间烧孔似乎在耦合腔内传播的脉冲和确定最终脉冲宽度方面起着重要作用[7.18-7.19]。

与空间烧孔密切相关的是激光腔内可饱和吸收体中产生振幅型和相位型的光栅,这些光栅会严重影响被动调 Q 和锁模激光器的性能[7.20]。实验显示,在缺乏可饱和染料的情况下,纯有机溶剂本身可以部分地调 Q 红宝石激光器和钕激光器[7.21]。在激光脉冲演化过程中,通过腔内驻波的作用在液体中形成周期性折射率调制,从而由液体反射率的增强实现调 Q。折射率周期性充当反射器,提供腔 Q 因子的动态增加。通过单光子或双光子吸收产生的光克尔效应(见 3.9 节)和热效应(见 3.7 节)被认为是所用液体,如氯萘、甲醇、丙酮和水中产生折射率变化的机制。

7.2 分布反馈激光器

分布反馈激光器通常由激活介质和介质镜组成,介质镜由一系列具有高折射率和低折射率的薄膜交替构成,折射率谐波分布(周期 Λ)的体光栅也可用作反射镜。如果满足布拉格条件[见式(4.27)],则在平均折射率为 n 的介质中传播的真空波长为 λ 的光被反射。对于垂直于光栅平面入射的光束,这个条件可写成 $\lambda/2n = \Lambda$。

Kogelnik 和 Shank[7.22]已经证明,激光激活材料中的周期性结构可以同时用于辐射的限制和放大。激光反射镜提供的反馈通常分布在整个激光器中,分布反馈越来越多地用于注入和染料激光器中。例如,通常使用刻蚀等方法产生永久周期性结构。

也可以使用瞬态光栅进行反馈。它们是由两束激光干涉产生的,并且具有通过改变光栅周期可调谐的优点。第一台该类型的激光器使用了溶解在酒精混合物中的罗丹明 6G[7.23]。光栅是用倍频的红宝石激光器写入的,该激光器同时泵浦染料,通过改变干涉泵浦光束之间的角度,激光器可以从 572 nm 调谐到 536 nm。

在高泵浦功率下,可能有高阶布拉格反射,从而产生广义谐振条件为[7.24]$\lambda^{(m)}/2n = \Lambda/m$($m = 1, 2, 3, \cdots$),在薄膜[7.25]和其他掺杂激光染料的固体材料[7.34]中也构建了瞬态分布反馈激光器。

据报道,罗丹明6G溶液中的分布反馈不仅可以通过周期性泵浦获得,还可以通过均匀泵浦获得。放大的光束从一个镜面反射,并与入射光束干涉形成光栅[7.27],在后来使用不同染料溶液的研究中,分布反馈激光器的波长范围为400～900 nm[7.26,7.28-7.32]。

粒子数密度和温度光栅被认为是反馈的机理[7.31],这些光栅被称为振幅型光栅和相位型光栅,尽管粒子数密度的变化不仅会导致吸收变化,还会导致波长相关的折射率变化,如3.4节所述。文献[7.33]对折射率和增益光栅模型下的激光性能进行了广泛的理论讨论。

分布反馈染料激光器(DFDL)的泵浦采用氮和准分子激光器或倍频或三倍频红宝石和钕离子激光器。激励脉冲宽度通常为1～10 ns。DFDL辐射是由弛豫振荡产生的一系列皮秒脉冲序列组成的[7.35-7.36]。其理论描述[7.37-7.38]是基于激发态粒子数和DFDL光子密度的速率方程组。类似的描述被用来解释固体激光器的尖峰特性。如果泵浦能量在阈值的1～1.2倍范围内,则产生单脉冲。然而,即使当泵浦能量远高于阈值时,脉冲序列的第一个脉冲也可以通过猝灭进一步的激光发射而被分离出来,为此目的使用了额外的淬灭激光器,简化方法似乎可行[7.40]。采用氮气激光器2.5 ns长的泵浦脉冲作为泵浦光束可以在380 nm处实现17 ps的DFDL脉冲宽度。

与其他染料激光器相比,DFDL的优点是简单、可靠和易于通过改变激发光束之间的角度来实现调谐。由于这些优点,DFDL在实践中可能是有用的,特别是对于皮秒脉冲的产生。

7.3 光偏转和调制

激光诱导动态光栅可用于偏转或调制其他光波。光-光偏转器或调制器的工作方式与众所周知的声光器件类似,其中光衍射发生于由行进声波引入声光材料的周期性折射率调制[7.41],此类设备的速度受到声速的限制。用激光诱导瞬态光栅代替声波以获得更快的响应时间似乎是更直接的方法。此类设备的另一个优点是不需要电驱动换能器,因此在全光系统中的应用似乎是可行的,例如光纤通信系统中的开关。

用于离散角度的光-光偏转装置可以通过本章讨论的简单瞬态光栅方法来实现。连续光扫描的问题已在[7.42-7.43]中进行了讨论。波长可调谐激光器可以实现连续偏转,产生具有变化周期 Λ 的光栅,从而产生不同的衍射角,通过改变半导体激光器的驱动电流可以容易地实现波长调制。

图 7.3 显示,由式(2.46)给出的布拉格衍射角的微小偏差 $\Delta\theta$ 可导致衍射效率的大幅变化。对于连续扫描,这意味着光栅必须与波长扫描一起倾斜,使得光栅平面始终平行于入射光束和衍射光束的平分线,这可以通过由静态衍射光栅和透镜组成的被动光学装置来实现(见图 7.4 和图 7.5)。

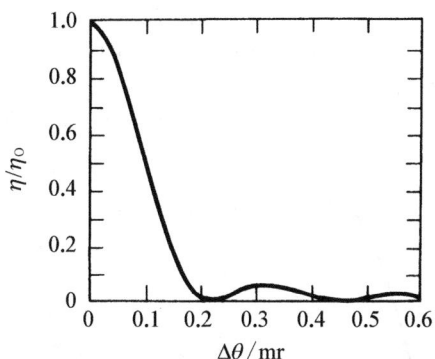

图 7.3 LiNbO$_3$ 中 1 cm 厚激光诱导光栅的衍射效率与角变化关系[7.42]

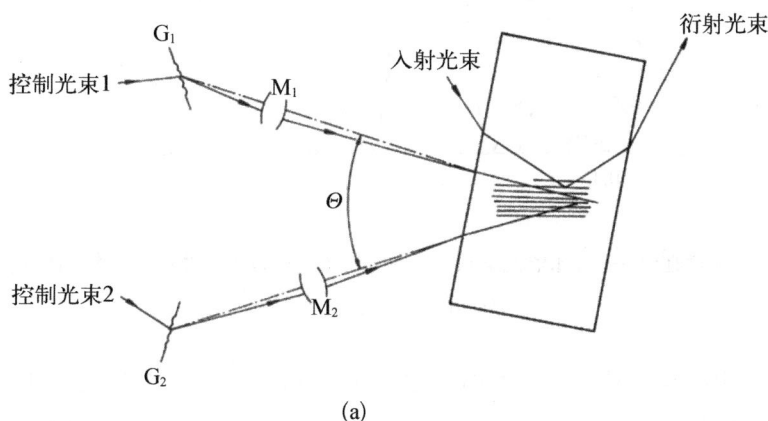

(a)

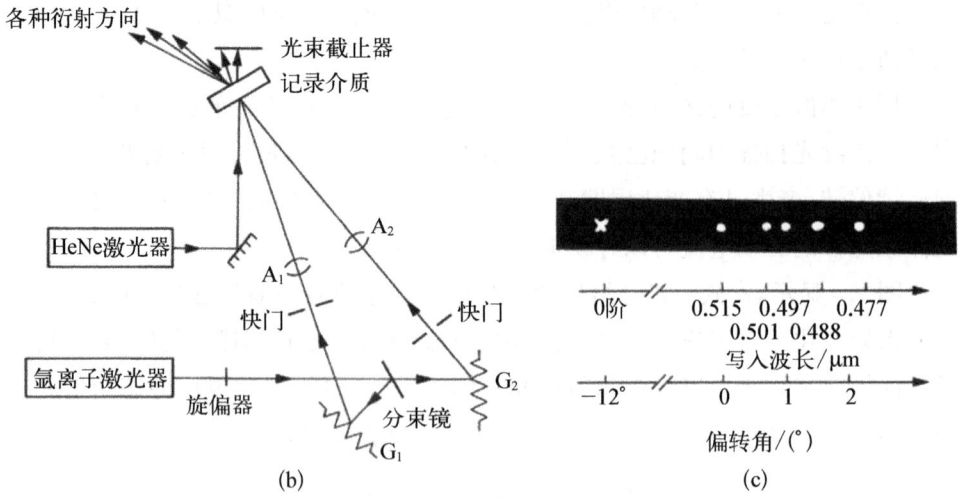

图 7.4 氦氖激光束向不同方向的光学偏转[7.42]

光栅由氩离子激光器在不同波长写入；(a) 相互作用区域的放大图，条纹倾斜是通过控制光束在光栅 G_1、G_2 处的频率相关衍射实现；(b) 实验排布；(c) 通过不同写入波长获得的偏转角

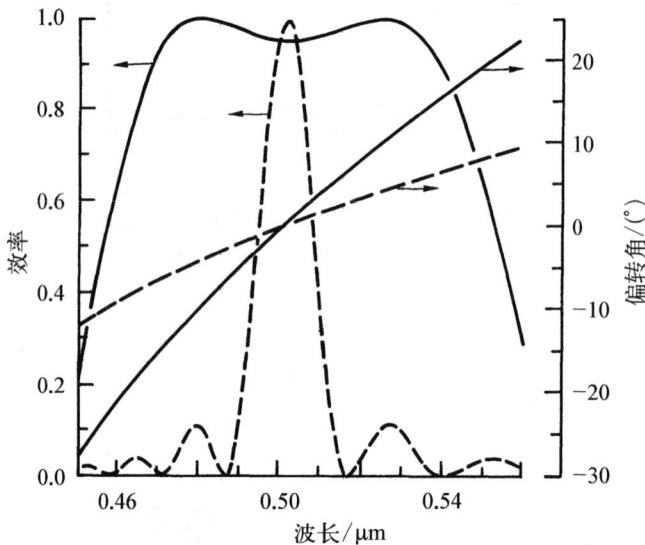

图 7.5 条纹倾斜(——)和静态条纹(----)光偏转器的衍射效率和偏转角比较[7.42]

偏转角随写入波长单调增加

通过使用 477~514 nm 的固定氩离子激光线将光折变光栅写入 $LiNbO_3$ 和 $Bi_{12}SiO_{20}$ 晶体中[7.42-7.43]，已经通过实验证明了光-光偏转。研究表明，He－Ne

激光器在 633 nm 处在高达 30°的偏离角上具有恒定的衍射效率。

在改变两个写入光束波长时,为了实现周期 Λ 和光栅方向的同时改变,Sincerbox 和 Roosen[7.42]提出了一种在宽角度偏转范围内实时操作的一种被动技术。如图 7.4 所示,入射光束通过分束镜被分为两个相同的写入光束,每个光束都入射到色散介质上,在这种情况下是衍射光栅 G_1 和 G_2。改变入射光束的波长会引起衍射光束的方向发生变化,从而导致入射到记录介质上的光束方向改变。使用具有不同空间频率的光栅,每个光束的变化是不同的,从而使得干涉光栅的间距和方向同时改变。由此产生的高效率偏转角度范围的增加如图 7.5 所示。

7.3.1 非线性光栅的偏转

Petrov 等[7.45-7.46]以及 Huignard 和 Ledu[7.44]提出了一种方法,通过与记录波长不同的波长读取激光诱导光栅来使激光束发生衍射。该方法基于双折射晶体中的各向异性衍射[7.45],或基于两个具有不同空间频率 q_1 和 q_2 的光栅的非线性混频[7.44]。

在文献[7.44]中提出的方法中,通过适当选择波长为 λ_1 和 λ_2 的共线光束来产生两个光栅 q_1 和 q_2,在 λ_R 读出,写入光束(λ_1、λ_2)和重构光束(λ_R)要精确共线。

如图 7.6 所示,用两个共线强度光栅矢量 q_1 和 q_2 曝光感光材料,通过非线性混频生成折射率光栅矢量 $q_{NL} = m q_1 + n q_2$。 如果满足式(7.1)则满足共线读出波长 λ_R 的布拉格条件:

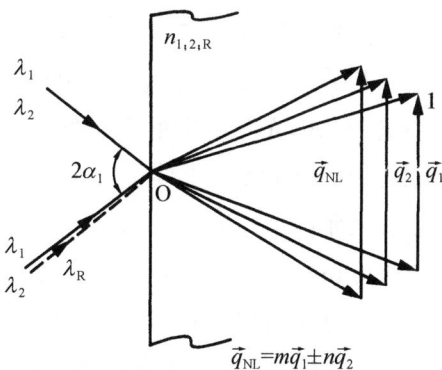

图 7.6 共线布拉格衍射的波矢量说明图[7.44]
光栅波矢 q_{NL} 是由光栅波矢 q_1 和 q_2 的非线性混频产生

$$\frac{1}{\lambda_R} = \frac{m}{\lambda_1} \pm \frac{n}{\lambda_2}, \quad m, n = 1, 2, 3, \cdots \tag{7.1}$$

文献[7.44]所述实验,使用光折变晶体 $Bi_{12}SiO_{20}$ 的波矢 q_1 和 q_2 的非线性混频源自光诱导折射率变化的非线性公式,见式(3.85):

$$\Delta n(x) = \frac{A}{1 + m_1(\cos q_1 x + \cos q_2 x)} \tag{7.2}$$

其中，

$$A = \frac{n^3}{2} r E_0 (1 - m_1^2)^{1/2}$$

把这个关系式展开成一个傅里叶级数：

$$\Delta n(x) = \sum_{n=0}^{\infty} \sum_{m=0}^{\infty} \alpha_{mn} [\cos(mq_1 + nq_2)x + \cos(mq_2 - nq_1)x] \qquad (7.3)$$

其中，$\alpha_{m,n}$ 为非线性光栅分量的振幅。

式(7.1)描述了由 λ_1 和 λ_2 产生的光致非线性光栅的匹配条件，对于读出波长 λ_R，可以通过不同的 (m, n) 集合来满足。

对于 $n = 0$，$m \geq 2$，式(7.1)表示波长小于写入波长的共线布拉格衍射，这些波长会被晶体强烈吸收(紫外光谱范围)，并且在读出过程中会发生擦除。在读出光束与参考光束共线的情况下，这种类型的非线性允许观察摄影全息图的二阶衍射($m = 2$)，但其频率需是记录频率的两倍[7.47]。

通过适当选择式(7.1)的参数 m 和 n，可以获得近红外读出波长，同时保持入射波长 λ_1、λ_2 在晶体的光谱灵敏度范围内。对应这种非线性相互作用的波矢图见图 7.6，光路的排布满足布拉格条件，从而允许入射记录光束(λ_1、λ_2)和衍射光束(λ_R)的精确共线。

在文献[7.44]中，对于具有 $\lambda_1 = 633$ nm、$\lambda_2 = 514$ nm 和 $m = 2$、$n = 1$ 的 $\lambda_R = 840$ nm($Ga_{1-x}Al_xAs$ 激光二极管)观察到衍射效率高达 5×10^{-4} 的光诱导共线布拉格衍射(见图 7.7)。对于上述参数忽略材料色散，式(7.1)要求 $\lambda_R = 824$ nm，这不是二极管激光器的发射波长，因此衍射效率会降低。

为了将演示的器件应用于光通信系统，似乎有必要将原理扩展到光波导和集成结构。

7.3.2 光学门控

动态光栅也可用作光学快门[7.48-7.49]。最简单的方法，光栅是由足够快的非线性光学材料中的短探测脉冲产生的[7.49]。只有在门脉冲存在期间，额外的信号脉冲才被衍射。这个想法得到了实验验证，例如采用 CS_2 克尔液体和锁模钕玻璃激光器可获得小于 10 ps 的时间分辨率。与使用激光诱导双折射的普通光学克尔快门相比，由于门控光和入射光的传播方向不同，所以光栅快门不需要偏

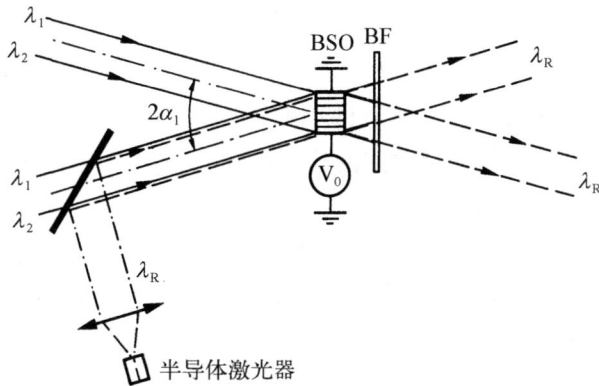

图 7.7　光折变 $Bi_{12}SiO_{20}$ 晶体中的共线布拉格衍射[7.44]

写入波长 $\lambda_1=633\,nm$，$\lambda_2=514.5\,nm$，读出波长 $\lambda_R=840\,nm$，交叉角 $2\alpha=10°$，BF 为 λ_1 和 λ_2 的带通滤波器

振器等分析元件。

文献[7.48]提出在慢响应材料中的光栅也可以获得光学快门，图 4.10 给出了实现这个设想的波前共轭实验方法，使用两个反向传播的泵浦光束，一个泵浦光束与信号光束干涉产生光栅，该光栅将另一个泵浦光束衍射到与信号光束相反的方向上，如果假设泵浦光脉冲宽度比信号光持续时间短，则该反向光束的振幅与信号光束的瞬时振幅成比例。可以改变第二泵浦光束的延迟时间，从而可在不同的时间探测或门控信号波的幅度。因此，后向光束对应于门控光束，时间分辨率或门控宽度由泵浦光束的脉宽决定。

7.3.3　脉冲压缩

如上所述，如果用相同的激光脉冲激发和探测足够快的材料中的动态光栅，则因光学门控而产生脉冲压缩，通过自衍射或简并四波混频（DFWM）一个简单的实验实现。文献[7.50]中提出了腔内 DFWM 对 CS_2 中皮秒脉冲进行脉冲压缩的方法。罗丹明 6G 激光器在 620 nm 下脉冲能量为 0.5 mJ 的超短脉冲的 DFWM 产生了时间宽度小于 40 fs 的高功率激光脉冲[7.51]。

7.4　光学二极管和单向观察窗

具有非局部响应的介质（如光折变材料）中的激光诱导动态光栅，其中光诱导光栅可能会相对于光干涉条纹发生相移,可导致写入光束之间的不可逆能量交换(见 4.5 节)。如 6.6 节所述,记录光束之间的这种耦合可用于时变光学图像的相干放大。如果光栅由两个反平行光束(反射全息图方法)产生,则也存在这种光束耦合效应。反平行光束之间的非对称强度传输产生了一种新型的单向器件,具有优先从晶体的一侧传输光的光学二极管特性。

图 7.8 显示了我们在本节讨论的两种光路布局。第一种光路布局使用两个相等的入射强度 I_{10} 和 I_{2L} (晶体内部测量);第二种光路布局[见图 7.8(b)]中,通过一个入射光束与其在样品另一侧的菲涅耳反射光束的干涉形成光致光栅。

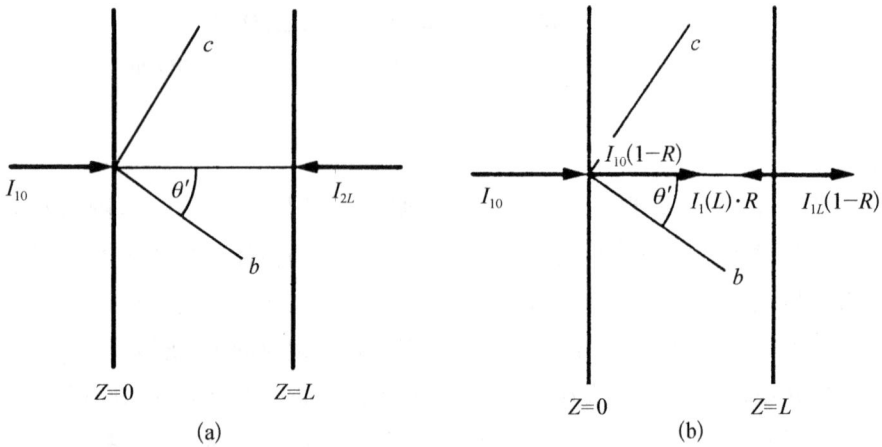

图 7.8 反平行光束耦合实验光路(b、c 为晶轴)

(a) 两个入射光束;(b) 一个入射光束与在出射表面 $Z=L$ 处反射光束进行干涉

这两种情况下,能量的传递都由耦合波方程[7.53]描述,类似情况的处理见 4.5.3 节:

$$\frac{\mathrm{d}I_1}{\mathrm{d}z} = \Gamma I_1 I_2/(I_1 + I_2) - KI_1 \tag{7.4}$$

$$\frac{\mathrm{d}I_2}{\mathrm{d}z} = \Gamma I_1 I_2/(I_1 + I_2) - KI_2 \tag{7.5}$$

其中,Γ 是强度增益系数,由下式给出:

$$\Gamma = k n_1 \sin\phi/\cos\theta \tag{7.6}$$

式中,k 为光波矢量,n_1 是由空间电荷场 E_{sc} 诱导的折射率光栅的振幅,ϕ 是折射率光栅相对于干涉图的相移，θ 是光传输的内角（对于垂直于晶面的方向，$\theta=0$）。在扩散记录的情况下，ϕ 为 $\pi/2$[7.52]。为了简单起见，$\theta=0$（见图7.8）。

忽略吸收 $K=0$，式(7.4)和式(7.5)的求解受到能量守恒条件的约束，即

$$\frac{\mathrm{d}}{\mathrm{d}z}(I_1-I_2)=0 \tag{7.7}$$

在弱吸收情况（$K \ll \Gamma$）下，在各自出射晶体表面的光束强度方程[见式(7.4)和式(7.5)]解为

$$I_1(L)=\frac{(1+\beta)I_{10}}{\beta+\exp(-\Gamma L)}\exp(-KL) \tag{7.8}$$

$$I_2(0)=\frac{(1+\beta)I_{2L}}{1+\beta\exp(\Gamma L)}\exp(-KL) \tag{7.9}$$

其中，$\beta=I_{10}/I_{2L}$ 是入射强度比值。图7.9(a)给出了光束 $I_1(z)$ 和 $I_2(z)$ 以及对应于式(7.8)和式(7.9)的出射光束 $I_1(L)$ 和 $I_2(0)$ 的强度，采用 KNbO$_3$ 晶体得到（设定 $I_{10}=I_{2L}=1$）$\Gamma=7\text{ cm}^{-1}$[7.53]。可以看出，当 $\Gamma>0$ 时，光束 I_1 被放大，I_2 被衰减。注意，上述处理中忽略了两个界面上的反射损耗和晶体中的吸收。

有趣的是，考虑到只有一个光束正入射进入光折变晶体的入射面并与来自另一侧的反射光束干涉，形成折射率光栅的情况，如图7.8(b)所示。对于正入射到晶体上并以反射率 $R=(n-1)^2/(n+1)^2$ 反射一次的光束，可以用 $I_{10}(1-R)/RI_1(L)$ 代替式(7.9)中的 β，使用传输因子 T_1 的定义：

$$T_1=I_{1L}(1-R)/I_{10} \tag{7.10}$$

可得

$$T_1=2(1-R)^2\exp(-KL)$$
$$\mid[1-R\exp(-KL)]+\sqrt{[1-R\exp(-KL)]^2+4R\exp[-(K+\Gamma)L]}\mid^{-1} \tag{7.11}$$

通过改变式(7.11)中 Γ 的符号，从对面入射的光束的透射系数 T_2 可以简单给出：

$$T_2=2(1-R)^2\exp(-KL)$$
$$\mid[1-R\exp(-KL)]+\sqrt{[1-R\exp(-KL)]^2+4R\exp[-(K-\Gamma)L]}\mid^{-1} \tag{7.12}$$

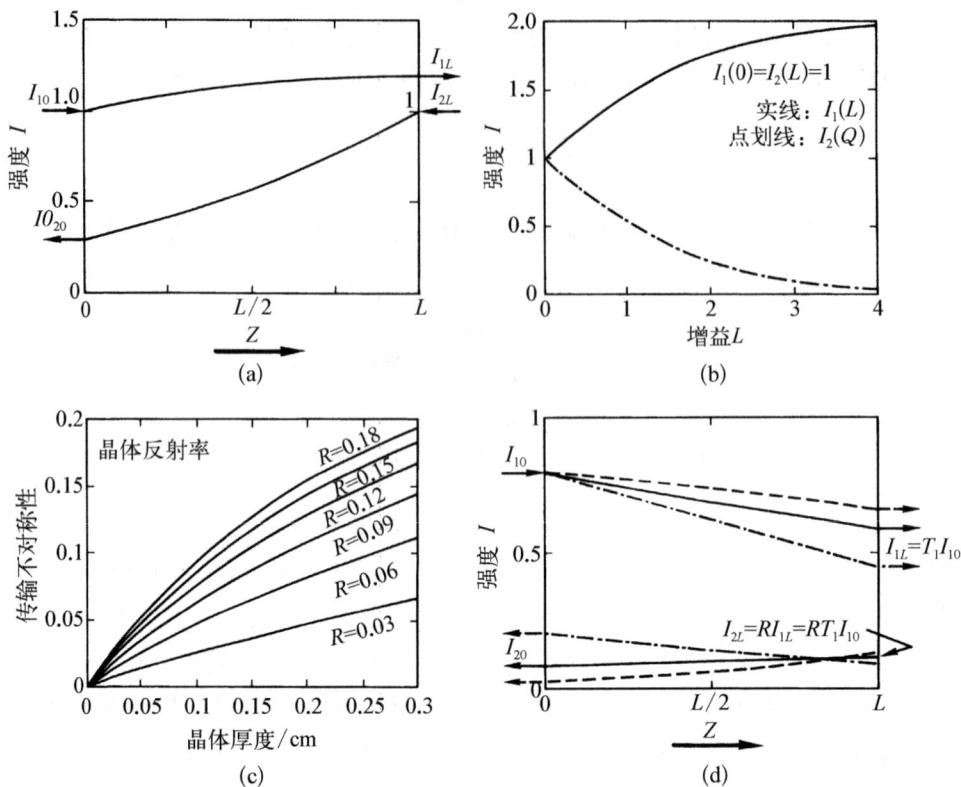

图 7.9　不同光束强度分布以及与增益 L、晶体厚度的关系[7.53]

(a) 光折变晶体(反射光栅)中相互作用前波(I_1)和后波(I_2)的强度分布;(b) 不平行光束与等强度入射光束耦合的出射光束与 ΓL 关系;(c) 透射不对称(T_1-T_2)与晶体厚度($K=1\,\mathrm{cm}^{-1}$，$\Gamma=5.5\,\mathrm{cm}^{-1}$)的关系;(d) 入射光束($I_1$)和从晶体端面($z=L$)反射的光束($I_2$)的强度分布,这些光束通过晶体内的光折变光栅相互作用,实线表示无强度转换($K=1.5\,\mathrm{cm}^{-1}$),虚线表示在 $+Z$ 方向强度转换($K=1.5\,\mathrm{cm}^{-1}$，$\Gamma=+7\,\mathrm{cm}^{-1}$，$R=0.2$),点划线表示在 $-Z$ 方向($K=1.5\,\mathrm{cm}^{-1}$，$\Gamma=-7\,\mathrm{cm}^{-1}$，$R=0.2$)强度转换

设定反射率 R 为一个参数,可以绘制(T_1-T_2)与厚度 L 的函数关系。式(7.11)和式(7.12)表示,通过光折变介质的非互易光传输是由介质中的非线性相互作用引起的,这可以通过强度增益因子 Γ 表征,它取决于光诱导光栅的 π/2 相移分量。

图 7.10 给出的透射率 T_1 和 T_2 与波长关系的实验结果表明,在具有优化晶体取向的 $\mathrm{KNbO_3}$ 的 $L=2.9\,\mathrm{mm}$ 长的晶体中,可以获得超过 20% 的不对称性[7.53]。

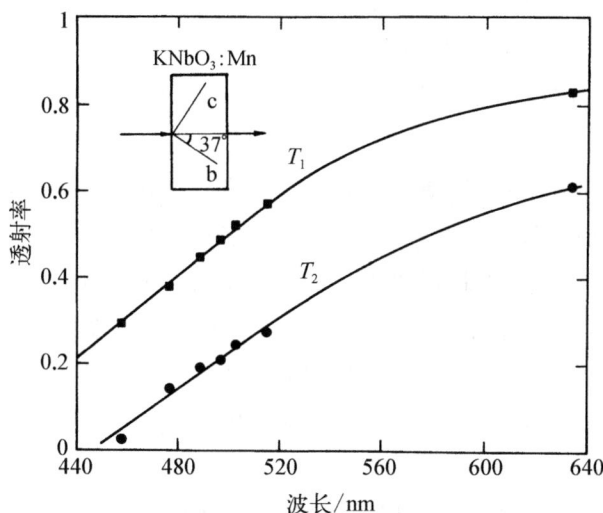

图 7.10　KNbO₃:Mn 晶体的透射率随波长变化关系[7.53]

（●）和（■）是两个光束在相反方向的传输

7.5　近简并四波混频的光学滤波

许多光谱实验中使用永久光栅来获得波长色散和光学滤波。这些光栅大多是表面光栅，而体光栅也应用于全息术，以获得波前存储和波长选择。在光谱应用中也常使用激光诱导动态光栅实现探测光束的波长和时间选择。

这里阐述的通过近简并四波混频的光学滤波技术[7.56-7.62]没有利用光栅的常用波长色散，该技术基于四波混频的频率响应。图 7.11 所示的混频几何光路已用于理论和实验研究。混频通常用非线性光学方法来描述，但在此用光栅图像来讨论该方法的原理。

频率为 ω_4 的信号光和决定滤波器中心频率的频率为 ω 的泵浦光入射到非线性材料上，通过干涉

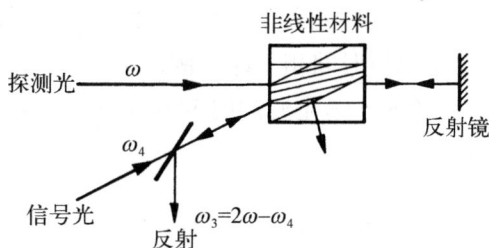

图 7.11　通过近简并四波混频对信号进行光学滤波

泵浦光频率 ω 等于滤波器的中心频率

199

在材料中产生移动光栅（见 4.7 节）。光栅振幅随频率差 $\omega - \omega_4$ 的增大而减小。如果 $\omega - \omega_4$ 比材料的弛豫时间倒数（$1/T$）大，则根本不可能形成光栅。光栅由反向传播的泵浦光探测，从而在 $\omega = \omega_4$ 处产生具有最大功率的衍射波。这种滤波器的频率宽度为 $\Delta\omega \approx 1/T$。

通过四波混频实现光学滤波的首次演示是在 CS_2 作为非线性材料中进行的，并使用了高功率脉冲激光器[7.59]。在后来的研究中[7.60,7.62]，已经使用了钠蒸气和连续激光器或脉冲染料激光器。通过将激光器调谐到 5 890 Å 的 $3S_{1/2}$ — $3P_{3/2}$ 跃迁产生粒子数密度光栅（见 3.4 节），共振二能级系统的频率响应受到横向弛豫时间 T_2 的限制，估计横向弛豫时间量级约为自然寿命 $T_1 = 16$ ns。由此预计滤波器带宽为 $\Delta\omega/2\pi = 13$ MHz。在实验中，由于染料激光器的频率抖动，已经观察到了 40 MHz 的带宽。滤波器的中心频率可以通过使泵浦激光与原子共振失谐来调谐，然而，滤波器的效率随着失谐量的增加而迅速降低。使用不同频率的泵浦光，可以构建一个滤波器，其中心带通可在多普勒剖面上调谐，与线中心工作相比，效率略有降低[7.61]。一般使用非共振材料代替钠来获得滤波器的可调谐性。

总之，四波混频滤波器具有较窄的带宽和可调谐性。此外，由于泵浦光和信号光束的方向可能包括任意角度，这样的滤波器可能具有大的视场。对于多普勒展宽的共振材料，视场很小[7.58]。一个可能的优点是信号波的放大，使得反射系数可以大于一。该系统的缺点是其复杂性，因为必须使用泵浦激光器来获得滤波作用，这就阻碍了其广泛的应用。

7.6 激光束的相干测量

激光诱导瞬态光栅已用于测量激光束的时间[7.63-7.64]和空间[7.65]的相干特性，这里仅以时间相干性为例讨论。

脉冲或连续光波的时间相干函数 $\Gamma(\tau)$ 定义为复场振幅 $E_1(t)$ 的自相关函数：

$$\Gamma(\tau) = \int_{-\infty}^{\infty} E_1^*(t)E_1(t+\tau)\mathrm{d}t = \int_{-\infty}^{\infty} E_1(t)E_1^*(t-\tau)\mathrm{d}t \tag{7.13}$$

相干函数的绝对值可以通过主光束分束从而产生双光束干涉图，测量条纹的可见度作为两个光束的时间延迟 τ 的函数[7.66]：

$$| \Gamma(\tau)/\Gamma(0) | = (I_{max} - I_{min})/(I_{max} + I_{min}) \tag{7.14}$$

利用具有足够能量的光脉冲,在无需进一步处理的情况下,可以在依赖于总入射光功率的光学常数(折射率或吸收系数)的材料将干涉图案瞬间存储。这种干涉图的实时存储可以在各种不同的材料中进行,如半导体和染料溶液(见第 3 章)。条纹可见度可以通过在激发后以适当的时间延迟入射到光栅上的第三束光的衍射来测量。衍射功率与清晰度直接相关,衍射功率通过测量与产生光栅的两光束时间延迟 τ 的函数关系而确定。

$| \Gamma(\tau) |$ 测量的新方法已经用 Nd:YAG 的皮秒脉冲激光器进行了实验验证[7.63-7.64],该方法也用于红宝石激光器的调 Q 脉冲,也适用于连续激光束。

7.6.1　实验方案和理论

为了测量相干函数,激光束被分成具有时间延迟分别为 τ 和 τ_0 的三个不同方向,这三个光束在一个合适的非线性材料中叠加(见图 7.12),光束 E_1 和 E_2 以 θ 角相交发生干涉并产生条纹。

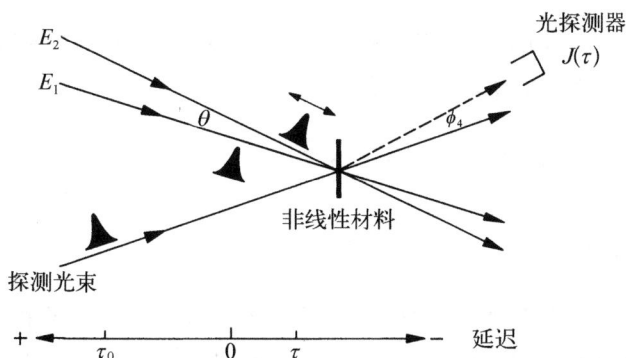

图 7.12　相干函数 $|\Gamma(\tau)|$ 测量的实验装置

两个光束的电场强度 E_1 和 E_2 由下式给出:

$$E_1 = \frac{E_1(t)}{2} \exp(\mathrm{i}\boldsymbol{k}_1 \cdot \boldsymbol{r} - \omega_0 t) + \mathrm{c.c.} \tag{7.15}$$

$$E_2 = \frac{E_1(t-\tau)}{2} \exp(\mathrm{i}\boldsymbol{k}_2 \cdot \boldsymbol{r} - \omega_0 t) + \mathrm{c.c.} \tag{7.16}$$

式中，k_1 和 k_2 是两个光束的波矢量，r 是位置矢量，复场振幅 $E_1(t)$ 给出了具有平均频率 ω_0 的场强与时间关系，干涉区域的强度 I 由下式给出：

$$I \sim \overline{(E_1 + E_2)^2} \tag{7.17}$$

$$= \frac{1}{2}\{|E_1(t)|^2 + |E_1(t-\tau)|^2$$

$$+ E_1(t-\tau)E_1^*(t)\exp[-\mathrm{i}(k_1 - k_2) \cdot r] + \mathrm{c.c.}\} \tag{7.18}$$

其中，上划线表示与 $1/\omega_0$ 相比较长但与脉冲相干时间相比较短的时间上的平均。从式(7.18)可以确定脉冲能量 $\int_{-\infty}^{+\infty} I \mathrm{d}t$ 的空间最大 $I_{\max}$ 和最小 $I_{\min}$，以证明式(7.13)和式(7.14)。

光的功率在非线性材料中被吸收，并产生光学常数的空间调制，该光学常数可以用复折射率来描述。如果忽略材料弛豫，折射率的空间振幅 $\Delta n(\tau)$ 由总吸收光强度的空间调制部分给出：

$$\Delta n(\tau) \sim \left| \int_{-\infty}^{\infty} E_1(t-\tau)E_1^*(t)\mathrm{d}t \right| = |\Gamma(\tau)| \tag{7.19}$$

为了确定 Δn，要测量衍射的探测光束能量 $J(\tau)$，探测光束延迟 τ_0 要大于决定光栅形成的脉冲宽度，在这种情况下：

$$J(\tau) \propto |\Delta n(\infty, \tau)|^2 \propto |\Gamma(\tau)|^2 \tag{7.20}$$

7.6.2 实验示例

图 7.13 给出了倍频 Nd：YAG 激光器(532 nm)[①]的单脉冲相干函数测量示例[7.64]。用条纹相机测量脉冲宽度为 22 ps，根据图 7.12，主光束被分为三部分，三束光的能量范围为 $0.4 \sim 20\ \mu\mathrm{J}$，探测脉冲的延迟达到 $\tau_0 = 96$ ps，使用 0.1 mm 厚的罗丹明 6G 的 10^{-3} mol/L 溶液作为非线性材料，最大衍射能量为 0.6 nJ。测量的相干函数可以由相干时间 $t_c = 4$ ps 的对称指数函数拟合(见图 7.13)。相干时间表示相干函数的宽度。相干时间的准确定义有些随意，这里的选择方式是，对于单边指数脉冲，如果不存在额外的振幅或相位调制，相干时间等于脉冲

---

① 原文错误，原文为 530 mm，应为 532 nm。

宽度,参见式(7.27)和式(7.28)。

$$| \Gamma(\tau)/\Gamma(0) | = \exp[- \ln 2 | \tau | /2t_c] \tag{7.21}$$

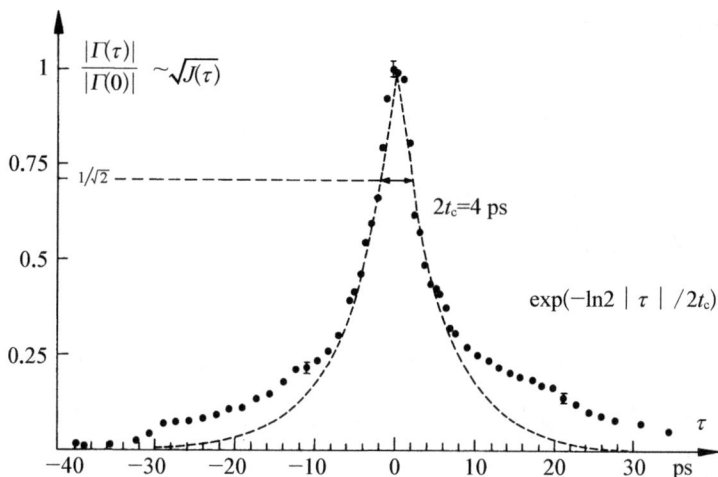

图 7.13　依据图 7.12 的实验方法测量的归一化相干函数 $|\Gamma(\tau)/\Gamma(0)|$

实验细节见正文,点对应测量值,虚线对应式(7.21)理论计算值

7.6.3　相干时间和脉冲宽度的比较

相干时间 $t_c = 4\,\mathrm{ps}$ 远小于脉冲宽度 $t_p = 22\,\mathrm{ps}$,这一现象可以通过假设激光脉冲由振幅函数 $E(t)$ 乘以相位函数 $f(t)$(如描述频率啁啾)或描述统计振幅或相位变化的随机复函数 $f(t)$ 来解释:

$$E_1(t) = E(t)f(t) \tag{7.22}$$

如果 $f(t)$ 的变化比 $E(t)$ 快,通过分段积分可得

$$\Gamma(\tau) = R(\tau) \int_{-\infty}^{+\infty} E(t)E(t-\tau)\mathrm{d}t \tag{7.23}$$

其中,$R(\tau)$ 是 $f(t)$ 的自相关函数:

$$R(\tau) = \frac{1}{\Delta t} \int_{t'}^{t'+\Delta t} f(t)f^*(t-\tau)\mathrm{d}t \tag{7.24}$$

假设 Δt 比脉冲宽度短,但是足够长,以获得与 t' 无关的平均值。

式(7.23)不仅适用于快速变化的 $f(t)$,而且适用于常数 $f(t)$ 和 $R(\tau)$,因此,将式(7.23)用作缓慢变化的 $f(t)$ 的近似值,即所有可能的 $f(t)$,似乎是更有意义的。

如果对 $E(t)$ 和 $f(t)$ 进行假设,则可以对式(7.23)进行进一步评估。$E(t)$ 的一个简单例子是单边指数:

$$E(t) = \begin{cases} 0, & t < 0 \\ E_0 \exp(-\alpha t), & t \geqslant 0 \end{cases} \tag{7.25}$$

该脉冲在最大功率一半的宽度由 $t_p = \ln 2/2\alpha$ 给出。

$R(t)$ 的典型示例如下所示:

$$R(\tau) = \exp(-\nu \mid \tau \mid) \tag{7.26}$$

如果 $f(t)$ 描述了每单位时间具有 ν 个跳变的脉冲的随机相位调制,则可以根据上面公式获得该相位调制[7.64,7.68]。由式(7.22)、式(7.5)和式(7.6)给出的脉冲相干函数为

$$\Gamma(\tau) = (E_0^2/2\alpha)\exp[-(\nu + \alpha) \mid \tau \mid] \tag{7.27}$$

这种相干函数与实验观察结果接近,见图7.13和式(7.21)。

相干时间可以定义为

$$t_c = \ln 2/2(\alpha + \nu) \leqslant t_p \tag{7.28}$$

因此,对于 $\nu = 0$,$t_c = t_p$。

实验结果 $t_c < t_p$ 表明脉冲包含时间子结构,这种脉冲的频谱比预期的反演脉冲宽度更宽。文献[7.64]中概述了相干函数和频谱之间的关系。宽脉冲宽度和短相干时间表明激光介质可以支持较短的脉冲。脉冲不是变换极限的或不是完全锁模的。

7.6.4　结论

对于皮秒脉冲,如果同时测量脉冲时间长度,$\Gamma(\tau)$ 给出关于脉冲频谱和锁模程度的信息。测量 $\Gamma(\tau)$ 的瞬态光栅方法与测量皮秒脉冲时间宽度的二次谐波产生法[7.67]的实验装置类似,将脉冲时间宽度测试中的二倍频晶体替换为染料溶液或其他测量相干时间的合适材料,因此,同时使用两种方法似乎很有吸引力。研究光脉冲时间相干性的另一个动机是皮秒吸收测量中的相干耦合效应的

观测。相干耦合峰的形状和宽度由皮秒漂白和探测光束的时间相干特性决定（见 7.7 节）。

7.7　皮秒采样实验中的相干峰

已经开发了各种激光系统,可以产生皮秒[7.69]或飞秒[7.70]范围的脉冲,这些激光器用于研究不同材料激发引起的超快瞬态光学响应[7.71]。通过使用强泵浦脉冲进行激发及延迟探测脉冲检测材料响应的采样技术,已经克服了由于缺乏足够快的探测器和电子器件的问题。这种光学响应可能是光致吸收、漂白(见图 7.14)、二向色性或瞬态衍射光栅的形成。

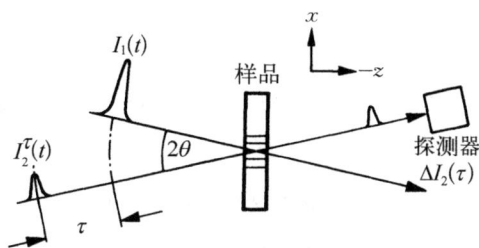

图 7.14　皮秒泵浦探测实验

样品由强度为 $I_1(t)$ 的强泵浦脉冲激发产生光诱导吸收或漂白,样品透射率由时间延迟 τ 的弱探测脉冲 $I_2^\tau(t)$ 监测,用一个慢速探测器测量透过的探测脉冲的能量变化 $\Delta I_2(\tau)$

当人们试图利用来自同一激光器的相干泵浦光束和探测光束获取脉冲持续期间发生的弛豫信息时,技术中会出现一些复杂的问题。泵浦脉冲和探测脉冲重叠期间的干涉效应会在零延迟时间(见图 7.15)产生所谓的相干伪影或相干峰值,这使得提取材料响应信息更加困难[7.72-7.73]。

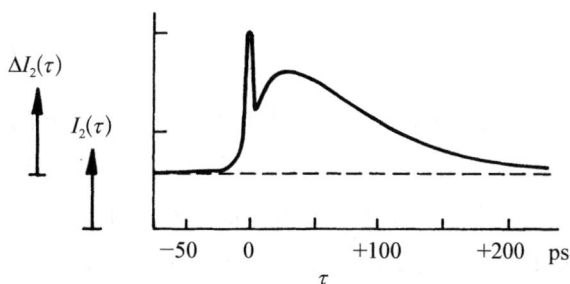

图 7.15　根据图 7.14 的皮秒采样实验结果[7.73]

透射的探测脉冲能量 $I_2(\tau)$ 与延迟时间 τ 关系;研究的材料是锗晶体,1.06 μm 的带间吸收被漂白,透射衰减是由载流子复合引起的;透射的初始上升是由于泵浦光脉冲的时间积分强度将电子从价带中移除,$\tau=0$ 时刻的尖锐相干峰在文中进行了讨论

7.7.1 光诱导吸收或漂白实验中的相干耦合

泵浦探测技术将首先根据光诱导吸收或漂白实验进行讨论,其中检测到的信号与光吸收的变化 ΔK 呈线性关系。在瞬态二向色性或光栅实验中,检测到的信号与光学常数的变化 ΔK、Δn 呈平方关系,尽管两种情况下的基本机制相同,但相干耦合效应的计算比线性情况下更复杂。

泵浦脉冲 $I_1(t)$ 产生的光学吸收变化 ΔK 由下式给出:

$$\Delta K(t) = D \int_{-\infty}^{+\infty} \mathrm{d}t' M(t-t') I_1(t') \tag{7.29}$$

其中,$M(0)=1$ 的 $M(t)$ 是介质对 δ 函数激发的脉冲响应。一个简单的例子是,对于 $t \geqslant 0$ 时,$M(t) = \exp(-t/\tau_r)$,其中,τ_r 是实验中要测量材料激发的衰减时间,耦合常数 D 取决于材料和泵浦光波长。

$\Delta K(t)$ 用与 I_1 形状相同但机械延迟了时间 τ,强度为 $I_2^\tau(t) = a I_1(t-\tau)$ 的脉冲探测,其中,强度比率 $a \ll 1$。样品中探测光束强度随厚度 d 的变化为

$$\begin{aligned}\Delta I_2^\tau(t) &= a I_1(t-\tau) \cdot \{\exp(-Kd) - \exp[-(K+\Delta K)d]\} \\ &\approx a \Delta K d I_1(t-\tau) \exp(-Kd)\end{aligned} \tag{7.30}$$

在时间 t 范围内的慢探测器上积分,测量信号为

$$\Delta I_2(\tau) \approx a\, dD \int \mathrm{d}t\, \mathrm{d}t' M(t-t') I_1(t-\tau) I_1(t') \tag{7.31}$$

为了简化方程,假设 Kd,$|\Delta K| d \ll 1$。设 $t-t' = \tau' + \tau$,上述方程为

$$\Delta I_2(\tau) \approx a\, dD \int \mathrm{d}\tau' M(\tau'+t) \int \mathrm{d}t' I_1(\tau'+t') I_1(t') \tag{7.32}$$

这就是要测量的脉冲响应与激光脉冲的强度自相关函数的卷积。

然而,这种简单方法不能解释在 $\tau=0$ 的相干峰(见图 7.15)。通过考虑泵浦光和探测光之间的相互作用,得到一种可能的解释。由于它们的相干而产生干涉,并产生吸收 K 和折射率空间的调制,从而产生瞬态光栅。泵浦光衍射到探测光束的方向上,衍射的泵浦光束的相位与探测光的相位相反,从而减小了探测光的振幅。瞬态光栅的衍射作用类似于附加的光诱导吸收,因此观察到的信号增加了。

只有当泵浦脉冲和探测脉冲的延迟 τ 小于脉冲的相干时间 t_c 时,它们才会

发生干涉,即探测光束的强度仅在 $-t_c \leqslant \tau \leqslant t_c$ 范围内通过衍射而增加,从而产生相干峰。

要计算相干峰的振幅和形状,首先从材料中总场强 E 与时间无关的波动方程开始:

$$\frac{\partial^2 E}{\partial x^2} + \frac{\partial^2 E}{\partial z^2} + \varepsilon \frac{\omega^2}{c^2} E = 0 \tag{7.33}$$

其中,E 由泵浦光 $E_1(z,t)$ 和探测光 $E_2(z,t)$ 的场强给出:

$$E = [E_1(z,t)/2]\exp[\mathrm{i}(k_z z + k_x x)] + [E_2(z,t)/2]\exp[\mathrm{i}(-k_z z + k_x x)] \tag{7.34}$$

因此,$E_1(z,t)$ 和 $E_2(z,t)$ 与时间的关系给出了脉冲的时间形状和相干性,不考虑由于光的频率 ω 而引起的快速时间依赖性,介电常数 $\varepsilon = \varepsilon(x,z,t)$ 由下式给出:

$$\varepsilon = \varepsilon' + \mathrm{i}\varepsilon'' + \delta\int M(t-t') \overline{|E|^2}\mathrm{d}t \tag{7.35}$$

其中,$(\varepsilon' + \mathrm{i}\varepsilon'')$ 是未受干扰的复介电常数,δ 是引入的一个描述由于光能量密度正比于 $|E|^2$ 而产生的折射率和吸收变化的复常数:

$$\overline{|E|^2} = |E_1|^2 + |E_2|^2 + E_1 E_2^* \exp(\mathrm{i}2k_x x) + E_1^* E_2 \exp(-\mathrm{i}2k_x x) \tag{7.36}$$

$\overline{|E|^2}$ 由于干扰而在空间上被调制,所以 ε 也表现出光栅状结构。在波动方程[式(7.33)]中引入式(7.34)、式(7.35)和式(7.36),并假设 $E_2(z,t)$ 的变化在一个波长内可以忽略(即忽略二阶导数),就产生了探测光场强的变化:

$$\mathrm{i}k_z \frac{\partial E_2}{\partial z} = -\mathrm{i}\varepsilon'' \frac{\omega^2}{c^2} E_2 - \delta\frac{\omega^2}{c^2} E_2 \int M |E_1|^2 \mathrm{d}t' - \delta\frac{\omega^2}{c^2} E_1 \int M E_1^* E_2 \mathrm{d}t' \tag{7.37}$$

其中,方程右侧的第一项描述了未扰动样品的吸收;第二项给出了由于 δ 是复数,泵浦光 E_1 产生的吸收增加,在此不考虑 δ 的实部给出的探测脉冲相移,忽略 E_2 引起的光诱导吸收;第三项描述了泵浦光束向探测光束方向的布拉格衍射产生的相干峰。

由式(7.37)可以计算由于光诱导吸收引起的探测光束能量变化 $\Delta I(\tau)$，其中包含相干耦合。计算中，忽略样品中 $E_1(z,t)$ 和 $E_2(z,t)$ 的变化，即将 $E_1(z,t) \approx E_1(0,t) = E_1(t)$ 和 $E_2(z,t) = \sqrt{a}\,E_1(t-\tau)$ 代入式(7.37)的右侧。

$$\Delta I(\tau) = \int \Delta(1/2Z)\,|E_2|^2\,\mathrm{d}t = (1/2Z)\int(E_2^*\Delta E_2 + \mathrm{c.c.})\mathrm{d}t \quad (7.38)$$

$$\Delta E_2 \approx \left(\frac{\partial E_2}{\partial z}\right)_{\epsilon''=c} d \quad (7.39)$$

可得

$$\Delta I(\tau) = -(d/2Z)ka\,\mathrm{Im}\{\delta[\gamma(\tau)+\beta(\tau)]\} \quad (7.40)$$

其中，

$$\gamma(\tau) = \iint E_1(t-\tau)E_1^*(t-\tau)M(t-t')E_1(t')E_1^*(t')\mathrm{d}t\,\mathrm{d}t' \quad (7.41)$$

$$\beta(\tau) = \iint E_1(t)E_1^*(t-\tau)M(t-t')E_1^*(t')E_1(t'-\tau)\mathrm{d}t\,\mathrm{d}t' \quad (7.42)$$

式(7.40)的 $\gamma(\tau)$ 对应于由式(7.31)简化计算得到的信号 $\Delta I_2(\tau)$。 第二项 $\beta(\tau)$ 是相干耦合贡献，这种相干耦合项只依赖于 $\mathrm{Im}\{\delta\}$，它来自由泵浦光和探测光干涉形成的振幅型光栅的衍射，没有考虑来自 $\mathrm{Re}\{\delta\}$ 的相位光栅衍射，这是由于相位光栅衍射产生的光场与探测光场的相位差 $90°$，因此只产生探测光束的二阶强度变化。

将脉冲场强写成慢变包络函数 $E(t)$ 乘以相位函数或随机振幅和相位函数 $f(t)$，以说明脉冲的相干性(见 7.6 节)，则可以进一步评估式(7.42)，

$$E_1(t) = E(t)f(t) \quad (7.43)$$

其中，$f(t)$ 通过自相关函数 $R(t)$ 表征：

$$R(\tau) = \frac{1}{\Delta t}\int_{t'}^{t'+\Delta t} f(t)f^*(t-\tau)\mathrm{d}t \quad (7.44)$$

假设 $f(t)$ 相对 $E(t)$ 变化很快，通过分段积分，由式(7.41)和式(7.42)得

$$\gamma(\tau) = |R(0)|^2 \iint E^2(t-\tau)M(t-t')E(t)\mathrm{d}t\,\mathrm{d}t' \quad (7.45)$$

$$\beta(\tau) = | R(\tau) |^2 \iint E(t)E(t-\tau)M(t-t')E(t')E(t'-\tau)\mathrm{d}t\,\mathrm{d}t' \quad (7.46)$$

在推导式(7.46)时,假设 E_1 和 E_2 之间的相位差仅取决于 τ,而不是 t。

如果 $f(t)$ 相对 $E(t)$ 变化很快(即相干时间与脉冲宽度相比很短),可得 $\Gamma(\tau) \approx R(\tau)$ 和 $\beta(\tau) \approx | R(\tau) |^2 \approx | \Gamma(\tau) |^2$,从而由相干峰测量直接到脉冲相干函数的绝对值。

为了进一步求解前面的方程,有必要对响应函数 $A(t)$ 及由 $E(t)$ 和 $f(t)$ 或 $R(\tau)$ 给出的脉冲场强进行假设,简单选取 $A(t)$ 是阶跃函数:

$$M(t) = \begin{cases} 0 & t < 0 \\ 1 & t \geqslant 0 \end{cases} \quad (7.47)$$

这意味着吸收随入射强度瞬间发生变化,并且忽略了吸收的衰减。如果场强由单边指数给出,则可以用初等函数计算式(7.45)和式(7.46):

$$E(t) = \begin{cases} 0 & t < 0 \\ E_0\exp(-\alpha t) & t \geqslant 0 \end{cases} \quad (7.48)$$

该脉冲的半高全宽度由下式给出:

$$t_{\mathrm{p}} = \ln 2/2\alpha \quad (7.49)$$

$R(\tau)$ 的一个典型例子:

$$R(\tau) = \exp(-\nu | \tau |) \quad (7.50)$$

其中,ν 与相干时间有关(见 7.6 节):

$$t_{\mathrm{c}} = \ln 2/2(\alpha + \nu) \quad (7.51)$$

代入式(7.48)和式(7.50),可得

$$\gamma(\tau) = \begin{cases} \dfrac{E_0^4}{8\alpha^2}\exp 2\alpha\tau & \tau < 0 \\[3mm] \dfrac{E_0^4}{8\alpha^2}[2 - \exp(-2\alpha\tau)] & \tau \geqslant 0 \end{cases} \quad (7.52)$$

$$\beta(\tau) = \frac{E_0^4}{8\alpha^2}\exp[-2(\alpha + \nu) | \tau |] \quad (7.53)$$

图 7.16 给出了对于脉冲满足最大可能相干[$R(\tau)=$const,$\nu=0$]的情况,由 $\gamma(\tau)+\beta(\tau)$ 计算的探测脉冲能量变化。脉冲宽度取 $t_p=0.8$ ps,使用该脉冲宽度[7.75]拟合用被动锁模染料激光器获得的实验结果。计算结果与非晶硅中光诱导吸收的实验结果非常吻合。在实验上,采用探测光束与泵浦光束偏振相互垂直以避免相干耦合并单独测量 $\gamma(\tau)$。 由于非晶硅的极化记忆很短,对于偏振相互垂直的泵浦光和探测光之间的耦合可以忽略不计,两个测量信号之间的差异给出了相干耦合贡献 $\beta(\tau)$,这也与简化模型的计算结果一致。

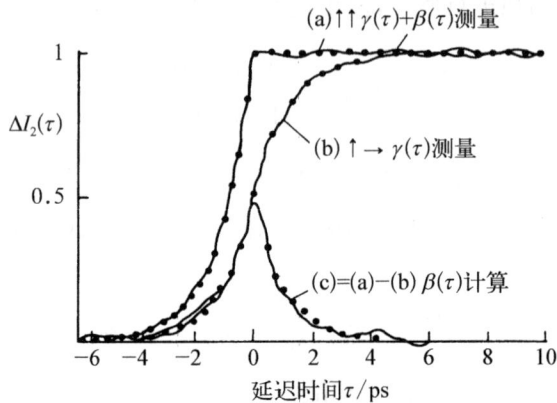

图 7.16 归一化的透射探测脉冲能量变化 $\Delta I_2(\tau)$ 与延迟时间 τ 变化关系[7.75]

点表示最大可能相干($\nu=0$)情况下从式(7.52)和式(7.53)的计算值;曲线表示泵浦与探测脉冲偏振态平行和偏振态垂直的实验值;ΔI_2 的最大值对应吸收变化,Vardeny 和 Tauc 实验中使用非晶硅薄膜,$\Delta K = 8$ cm^{-1}

这里应该注意的是,并非总是像在非晶硅的皮秒采样实验中那样可以避免相干峰。例如,在染料溶液中,偏振记忆可能很长(见 3.4 节)以至于泵浦和探测光束偏振垂直也可以激励光栅。这意味着在这种情况下也会观察到相干耦合峰。对于偏振垂直,计算了相干耦合峰的形状及其相对于无相干信号的最大值,发现与此处计算的结果相同[7.75]。

接下来将讨论相干耦合情况,即相干时间小于从脉冲宽度考虑式(7.53)在 $\nu>0$ 情况下期望值。在这种情况下,$\tau=0$ 时相干耦合产生一个明显的峰值,如图 7.17 所示。实验示例如图 7.15,文献[7.76 - 7.79]中给出了进一步的例子。由于存在其他的脉冲形状和相干特性,实验相干峰与此处计算的峰形状可能存在较大差异。

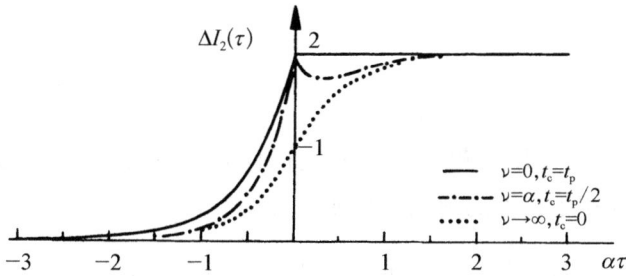

图 7.17 归一化的透射探测脉冲能量变化 $\Delta I_2(\tau)$ 与延迟时间 τ 的关系

曲线是依据式(7.52)和式(7.53)对脉冲不同时间相干的计算值

7.7.2 瞬态光栅实验中的相干峰

图 7.18 给出皮秒采样实验的瞬态光栅方法[7.80]。两个泵浦脉冲 1 和 2 干涉并在样品中产生瞬态光栅,该瞬态光栅由脉冲 3 以不同的延迟时间探测。与光诱导吸收技术相比,这种光路排布的一个优点是衍射信号没有不需要的背景。在吸收实验中,小信号依赖于未扰动的探测脉冲,因此需要进行信号平均,以区分探测脉冲能量相对于未扰动背景的变化。这一缺点可以通过使用偏振器进行背景抑制来克服,因此利用瞬态二向色性引起的探测光束的偏振旋

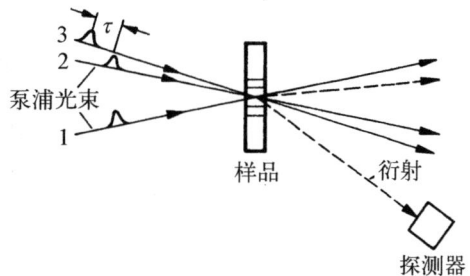

图 7.18 皮秒瞬态光栅实验原理图

转[7.76-7.79]。然而,在瞬态二向色性实验中,这与瞬态光栅实验类似,测量吸收变化的平方[7.76],衍射强度也由吸收或折射率变化的平方给出。

瞬态光栅实验中的相干耦合效应来自由光束 1 和 3 在零延迟时间的干涉产生的附加光栅,光束 2 的衍射在探测器方向上给出了附加的强度,这些可以很容易地证明[7.81]。到达探测器的总衍射能量为

$$J(\tau) = \left(\frac{\pi d}{2\lambda n}\right)^2 \frac{1}{2Z} \int_{-\infty}^{\infty} | E_3(t)\Delta\varepsilon_{12}(t) + E_2(t)\Delta\varepsilon_{13}(t) |^2 \mathrm{d}t \quad (7.54)$$

其中,$\Delta\varepsilon_{12}$ 和 $\Delta\varepsilon_{13}$ 分别是由脉冲 1 和 2,脉冲 1 和 3 产生的(复)介电常数调制振幅,类似于式(7.29)可得

$$\Delta \varepsilon_{12}(t) = \delta \int A(t - t') E_1^*(t') E_2(t') dt'$$

$$\Delta \varepsilon_{13}(t) = \delta \int A(t - t') E_1^*(t') E_3(t') dt' \qquad (7.55)$$

根据式(7.48),使用单边指数脉冲进行计算,根据式(7.43)、式(7.44)和式(7.50)描述脉冲相干特性的附加振幅或相位调制,得

$$J(\tau)/J(0) = \begin{cases} \exp(-2\alpha \mid \tau \mid)[1 + 3\exp(-2\nu \mid \tau \mid)], & \tau \leqslant 0 \\ 3 - 3\exp(-2\alpha\tau) + \exp(-4\alpha\tau) + 3\exp(-2\alpha\tau - 2\nu\tau), & \tau \geqslant 0 \end{cases}$$

$$(7.56)$$

对该方程的数值计算见图 7.19。与图 7.17 相比,$\nu = 0$ 时已经出现相干峰,随着 ν 的增加,即脉冲的相干性降低,相干峰变得更尖锐和更明显;文献[7.81]给出了皮秒瞬态光栅实验中相干峰的实验示例。

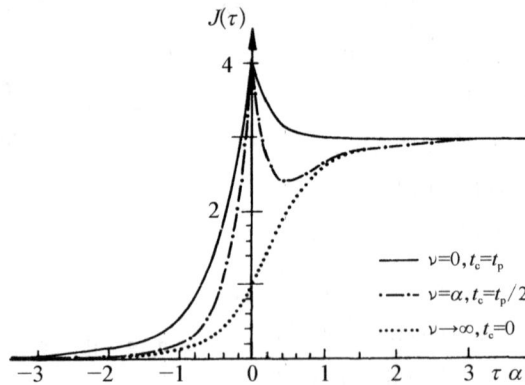

图 7.19　根据图 7.18 从式(7.56)计算的瞬态光栅实验的衍射探测脉冲的归一化能量

7.7.3　对相干耦合峰的额外贡献

皮秒采样实验中出现在零延迟时间的峰也可能是由光栅激发以外的机制引起的。

对于光学响应快于脉冲宽度的材料的额外激发所导致的峰值振幅,这种情况已经在染料溶液中进行了研究[7.79],其中 5 ps 泵浦脉冲首先激发更高的振动 S_1 态,在不到 1 ps 的时间内弛豫到最低激发单重态 S_1。接下来的弛豫时间要慢得多,因为初始占据态与探测脉冲的频率共振,由初始激发引起的复折射率变化

大于最低 S_1 态粒子数所产生的变化。

第二种机理是非共振四波混频。在染料溶液中,这可能发生在溶剂中,并对零延迟时间峰值产生贡献。如果想要对一个态的粒子数产生弱复折射率变化进行时间分辨测量,类似的情况也可能发生在半导体等其他材料中。由于向其他状态的虚拟跃迁而产生的大的非共振三阶极化率可能会导致相对较强的四波混频,并对零延迟时间峰值产生贡献。

总之,相干峰或更好的零延迟时间峰可能由多种贡献构成,像不可分辨的谱线一样,必须很细心地从该峰中提取物理信息。

7.8　通过 DFWM 的无多普勒光谱

粒子数光栅和简并四波混频(DFWM)不仅在液体和固体中进行了研究,如3.4 节所述,而且也在气体和蒸汽中进行研究。例如,在 Na 和 Hg 蒸汽中使用连续染料激光器[7.82-7.89],在 SF_6 和 CO_2 气体中使用 CO_2 激光器[7.90-7.94]进行了实验,为了完整地描述气体中的这些光栅,要使用量子理论,其中也包括类似于 3.3节的相干效应。

人们可能会认为由于原子或分子的热运动,气体中的粒子数光栅会迅速衰减,然而,事实并非如此。因为只有在光栅平面中移动的原子才能有效地与光场相互作用。这可以理解如下。

由于多普勒效应,入射到速度为 v 的移动原子上的光波的频率 ω 发生频移,因此在原子上看到的频率 $\omega'=\omega-\boldsymbol{k}\cdot\boldsymbol{v}$,$\boldsymbol{k}$ 是光波矢量。在四波混频实验中(见4.6 节),具有相等频率和波矢量 $\boldsymbol{k}_1$、$\boldsymbol{k}_2=-\boldsymbol{k}_1$ 和 $\boldsymbol{k}_4$ 三个入射波,由于多普勒效应,一个原子通常会看到三种不同的频率。然而,如果这些频率等于原子的共振频率 ω_0,那么原子与光的相互作用是最有效的。

$$\begin{aligned}\omega_0 &=\omega-\boldsymbol{k}_1\cdot\boldsymbol{v},\\ \omega_0 &=\omega-\boldsymbol{k}_2\cdot\boldsymbol{v},\\ \omega_0 &=\omega-\boldsymbol{k}_4\cdot\boldsymbol{v}\end{aligned} \tag{7.57}$$

上式意味着 $\omega=\omega_0$、原子的速度必须垂直于 k_1 和 k_4 给出的平面,则这三种波的多普勒频移都为零。这意味着光栅主要由平行于光栅平面移动的原子构成。如果忽略碰撞,这种光栅只因原子的寿命而衰减,而不因原子的热运动而衰减。

光栅构建中的速度选择有一个有意义的光谱应用。因此,用可调谐的激光频率 ω 激发和检测光栅。光栅振幅和波矢量 $\boldsymbol{k}_3 = -\boldsymbol{k}_4$ 的衍射波在 $\omega = \omega_0$ 时达到峰值,并在较小和较大的频率下降低。在最简单的情况下,当热运动很小时,信号波的频谱宽度与原子的自然线宽(寿命的倒数)的宽度相对应,多普勒加宽被排除。

由于饱和效应,DFWM 光谱的详细线型可能相当复杂[7.84-7.85,7.94],也必须考虑热运动[7.95]。

文献[7.96 - 7.97]对通过简并四波混频实现的无多普勒激光光谱进行了更详细的讨论。

第 8 章
结论与展望

 考虑激光诱导的动态光栅,可以对各种,尤其是三阶非线性光学效应进行图示描述。光栅在全息术、光散射、声光和光谱学等不同的光学领域都非常重要,这些技术与动态光栅和非线性光波混频效应的结合拓宽了光学测量可选择的方法,由此产生了新的测试设备。我们预计未来的发展方向如下所述。

8.1 光偏转和调制

 类似于声光系统,激光诱导光栅最直接的应用是用于光偏转和调制器件。由于使用固态或气体激光器作为激励源,此类设备体积庞大且价格昂贵。然而,半导体激光器的使用可能会相对简单,半导体激光器在尺寸和成本上可能比声光转换器更有优势。

 与声光光偏转相比,激光诱导光栅的响应时间要短得多。激光诱导光栅偏转器的主要吸引力可能在集成光学[8.1-8.2]和用于信息处理的全光系统。利用激光诱导光栅的元件可以用于波导、激光器、调制器、双稳态及其他器件的相同材料加工制造。为了评估这些可能性,对光波导中的激光诱导光栅现象进行实验和理论研究是非常有必要的。

8.2 信息处理,实时全息和相位共轭

 相干光学方法在信息处理中的应用[8.3-8.4]必须要与迅速发展的电子计算机竞争,在不久的将来,这种成熟的技术似乎不太可能被光学计算机取代。然而,

光学系统可能会在需要大量专门数学运算(如傅里叶变换、相关和矩阵乘法)的特殊应用中找到技术定位[8.5]。直接光学实时处理或预处理二维数组信息(图片)[8.6],例如在光学目标识别系统中,可能会导致用于进一步电子处理的数据显著减少。因此,混合光电系统似乎越来越受到关注。同样,实时全息和相位共轭的未来取决于将这些想法融入常规工作系统,以及开发高质量和足够大尺寸的合适的非线性光学材料。

8.3   受迫光散射

与其他光学方法一样,受迫光散射的优点是可以在没有物理接触的情况下在微观尺度上进行测量。通过使用皮秒和飞秒激光脉冲进行光栅激励可以获得高时间分辨率[8.7]。随着激光成为方便可用的测量工具,先进的光学测试方法应该发展成为标准的实验室设备,如今天的电子或微波测试仪器。进一步发展激光在材料加工和光通信系统中的应用将增加对光学测试设备的需求,并促进此类系统的利用,在这种情况下,受迫光散射正在成为一种用于测量材料特性的成熟技术,例如,各种系统中的扩散常数以及非线性光学折射和吸收,这本专著中列举了大量的例子。

符号列表

α	泵浦光束和探测光束的强度比（见 7.6 节）
A	光波的电场振幅（指数含义见正文）
c	光速（真空中）
c	比热
c.c.	过程表达式的复共轭
c_p	定压比热（见 3.7 节）
C	浓度
C	耦合常数（见 3.4 节）
d	厚度
D	耦合常数（见 7.6 节）
D	电子扩散常数（见 3.6 节）
D	旋转扩散常数（见 3.4 节）
D	能量扩散常数（见 5.6 节）
D_a	双极扩散常数
D_i	电位移（见 5.3 节）
D_m	质量扩散率
D_{th}	热扩散率
e	基本电荷
E	电场强度（具体含义见正文）
E_b	激子结合能
E_g	半导体的能隙
E_p	光能量密度（$E_p = \int I\,\mathrm{d}t$）
E_0, E_1, E_2	电子态能量

217

f	声频(见 5.3 节)
F	激光束的总功率或光通量
f_a，f_b	分布概率
$f(t)$	脉冲的振幅或相位调制(见 7.5 节)
f_{ijkl}	耦合系数(见 2.3 节)
g	产生率
g^p	耦合系数(见 2.3 节)
h	表面光栅的峰槽高度(见 4 节)
h	普朗克常数 $=6.626 \times 10^{-34}$ Js
$\hbar$	普朗克常数 $h/2\pi$
i	$\sqrt{-1}$
I	强度(光功率密度)(具体含义见正文)
I_0	空间(高斯)光束的峰值强度(见 2 节)
$\hat{I}$	激光脉冲的时间峰值强度(见 2 节)
J	电流密度(见 3.6 节)
J	衍射脉冲的能量(见 7.5 节)
J_m	m 阶贝塞尔函数
k	波矢(具体含义见正文)
k_B	玻尔兹曼常数
k_T	索雷特常数(见 3.8 节)
K	吸收系数 $[I/I_0 = \exp(-Kd)]$
L	长度
m	调制比(见 3.6 节)
m	衍射阶数
m	自由电子质量(见 3.5 节)
m_e，m_h	电子,空穴质量
m_{eh}	约化有效质量,$1/m_{eh} = 1/m_e + 1/m_h$
M_1，M_2	镜面(见 7.1 节)
$M(t)$	介质的脉冲响应(见 7.6 节)
n	折射率 $n = \mathrm{Re}\{\tilde{n}\}$
$\tilde{n}$	复折射率

n_e	电子密度(见 3.6 节)
n_{eh}	每个电子-空穴对的折射率变化
n_2	非线性折射率 $n_2 = \mathrm{Re}\{\tilde{n}_2\}$
n_3	与场强相关的非线性折射率(见 2.7 节)
N	粒子密度(不同索引的含义见正文)
N	电子空穴密度(见 5.5 节)
N_A	受主(陷阱)密度
N_D	供体密度
p	纵向激光模式数(见 7.1 节)
p	极化(偶极密度)(具体含义见正文)
p_t	光束的总功率(其他索引的含义见正文)
p_{diff}	衍射功率
p_{ijkl}	光弹性常数(见 5.3 节)
$\boldsymbol{q}$	光栅矢量
$\boldsymbol{Q}$	光栅厚度参数
r_{ij}	电光张量
$\boldsymbol{r}$	位置矢量,半径矢量
$R(z)$	自衍射实验中光波的电场振幅(见 4.5 节)
$R(\tau)$	自相关函数 $f(t)$
s_{ij}	速度梯度张量(见 5.4 节)
S	分波振幅
$S(z)$	自衍射实验中光波的电场振幅(见 4.5 节)
t	时间
t_c	相干时间(见 7.5 节)
t_p	脉冲宽度
$t(x)$	振幅透过率(见第 4 章)
T	强度透射率(见第 4 章)
T	温度
T_1	激发态寿命
T_2	极化衰减时间、相位弛豫时间
u_i	材料位移(见 5.3 节)

u_{ik}	应变
υ	声速（见 5.3 节）
υ	流速（见 5.4 节）
V	体积（见 3.4 节）
V	电压（见 3.6 节）
w	TEM_{00} 激光束的光斑半径（见第 2 章）
W	激光脉冲总能量
x	合金成分的含量占比（见 3.5 节）
x	光栅方向的坐标
x_1,x_2,x_3	笛卡尔坐标（见 5.4 节）
X	光栅激励（如温度、密度）
z	垂直于光栅坐标
z_0	两个光束的重叠长度
Z	波阻抗

希腊字母

α_0,α_1	原子（分子）极化率
α_{ik}	粒子极化率（见 3.7 节）
α_l	线性热膨胀系数（见 3.7、5.2 节）
α	入射角
α	脉冲宽度参数（见 7.5、7.6 节）
α,β	拟合参数（见 5 节）
β	立方热膨胀系数（见 5.3 节）
β	热激发率（见 3.6 节）
$\beta(\tau)$	相干耦合对相干峰信号的贡献（见 7.6 节）
$\gamma(\tau)$	无相干耦合时瞬态吸收取样实验中观测信号
γ	粒子数密度差
γ	比热比 c_p/c_v（见 5.3 节）
γ_R	复合常数
Γ	相干函数（见 7.5 节）
Γ_R	第二声阻尼系数（见 3.7 节）

δ	耦合常数(见 7.6 节)
$\delta n_{A,B}$	溶液中每摩尔分子 A 或 B 的折射率(见 5.8 节)
Δ	数量的微小变化
ΔM	干涉张量
ε	相对(电)介电常数
ε_1	相对介电常数的空间振幅
ε_0	真空的绝对介电常数
ζ	量子效率
η	衍射效率
η	黏度(见 5.3 节)
θ	两个光束的交叉角
θ	极坐标,给出分子取向的角度(见 3.4 节)
k	光伏常数(见 3.6 节)
k	耦合常数(见 4.4、4.5、4.6 节中的不同定义)
λ	真空波长
λ	导热系数(见 3.7 节、5.3 节)
λ_{ijkl}	弹性刚度常数(见 5.3 节)
Λ	光栅周期
μ	(磁)磁导率
μ	过渡偶极矩(见 3.4 节)
μ	流动性(见 3.6 节)
ν	频率
ν	单位时间内的相位跳跃数(见 7.5 节)
ρ	密度
ρ	垂直于激光束传播方向的柱坐标(见 2 节)
ρ	分子的取向分布(见 3.4 节)
ρ	电磁能量密度(见 7.1 节)
σ	吸收截面
σ_m	分波矢
σ_{ik}	张力
τ	延迟时间

τ	复合时间(见 3.5、3.6 节)
τ_d	阻尼时间
τ_D	扩散衰减时间
τ_f	荧光衰减时间(见 5.6 节)
τ_g	光栅衰减时间(见 5.5、5.6 节)
τ_m	浓度光栅的弛豫时间(见 3.8 节)
τ_{or}	取向衰减时间
τ_q	温度光栅的弛豫时间(见 3.7、3.8 节)
τ_r	材料激发的弛豫时间(见 7.6 节)
τ_s	单重态寿命
τ_w	宽度为 w 的温度分布的弛豫时间(见 3.7 节)
τ_0	延迟时间(见 7.5 节)
τ_0	平均振幅透射率(见 4 节)
τ_1	振幅透射率的空间振幅(见 4 节)
τ_1,τ_2	能级寿命(见 5 节)
φ	描述光栅位移的相位角(见 4 节)
ϕ	极坐标,给出分子方向的角度(见 3.4 节)
ϕ	光波的相位(见 7.5 节)
ϕ	相移(见第 2、4 章)
ϕ	光栅倾斜角度(见 3.6 节、第 4 章)
ϕ_m	衍射角
χ	极化率
$\chi^{(3)}$	三阶非线性极化率
ψ	参考波和衍射波之间的相移(见 2.4.5 节)
ω	圆频率(指数含义见正文)
Ω	拉比频率(见 3.3 节)
Ω	调制频率(见 3.7 节)
Ω	差频(见 4.7 节)
Ω_0	第二声频率(见 3.7 节)

单位和数学符号

单位

如果未另行说明,则使用国际单位制(MKSA 单位)。

温度以 K 为单位。

光强与电场强度振幅的关系为

$$I = E^2/2Z, Z = 波阻抗 = \sqrt{\mu\mu_0/\varepsilon\varepsilon_0}$$

数学符号

矢量采用黑体字(例如:$\boldsymbol{E}$ = 电场强度,$E = \boldsymbol{E}$ 的大小)

$\parallel$	平行
$\perp$	垂直
$\lvert \chi \rvert$	复数 χ 的绝对值
$\mathrm{Re}\{\chi\}$, $\mathrm{Im}\{\chi\}$	复数 χ 的实部,虚部
χ^*	χ 的复共轭

参考文献

第 1 章

[1.1] O. Wiener: Ann. Phys. (Leipzig)**40**, 203 (1890);

M. Born, E. Wolf: *Principles of Optics* (Pergamon, Oxford 1975) p. 279

[1.2] G. Lippmann: Compt. Rend. Seanc. Acad. Sci. Paris **112**, 274 (1891); **114**, 124 (1892)

[1.3] D. Gabor: Nature (London) **161**, 77 (1948);

E. N. Leith, J. Upatnieks: J. Opt. Soc. Am. **53**, 1377 (1963);

R. J. Collier, C. B. Burkhardt, L. H. Lin: *Optical Holography* (Academic, New York, 1971);

H. J. Eichler: *Bergman-Schaefer*, *Lehrbuch der Exp.-phys. Band III*, Optik (de Gruyter, Berlin 1974) p. 422;

H. J. Caulfield: *Handbook of Optical Holography* (Academic, New York 1979)

[1.4] H. M. Smith: *Holographic Recording Materials*, Topics Appl. Phys., Vol. 20 (Springer, Berlin, Heidelberg 1977)

[1.5] B. Ya. Zel'dovich, N. F. Philipetsky, V. V. Shkunov: *Principles of Phase Conjugation*, Springer Ser. Opt. Sci., Vol. 42 (Springer, Berlin, Heidelberg 1985)

[1.6] P. Debye, F. W. Sears: Proc. Nat. Acad. Sci. **18**, 409 (1932);

R. Lucas, P. Biquard: J. Phys. Rad. **3**, 464 (1932)

[1.7] H. Haken, H. Sauermann: Z. Phys. **173**, 261 (1963);

See H. Haken: *Laser Theory* (Springer, Berlin, Heidelberg 1984)

[1.8] C. L. Tang, H. Statz, G. de Mars: J. Appl. Phys. **34**, 2289 (1963)

[1.9] J. M. Green, J. P. Hohimer, F. K. Tittel: Opt. Commun. **7**, 349 (1973);

H. W. Schroeder, L. Stein, D. Froehlich, B. Fugger, H. Welling: Appl. Phys. **14**, 377 (1977);

See also W. Demtroeder: *Laser Spectroscopy*, Springer Ser. Chem. Phys., Vol. 5

（Springer, Berlin, Heidelberg 1981）

[1.10] H. Boersch, H. J. Eichler: Z. Angew. Phys. **22**, 378 (1967)

[1.11] N. Bloembergen: *Nonlinear Optics* (Benjamin, New York 1977);

S. A. Akhmanov, N. I. Koroteev: "Nonlinear Optical Techniques in Spectroscopy of Light Scattering", in Series *Problems in Modern Physics* (Nauka, Moscow 1981) (in Russian);

Y. R. Shen: *The Principles of Nonlinear Optics* (Wiley, New York 1984)

[1.12] W. Kaiser, M. Maier: "Stimulated Rayleigh, Brillouin and Raman Spectroscopy", in *Laser Handbook*, Vol. 2, ed. by F. T. Arechi, E. O. Schulz-Dubois (North-Holland, Amsterdam 1972)

[1.13] I. P. Batra, R. H. Enns, D. W. Pohl: Phys. Status Solidi (b) **48**, 11(1971)

[1.14] R. Figgins: Contemp. Phys. **12**, 283(1971)

[1.15] Y. R. Shen: Rev. Mod. Phys. **48**, 1(1976)

[1.16] N. Bloembergen, G. Bret, P. Lallemand, A. S. Pine, P. Sinowa: IEEE J. QE, **3**, 197 (1967)

[1.17] M. Denariez, G. Bret: Phys. Rev. **171**, 1601(1968)

[1.18] D. W. Pohl, M. Maier, W. Kaiser: Phys. Rev. Lett. **20**, 366 (1968);

D. W. Pohl, I. Reinhold, W. Kaiser: Phys. Rev. Lett. **20**, 1461(1968);

W. Rother, D. W. Pohl, W. Kaiser: Phys. Rev. Lett. **22**, 915 (1969);

D. W. Pohl: Phys. Rev. Lett. **23**, 711(1969)

[1.19] H. J. Eichler, G. Salje, H. Stahl: J. Appl. Phys. **44**, 5383 (1973);

See also H. J. Eichler, G. Enterlein, P. Glozbach, J. Munschau, H. Stahl: Appl. Opt. **11**, 372(1972)

[1.20] D. W. Pohl, S. E. Schwarz, V. Irniger: Phys. Rev. Lett. **31**, 32 (1973)

[1.21] J. P. Woerdman, B. Boelger: Phys. Lett. **30A**, 164(1969);

J. P. Woerdman: Philips Res. Rep. Suppl. No.7 (1971)

[1.22] D. W. Phillion, D. J. Kuizenga, A. E. Siegmann: Appl. Phys. Lett. **27**, 85(1975)

[1.23] R. Y. Chiao, P. L. Kelley, E. Garmire: Phys. Rev. Lett. **17**, 1158 (1966);

R. L. Carman, R. Y. Chiao, P. L. Kelley: Phys. Rev. Lett. **17**, 1281 (1966)

[1.24] H. J. Gerritsen, E. G. Ramberg, S. Freeman: *Proc. Symp. Mod. Opt.*, ed. by J. Fox (Polytechnic Press, New York 1967) p.109

[1.25] B. I. Stepanov, E. V. Ivakin, A. S. Rubanov: Sov. Phys.-Dokl. **16**, 46 (1971)

[1.26] B. Ya. Zel'dovich, V. I. Popovichev, V. V. Ragul'skii, F. S. Farsullov: JETP Lett. **16**, 435(1972)

[1.27] A. Yariv: Appl. Phys. Lett. **28**, 88 (1967);

See also A. Yariv: J. Opt. Soc. Am. **66**, 301(1976)

[1.28] R. W. Hellwarth: J. Opt. Soc. Am. **67**, 1(1977)

[1.29] J. Feinberg: Opt. Lett. **5**, 330(1980)

[1.30] P. Günter: Opt. Lett. **7**, 10(1982)

[1.31] R. A. Fisher (ed.): *Optical Phase Conjugation* (Academic, New York 1983)

[1.32] D. M. Pepper (ed.): Special Issue on Nonlinear Optical Phase Conjugation, Opt. Eng. **21**, 2 (1982)

[1.33] P. Günter: Phys. Rept. **93**, 199 – 299 (1982)

第 2 章

[2.1] See, for instance, F. T. Arechi, E. O. Schulz-Dubois (eds.): *Laser Handbook*, Vol. 1 (North-Holland, Amsterdam 1972);

M. Sargent III, M. O. Scully, W. E. Lamb Jr.: *Laser Physics* (Addison-Wesley, Reading, MA 1974);

O. Svelto: *Principles of Lasers*, 2nd ed. (Plenum, New York 1982);

H. Haken: *Laser Theory* (Springer, Berlin, Heidelberg 1984)

[2.2] D. B. Brayton: Appl. Opt. **13**, 2346 (1974)

[2.3] A. E. Siegman: J. Opt. Soc. Am. **67**, 545(1977)

[2.4] C. V. Shank, R. L. Fork, F. Beisser: Laser Focus **19**, 59 (1983)

[2.5] W. Born, E. Wolf: *Principles of Optics*, 6th ed. (Pergamon, London 1980)

[2.6] J. P. Woerdman: Philips Res. Rep. Suppl. No. 7 (1971);

See also J. P. Woerdman: Opt. Commun. **2**, 212 (1970)

[2.7] See, for instance, R. M. Gagliardi, S. Karp: *Optical Communications* (Wiley, New York 1976)

[2.8] D. W. Pohl: IBM J. Res. Devel. **23**, 604(1979)

[2.9] For an introduction to laser velocimetry, see, for example, T. S. Durrani, C. A. Greated: *Laser systems in flow measurements*, (Plenum, New York 1977);

F. Durst, A. Melling, J. H. Whitelaw: *Principles and Practice of Laser-Doppler-anemometry* (Academic, New York 1975)

[2.10] See, for example, E. O. Schulz-Du Bois (ed.): *Photon Correlation Techniques*, Springer Ser. Opt. Sci., Vol. 38(Springer, Berlin, Heidelberg 1983)

[2.11] D. W. Phillion, D. J. Kuizenga, A. E. Siegman: Appl. Phys. Lett **27**, 85(1975)

[2.12] D. W. Pohl: Phys. Lett. **77A**, 53 (1980)

[2.13] R. L. Carman, R. Y. Chiao, P. L. Kelley: Phys. Rev. Lett. **17**, 1281(1966);

F. Gires: CR Acad. Sci., Ser. B, **266**, 596(1968);

M. E. Mack: Appl. Phys. Lett. **12**, 329 (1968) and Phys. Rev. Lett. **22**, 13(1969)

[2.14] K. O. Hill: Appl. Opt. **10**, 1695 (1971)

[2.15] D. W. Pohl, I. Reinhold, W. Kaiser: Phys. Rev. Lett. **20**, 1141 (1968);

W. Rother, D. W. Pohl, W. Kaiser: Phys. Rev. Lett. **22**, 915(1969);

W. Rother, H. Meyer, W. Kaiser: Z. Naturforsch. A, **25**, 1136(1970);

W. Rother: Z. Naturforsch. A, **25**, 1120 (1970);

W. Rother, W. Meyer, W. Kaiser: Phys. Lett. **31A**, 245(1970)

[2.16] S. A. Akhmanov, N. I. Koroteev: Sov. Phys. Usp. **20**, 899 (1978);

A. Krumins, P. Günter: Appl. Phys. **19**, 153(1979);

P. Günter: Phys. Rept. **93**, 199 - 299 (1982)

[2.17] H. Fery: Ph. D. Thesis, Technische Universitaet Berlin, (1975) D 83;

See also H. J. Eichler: Opt. Acta **24**, 631 (1977);

Z. Vardeny, J. Tauc: Opt. Commun. **39**, 396(1981)

[2.18] C. Allain, H. Z. Cummins, P. Lallemand: J. Physique **39**, L - 473(1978)

[2.19] D. W. Pohl, S. Schwarz: Phys. Rev. Lett. **31**, 32(1973)

[2.20] J. A. Armstrong, N. Bloembergen, J. Ducuing, P. S. Pershan: Phys. Rev. **127**, 1918 (1962)

第 3 章

[3.1] E. I. Shtyrkov: Opt. Spektr. **45**, 603(1978)

[3.2] E. I. Shtyrkov, V. S. Lobkov, N. G. Yarmukhametov: JETP Lett. **27**, 648(1978)

[3.3] E. I. Shtyrkov, N. L. Nevelskaya, V. S. Lobkov, N. G. Yarmukhametov: Phys. Status Solidi (b) **98**, 473(1980);

Further related work: E. I. Shtyrkov, V. S. Lobkov, S. A. Moiseev, N. G. Yarmukhametov: Sov. Phys. JETP **54**, 1041(1981)

[3.4] R. H. Pantell, H. E. Puthoff: *Fundamentals of Quantum Electronics* (Wiley, New York 1969) p. 56

[3.5] T. W. Mossberg, R. Kachru, S. R. Hartmann, A. M. Flusberg: Phys. Rev. A**20**, 1976 (1979)

[3.6] E. Courtens: In *Laser Handbook*, Vol. 2 (North-Holland, Amsterdam 1972) p. 1259

[3.7] T. W. Mossberg, R. Kachru, E. Whittaker, S. R. Hartmann: Phys. Rev. Lett. **43**, 851 (1979)

[3.8] C. V. Heer, R. L. Sutherland: Phys. Rev. A**19**, 2026 (1979)

[3.9] W. H. Hesselink, D. A. Wiersma: Phys. Rev. Lett. **43**, 1991(1979)

[3.10] C. V. Heer, N. C. Griffin: Opt. Lett. **4**, 241(1979)

[3.11] T. Yajmia, Y. Taira: J. Phys. Soc. Jap. **47**, 1620(1979)

[3.12] N. V. Kukhtarev, T. I. Semenets: Qantovaja Elektronika **7**, 1721(1980)

[3.13] P. Aubourg, J. P. Bettini, G. P. Agarwal, P. Cottin, D. Guerin, O. Meunier, J. L. Boulnois: Opt. Lett. **6**, 383(1981)

[3.14] J. F. Lam, D. G. Steel, R. A. Mc Farlane, R. C. Lind: Appl. Phys. Lett. **38**, 977 (1981)

[3.15] J. P. Woerdman, M. F. H. Schuurmans: Opt. Lett. **6**, 239(1981)

[3.16] R. W. Ditchburn: *Light* (Academic, London 1976) p. 735;
C. Kunz (ed.): *Synchrotron Radiation*, Topics Current Phys., Vol. 10 (Springer, Berlin, Heidelberg 1979) p. 172

[3.17] M. Schubert, B. Wilhelmi: *Einführung in die Nichtlineare Optik*, Teil II (B. G. Teubner Verlagsgesellschaft, Leipzig 1971)

[3.18] H. Boersch, H. J. Eichler: Z. Angew. Phys. **22**, 378 (1967)

[3.19] T. H. Maiman, R. H. Hoskins, I. T. D'Haenens, C. K. Asawa, V. Evtuhov: Phys. Rev. **123**, 1151 (1961)

[3.20] O. C. Cronemeyer: J. Opt. Soc. Am. **56**, 1703 (1964)

[3.21] W. Koechner: *Solid-State Laser Engineering*, Springer Ser. Opt. Sci., Vol. 1 (Springer, New York 1976)

[3.22] K. C. Kiang, J. G. Stephany, F. C. Unterleitner: IEEE J. QE-**1**, 295 (1966)

[3.23] T. Kushida: J. Phys. Soc. Jap. **21**, 1331 (1966)

[3.24] A. M. Bonch-Bruevich, T. K. Razumova, Ya. A. Imas: Opt. Spectr. **20**, 575 (1966)

[3.25] A. Szabo: Opt. Commun. **12**, 366(1974)

[3.26] W. M. Fairbank, G. K. Klauminzer, A. L. Schawlow: Phys. Rev. B**11**, 60(1975)

[3.27] I. S. Gorban, G. L. Kononchuk: Opt. Spect. **17**, 478 (1964)

[3.28] N. K. Belskii, D. A. Mukhamedova: Sov. Phys.-Doklady **9**, 798 (1965)

[3.29] H. Weber: „Das Emissionsverhalten des gepulsten Rubinlasers", Habilitationsschrift, Technische Universität Berlin (1967)

[3.30] D. Pohl: Phys. Lett. **26A**, 357 (1968)

[3.31] P. F. Liao, D. M. Bloom: Opt. Lett. **3**, 5(1978)

[3.32] H. J. Eichler, P. Glozbach, B. Kluzowski: Z. Angew. Phys. **28**, 303 (1970)

[3.33] H. J. Eichler, J. Eichler, J. Knof, C. H. Noack: Phys. Status Solidi **52**, 481 (1979)

[3.34] D. S. Hamilton, D. Heiman, I. Feinberg, R. W. Hellwarth: Opt. Lett. **4**, 124 (1979)

[3.35] P. F. Liao, L. M. Humphrey, D. M. Bloom, S. Geschwind: Phys. Rev. B**20**, 4145 (1979)

[3.36] P. E. Jessop, A. Szabo: Phys. Rev. Lett. **45**, 1712 (1980)

[3.37] S. Chu, H. M. Gibbs, S. L. Me Call, A. Passner: Phys. Rev. Lett. **45**, 1715 (1980)

[3.38] K. O. Hill: Appl. Opt. **10**, 1695 (1959)

[3.39] J. R. Saicedo, A. E. Siegmann, D. D. Dlott, M. D. Fayer: Phys. Rev. Lett. **41**, 131 (1978)

[3.40] Ch. M. Lawson, R. C. Powell, W. Zwicker: Phys. Rev. Lett. **46**, 1020(1981)

[3.41] A. Tomita: Appl. Phys. Lett. **34**, 463(1979)

[3.42] H. Park, W. H. Steier: IEEE J. QE-**17**, 581 (1981)

[3.43] L. F. Mollenauer: "Color Center Lasers", in Methods of Appl. Phys., Vol. 15, Quantum Electronics, ed. by C. L. Tang (Academic, New York 1979)

[3.44] R. C. Duncan, D. L. Staebler: "Inorganic photochromic materials", in Holographic Recording Materials, ed. by H. M. Smith, Topics Appl. Phys., Vol. 20 (Springer, Berlin, Heidelberg 1977)

[3.45] J. M. Wiesenfeld, L. F. Mollenauer, E. I. Ippen: Phys. Rev. Lett. **47**, 1668 (1981)

[3.46] H. J. Gerritsen, E. G. Ramberg, S. Freeman: "Image Processing with nonlinear optics", in *Proc. Symp. Modern Optics*, ed. by J. Fox (Polytechnic, New York 1967)

[3.47] H. J. Eichler, B. Kluzowski: Z. Angew. Phys. **27**, 4 (1969)

[3.48] M. E. Mack: Phys. Rev. Lett. **22**, 13 (1969); See also Appl. Phys. Lett. **12**, 329 (1968)

[3.49] E. I. Shtyrkov: ZhETF Pis. Red. **12**, 92 (1970)

[3.50] H. J. Eichler, G. Enterlein, J. Munschau, H. Stahl: Z. Angew. Phys. **31**, 1 (1971)

[3.51] R. I. Scarlet: Phys. Rev. A**6**, 2281 (1972)

[3.52] H. J. Eichler, G. Enterlein, P. Glotzbach, J. Munschau, H. Stahl: Appl. Opt. **11**, 372 (1972)

[3.53] H. E. Lessing, A. von Jena: "Continuous picosecond spectroscopy of dyes", in *Laser Handbook*, Vol. 3, ed. by M. L. Stitch (North-Holland, Amsterdam 1979)

[3.54] D. W. Phillion, D. J. Kuizenga, A. E. Siegman: Appl. Phys. Lett. **27**, 85 (1975)

[3.55] D. Langhans: „Untersuchungen an transienten laserinduzierten Gittern im

Pikosekundenbereich", Dissertation. Universität Berlin (1980)

[3.56] A. von Jena, H. E. Lessing: Opt. and Quant. Electr. **11**, 419 (1979)

[3.57] A. von Jena: Appl. Phys. B**26**, 1 (1981)

[3.58] Y. Silberberg, I. Bar-Joseph: IEEE J. QE-**17**, 1967 (1981)

[3.59] T. Todorov, L. Nikolova, N. Tomova, V. Dragostinova: Opt. and Quant. Electr. **13**, 209 (1981)

[3.60] D. Magde: IEEE J. QE-**17**, 489 (1981)

[3.61] N. Wiese: „Absorptions- und Brechungsindexänderungen bei der Erzeugung lichtinduzierter Gitter in Farbstofflösungen", Diplomarbeit, Technische Universität Berlin (1984), to be published

[3.62] R. L. Fork, B. I. Greene, C. V. Shank: Appl. Phys. Lett. **38**, 671 (1981)

[3.63] J. Vaitkus, K. Jarasiunas: Sov. Phys. Coll. **19**, 32 (1979)

[3.64] A. Miller, D. A. B. Miller, S. D. Smith: Adv. Phys. **30**, 697 (1981)

[3.65] R. K. Jain: Opt. Eng. **21**, 199 (1982)

[3.66] J. P. Woerdman: Philips Res. Repts. Suppl. 7 (1977)

[3.67] H. Haug: Festkörperprobleme, Vol. 22, 149 (Vieweg, Braunschweig 1982);
J. P. Löwenau, S. Schmitt-Rink, H. Haug: Phys. Rev. Lett. **49**, 1511 (1982)

[3.68] D. A. B. Miller, D. S. Chemla, D. J. Eilenberger, P. W. Smith, A. C. Gossard, W. T. Tsang: Appl. Phys. Lett. **41**, 679 (1982)

[3.69] J. P. Woerdman, B. Bölger: Phys. Lett. **30A**, 164 (1969)

[3.70] J. P. Woerdman: Phys. Lett. **32A**, 305 (1970)

[3.71] J. P. Woerdman: Opt. Commun. **2**, 212 (1970)

[3.72] S. G. Odulov, I. I. Peschko, M. S. Soskin: Ukr. Fiz. Zh. **21**, 1870 (1976)

[3.73] V. L. Vinetskii, N. V. Kukhtarev, S. G. Odulov, M. S. Soskin: Sov. Phys. Techn. Phys. **22**, 729 (1977);
V. L. Vinetskii, T. E. Zaporozkets, N. V. Kukhtarev, A. S. Matvichuck, M. S. Soskin, G. A. Kholodar: Ukr. Fiz. Zh. **22**, 729 (1977)

[3.74] K. Jarasiunas, J. Vaitkus: Phys. Status Solidi (a) **44**, 793 (1977)

[3.75] E. Gaubas, K. Jarasiunas, J. Vaitkus: Phys. Status Solidi (a) **69**, K87 (1982)

[3.76] R. K. Jain, M. B. Klein: Appl. Phys. Lett. **35**, 454 (1979)

[3.77] R. K. Jain, M. B. Klein, R. C. Lind: Opt. Lett. **4**, 328 (1979)

[3.78] H. J. Eichler, F. Massmann: J. Appl. Phys. **53**, 3237 (1982)

[3.79] F. A. Hopf, A. Tonita, T. Liepmann: Opt. Commun. **37**, 72 (1981)

[3.80] E. W. van Stryland, A. L. Smirl, Th. F. Bogess, M. J. Soileau, B. S. Wherett, F. A.

Hopf: In *Picosecond Phenomena* III, ed. by K. B. Eisenthal, R. M. Hochstrasser, W. Kaiser, A. Laubereau, Springer Ser. Chem. Phys., Vol. 23 (Springer, Berlin, Heidelberg 1982) pp. 368 – 371

[3.81] C. J. Kennedy, J. C. Matter, A. L. Smirl, H. Weichel, F. A. Hopf, S. V. Pappu, M. O. Scully: Phys. Rev. Lett. **32**, 419 (1974)

[3.82] C. V. Shank, D. H. Auston: Phys. Rev. Lett. **34**, 479 (1975)

[3.83] J. R. Lindle, S. C. Moss, A. L. Smirl: Phys. Rev. B**20**, 2401(1979)

[3.84] A. L. Smirl, Th. F. Bogess, F. A. Hopf: Opt. Commun. **34**, 463 (1980)

[3.85] S. C. Moss, J. R. Lindle, H. J. Mackey, A. L. Smirl: Appl. Phys. Lett. **39**, 227 (1981)

[3.86] A. L. Smirl, S. C. Moss, J. R. Lindle: Phys. Rev. B**25**, 2645 (1982)

[3.87] Th. F. Bogess, A. L. Smirl, B. S. Wherett: Opt. Commun. **43**, 128 (1982)

[3.88] A. L. Smirl, Th. F. Bogess, B. S. Wherett, G. P. Perryman, A. Miller: Phys. Rev. Lett. **49**, 933 (1982)

[3.89] B. S. Wherett, A. L. Smirl, Th. F. Bogess: IEEE J. QE – **19**, 680 (1983)

[3.90] A. L. Smirl, Th. F. Bogess, B. S. Wherett, G. P. Perryman, A. Miller: IEEE J. QE – **19**, 690 (1983)

[3.91] T. A. Wiggins, A. Salik: Appl. Phys. Lett. **25**, 438 (1974);

T. A. Wiggins, J. A. Bellay, A. H. Carriere: Appl. Opt. **17**, 526 (1978)

[3.92] R. M. Herman, C. L. Chin, E. Young: Appl. Opt. **17**, 520(1978)

[3.93] Yu. Vaitkus, E. Gaubas, K. Yarashyunas: Sov. Phys. Solid State **20**, 1824(1978)

[3.94] D. J. Ehrlich, S. R. J. Brueck, J. Y. Tsao: Appl. Phys. Lett. **41**, 630 (1982)

[3.95] C. A. Hoffman, K. Jarasiunas, H. J. Gerritsen, A. V. Nurmikko: Appl. Phys. Lett. **33**, 536 (1978);

K. Jarasiunas, C. A. Hoffman, H. J. Gerritsen, A. V. Nurmikko: In *Picosecond Phenomena*, ed. by C. V. Shank, E. P. Ippen, S. L. Shapiro, Springer Ser. Chem. Phys., Vol. 4 (Springer, Berlin, Heidelberg 1978) p. 327

[3.96] J. Hegarty, M. D. Sturge, A. C. Gossard, W. Wiegmann: Appl. Phys. Lett. **40**, 132 (1982)

[3.97] J. G. Mendoza-Alarez, F. D. Nunes, N. B. Patel: J. Appl. Phys. **51**, 4365(1980)

[3.98] J. P. van der Ziel: IEEE J. QE – **17**, 60 (1981)

[3.99] A. Olsson, C. L. Tang: Appl. Phys. Lett. **39**, 24 (1981)

[3.100] C. H. Henry, R. A. Logan, K. A. Bertness: J. Appl. Phys. **52**, 4457 (1981)

[3.101] Y. C. Chen, G. M. Carter: Appl. Phys. Lett. **41**, 307 (1982)

[3.102] B. Jensen: IEEE J. QE - **18**, 1361 (1982)

[3.103] T. A. Wiggins, J. R. Qualey: Appl. Opt. **18**, 960 (1979)

[3.104] D. A. B. Miller, R. G. Harrison, A. M. Johnston, C. T. Seaton, S. D. Smith: Opt. Commun. **32**, 478 (1980)

[3.105] D. R. Dean, R. J. Collins: J. Appl. Phys. **44**, 5455 (1973)

[3.106] P. A. Apanasevich, A. A. Afanase'ev: Sov. Phys. Solid State **18**, 570 (1976)

[3.107] K. Jarasiunas, H. J. Gerritsen: Appl. Phys. Lett. **33**, 190 (1978)

[3.108] A. Borshch, M. Brodin, V. Volkov, N. Kukhtarev: Opt. Commun. **35**, 287 (1980)

[3.109] A. Borshch, M. Brodin, V. Volkov, N. Krupa: Kvant. Elektr. **7**, 1557 (1980)

[3.110] A. Borshch, M. Brodin, N. Orchar, S. Odulov, M. Soskin: JETP Lett. **18**, 397 (1973)

[3.111] H. J. Eichler, Ch. Hartig, J. Knof: Phys. Status Solidi (a) **45**, 433 (1978)

[3.112] S. G. Odulov, E. N. Salkova, L. G. Sukhoverkkova, N. M. Krokvets, G. S. Pekar, M. K. Sheinman: Ukr. Fiz. Zh. **21**, 1720 (1976)

[3.113] A. Maruani, D. J. S. Chemla, E. Batifol: Solid State Commun. **33**, 805 (1980)

[3.114] K. Jarasiunas, J. Vaitkus: Phys. Status Solidi (a) **23**, K19 (1974)

[3.115] J. Vaitkus, Y. Vishchakas, K. Jarasiunas: Sov. J. Quant. Elektron. **5**, 1125 (1976)

[3.116] R. Baltrameyunas, J. Vaitkus, K. Jarasiunas: Sov. Phys. Semicond. **10**, 572 (1976)

[3.117] V. Krementskii, S. Odulov, M. Soskin: Phys. Status Solidi (a) **51**, K63 (1979) and **57**, K71 (1980)

[3.118] R. K. Jain, D. G. Steel: Appl. Phys. Lett. **37**, 1 (1980)

[3.119] R. K. Jain, D. G. Steel: Opt. Commun. **43**, 72 (1982)

[3.120] M. A. Khan, P. W. Kruse, J. F. Ready: Opt. Lett. **5**, 261 (1980)

[3.121] A. Maruani, J. L. Qudar, E. Batifol, D. S. Chemla: Phys. Rev. Lett. **41**, 1372 (1978)

[3.122] A. Maruani: IEEE J. QE - **16**, 558 (1980)

[3.123] Y. Aoyagii, Y. Segawa, S. Nomba: Phys. Rev. B**25**, 1453 (1982)

[3.124] A. Ashkin, G. D. Boyd, J. M. Dziedzic, R. G. Smith, A. A. Ballman, H. J. Levinstein, K. Nassau: Appl. Phys. Lett. **9**, 72 (1966)

[3.125] F. S. Chen, J. T. La Machia, D. B. Frazer: Appl. Phys. Lett. **13**, 223 (1968)

[3.126] D. von der Linde, A. M. Glass: Appl. Phys. **8**, 85 (1975)

[3.127] D. L. Staebler: "Ferroelectric Crystals", in *Holographic Recording Materials*, Topics Appl. Phys., Vol. 20, ed. by H. M. Smith (Springer, Berlin, Heidelberg 1977)

[3.128] P. Günter: Phys. Rept. **93**, 199 (1982)

[3.129] V. M. Fridkin: *Photoferroelectrics*, Springer Ser. Solid-State Sci., Vol. 9 (Springer, Berlin, Heidelberg 1979) p. 115

[3.130] M. G. Moharam, T. K. Gaylord, R. Magnusson: J. Appl. Phys. **50**, 5642 (1979)

[3.131] N. V. Kukhtarev, V. B. Markov, S. G. Odulov, M. S. Soskin, V. L. Vinetskii: Ferroelectrics **22**, 949 (1979)

[3.132] J. Feinberg, D. Heiman, A. R. Tanguay Jr., R. W. Hellwarth: J. Appl. Phys. **51**, 1297 (1980)

[3.133] J. P. Huignard, J. P. Herriau, G. Rivet, P. Günter: Opt. Lett. **5**, 102(1980)

[3.134] A. Marrakchi, J. P. Huignard, P. Günter: Appl. Phys. **24**, 131 (1981)

[3.135] J. P. Huignard, A. Marrakchi: Opt. Commun. **38**, 249 (1981)

[3.136] H. P. Huignard, A. Marrakchi: Opt. Lett. **6**, 622 (1981)

[3.137] F. M. Küchel, H. J. Tiziani: Opt. Commun. **38**, 17 (1981)

[3.138] P. Günter: Ferroelectrics **22**, 671 (1978)

[3.139] P. Günter, F. Micheron: Ferroelectrics **18**, 27 (1978)

[3.140] A. Krumins, P. Günter: Appl. Phys. **19**, 153 (1979)

[3.141] A. E. Krumins, P. Günter: Phys. Status Solidi **55**, K185 (1979)

[3.142] P. Günter, A. Krumins: Appl. Phys. **23**, 199 (1980)

[3.143] A. Krumins, P. Günter: Phys. Status Solidi (a) **63**, K111 (1981)

[3.144] T. K. Gaylord, T. A. Rabson, F. K. Tittel, C. R. Quick: Appl. Opt. **12**, 414 (1973)

[3.145] P. Shah, T. A. Rabson, F. K. Tittel, T. K. Gaylord: Appl. Phys. Lett. **24**, 130 (1974)

[3.146] N. J. Berg, B. J. Udelson, J. N. Lee: Appl. Phys. Lett. **31**, 555 (1977)

[3.147] C. T. Chen, D. M. Kim, D. von der Linde: IEEE J. QE-**16**, 126 (1980)

[3.148] J. P. Hermann, J. P. Herriau: Appl. Opt. **20**, 2173 (1981)

[3.149] L. K. Lam, T. Y. Chang, J. Feinberg, R. W. Hellwarth: Opt. Lett. **6**, 475 (1981)

[3.150] R. Orlowski, E. Krätzig: Solid State Commun. **27**, 1351 (1978)

[3.151] E. Krätzig, F. Welz, R. Orlowski, V. Doorman, M. Rosenkranz: Solid State Commun. **34**, 817 (1980)

[3.152] R. Orlowski, L. B. Boatner, E. Krätzig: Opt. Commun. **35**, 45 (1980)

[3.153] R. Orlowski: Phys. Bl. **37**, 365 (1981)

[3.154] V. F. Belinicher, B. I. Sturman: Sov. Phys. Usp. **23**, 199 (1980)

[3.155] R. E. Aldrich, S. L. Hou, M. L. Harvill: J. Appl. Phys. **42**, 493 (1971)

[3.156] S. Feinleib, D. S. Oliver: Appl. Opt. **11**, 2752 (1972)

[3.157] J. P. Huignard, F. Micheron: Appl. Phys. Lett. **29**, 591 (1976)

[3.158] I. P. Kaminow, E. H. Turner: "Linear Electrooptical Materials", in *Handbook of Lasers*, ed. by R. J. Pressley (Chemical Rubber, 1971)

[3.159] P. Günter: Opt. Commun. **41**, 83 (1982)

[3.160] P. Günter: Opt. Lett. **7**, 10 (1982)

[3.161] P. Günter: Opt. Commun. **11**, 285 (1974)

[3.162] S. G. Odulov: JETP Lett. **35**, 10 (1982)

[3.163] H. Vorman, E. Krätzig: Solid State Commun. **49**, 843 (1984)

[3.164] D. von der Linde, A. M. Glass, K. F. Rodgers: Appl. Phys. Lett. **26**, 22 (1975)

[3.165] D. von der Linde, A. M. Glass, K. F. Rodgers: Appl. Phys. Lett. **25**, 155 (1974)

[3.166] D. von der Linde. A. M. Glass, K. F. Rodgers: J. Appl. Phys. **47**, 217 (1976)

[3.167] G. C. Valley: IEEE J. QE-**19**, 1637 (1983)

[3.168] L. D. Landau, E. M. Lifshitz: *Fluid Mechanics* (Pergamon, Oxford 1963) Chap. 51

[3.169] D. W. Pohl, S. E. Schwarz, V. Irniger: Phys. Rev. Lett. **31**, 32 (1973)

[3.170] W. Chan, P. S. Pershan: Phys. Rev. Lett. **39**, 1368 (1977)

[3.171] M. Chester: Phys. Rev. **131**, 2013 (1963);

E. W. Prohofsky, J. A. Krummhansl: Phys. Rev. **133**, A1411 (1964);

R. A. Guyer, J. A. Krummhansl: Phys. Rev. Lett. **148**, 766 (1966)

[3.172] D. W. Pohl, V. Irniger: Phys. Rev. Lett. **36**, 480 (1976)

[3.173] D. W. Pohl: Solid State Commun. **23**, 447 (1977)

[3.174] R. K. Wehner, R. Klein: Physica **62**, 5161 (1972)

[3.175] D. W. Pohl: Phys. Rev. Lett. **43**, 143 (1979)

[3.176] H. Hervet, W. Urbach, F. Rondelerz: J. Chem. Phys. **68**, 2725 (1978)

[3.177] K. Thyagarajan, P. Lallemand: Opt. Commun. **26**, 54 (1978)

[3.178] D. W. Pohl: Phys. Lett. **77A**, 53 (1980)

[3.179] P. Y. Key, R. G. Harrison, V. I. Little, J. Katzenstein: IEEE J. QE-**6**, 641 (1970)

[3.180] R. G. Harrison, P. Y. Key, V. I. Little: Proc. R. Soc. Lond. A. **334**, 193 (1973)

[3.181] R. G. Harrison, P. Y. Key, V. I. Little: Proc. R. Soc. Lond. A. **334**, 215 (1973)

[3.182] S. D. Durbin, S. M. Arakelian, Y. R. Shen: Opt. Lett. **7**, 145 (1982)

[3.183] D. Veletskas, I. Kapturauskas, R. Baltrameyunas: Sov. Phys. Tech. Phys. **27**, 263 (1982)

[3.184] S. A. Akhmanow, R. V. Khokhlov, A. P. Sukhornkov: "Self-Focussing, Self-Defocussing and Self-Modulation of Laser Beams", in *Laser Handbook*, Vol.2, ed. by F. T. Arecchi, E. O. Schulz-Dubois (North-Holland, Amsterdam 1982) p. 1151

[3.185] P. P. Ho, R. R. Alfano: Phys. Rev. A**20**, 2170 (1979)

[3.186] T. Y. Chang: Opt. Eng. **20**, 220 (1981)

[3.187] E. Gaubas, K. Jarasunas, J. Vaitkus: Sov. Phys. Collect. **21**, 56 (1981)

[3.188] J. Vaitkus, M. Pyatravskas, K. Yarashyunas: Sov. Phys. Tech. Semic. **16**, 650 (1982)

[3.189] D. J. Hagan, H. A. MacKenzie, H. A. AlAttar, W. Y. Firth: Opt. Lett. **10**, 187 (1985)

[3.190] Yu. Vaitkus, E. Gaubas, E. V. Ivakin, S. I. Mironmko, A. S. Rubanov, K. Yarashyunas: Sov. Quant. Electr. **13**, 856 (1983)

[3.191] H. Kalt, V. G. Lyssenko, R. Renner, C. Klingshirn: Solid State Comm. **51**, 675 (1984); JOSA **B2**, 1188 (1985)

[3.192] H. Kalt, V. G. Lyssenko, K. Bohnert, C. Klingshirn: J. Luminesc. **31**, **32**, 861 (1985)

[3.193] J. Vaitkus, H. J. Gerritsen, K. Jarashunas, R. Baltrameunas: JOSA **70**, 616 (1980)

[3.194] I. Rückmann, K. Jarasunas, E. Gaubas: Phys. Status Solidi (b) **128**, 627 (1985)

第 4 章

[4.1] H. P. Yuen, J. H. Shapiro: Opt. Lett. **4**, 334 (1979)

[4.2] T. K. Gaylord, M. G. Moharam: Appl. Phys. B**28**, 1(1982)

[4.3] R. Petit (ed.): *Electromagnetic Theory of Gratings*, Topics Curr. Phys. Vol. 22 (Springer, Berlin, Heidelberg 1980)

[4.4] L. Solymar, D. J. Cooke: *Volume Holography and Volume Grating* (Academic, London 1981)

[4.5] B. Benlarbi, P. St. J. Rusell, L. Solymar: Appl. Phys. B**28**, 63 (1982)

[4.6] R. Magnusson, T. K. Gaylord: Opt. Commun. **28**, 1 (1979)

[4.7] E. G. Loewen, M. Neviere, D. Maystre: Appl. Opt. **16**, 2711 (1977)

[4.8] M. J. Hayford: Photonics Spectra (April 1982)

[4.9] H. Kogelnik: Bell Syst. Tech. J. **48**, 2909 (1969)

[4.10] H. J. Eichler: *Adv. Solid State Phys.* **18**, 241 (Vieweg, Braunsehweig 1978)

[4.11] P. St. J. Rusell, L. Solymar: Appl. Phys. **22**, 335 (1980)

[4.12] V. L. Vinetskii, N. V. Kukhtarev, S. G. Odulov, M. S. Soskin: Sov. Phys. Vsp. **22**, 742 (1979)

[4.13] R. H. Enns, S. S. Rangnekar: Can. J. Phys. **52**, 99 and 562 (1974)

[4.14] H. J. Eichler, G. Enterlein, J. Munschau, H. Stahl: Z. Angew. Phys. **31**, 1 (1971)

[4.15] D. L. Staebler, J. J. Amodei: J. Appl. Phys. **43**, 1042 (1972)

[4.16] V. L. Vinetskii, N. V. Kukhtarev, M. S. Soskin: Sov. J. Quant. Electr. **7**, 230 (1977)

[4.17] N. Bloembergen: In *Laser Spectroscopy IV*, ed. by H. Walther and K. W. Rothe, Springer Ser. Opt. Sci., Vol. 21 (Springer, Berlin, Heidelberg 1979) p.340

[4.18] N. Bloembergen: *Nonlinear Optics* (Benjamin, New York 1965);
E. Yablonowitch, N. Bloembergen, J. J. Wynne: Phys. Rev. B**10**, 4447 (1974);
M. D. Levenson, N. Bloembergen: Phys. Rev. B**10**, 4447 (1974)

[4.19] P. D. Maker, R. W. Terhune: Phys. Rev. A**137**, 801 (1965)

[4.20] A. Yariv: IEEE J. QE-**14**, 650 (1978); and QE-**15** 524 (1979);
J. O. White, A. Yariv: Opt. Eng. **21**, 224 (1982)

[4.21] R. L. Abrams, R. C. Lind: Opt. Lett. **2**, 94 (1978)

[4.22] R. G. Caro, M. C. Gower: IEEE J. QE-**18**, 1376 (1982)

[4.23] D. G. Steel, R. C. Lind, J. F. Lam, C. R. Giuliano: Appl. Phys. Lett. **35**, 376 (1979)

[4.24] D. K. Saldin, T. Wilson, L. Solymar: J. Opt. Soc. Am. **72**, 1179 (1982)

[4.25] M. Ducloy: *Adv. Solid State Phys.* 22, 35 (Vieweg, Braunschweig 1982)

[4.26] J. H. Marburger, J. F. Lam: Appl. Phys. Lett. **35**, 249 (1979)

[4.27] J.-C. Diels, W.-C. Wang: Appl. Phys. B**26**, 105 (1981)

[4.28] R. C. Shockley: Opt. Commun. **38**, 221 (1981)

[4.29] Y. Silberberg, I. Bar-Joseph: IEEE J. QE-**17**, 1967 (1981)

[4.30] R. C. Shockley: Appl. Phys. Lett. **40**, 930 (1982)

[4.31] P. F. Liao, D. M. Bloom, N. P. Economou: Opt. Lett. **2**, 58 (1978)

[4.32] R. C. Lind, D. G. Steel, M. B. Klein, R. L. Abrams, C. R. Giuliano: Appl. Phys. Lett. **34**, 457 (1979)

[4.33] D. G. Steel, J. F. Lam: Opt. Lett. **4**, 363 (1979)

[4.34] Y. Silberberg, I. Bar-Joseph: Opt. Commun. **39**, 265 (1981)

[4.35] J. L. Ferrier, Z. Wu, X. Nguyen Phu, G. Rivoire: Opt. Commun. **41**, 207 (1982)

[4.36] N. S. Vorobiev, I. S. Ruddock, R. Illingworth: Opt. Commun. **41**, 216 (1982)

[4.37] R. K. Jain, M. B. Klein: Appl. Phys. Lett. **35**, 454 (1979)

[4.38] N. Kukhtarev, S. Odoulov: Opt. Commun. **32**, 183 (1980)

[4.39] P. Günter: Phys. Rept. **93**, 199 (1982)

[4.40] Y. H. Ja: Opt. Commun. **41**, 159 (1982)

[4.41] J. Feinberg: Opt. Lett. **7**, 486 (1982)

[4.42] M. Cronin-Goulomb, B. Fischer, J. O. White, A. Yariv: IEEE J. QE-**20**, 12(1981)

[4.43] D. E. Watkins, J. F. Figueira, S. J. Thomas: Opt. Lett. **5**, 169 (1980)

[4.44] K. Ujihara: Opt. Commun. **42**, 1 (1982)

[4.45] B. Y. Zel'dovich, N. F. Pilipetsky, V. V. Shkunov: *Principles of Phase Conjugation*, Springer Ser. Opt. Sci., Vol. **42** (Springer, Berlin, Heidelberg 1985)

[4.46] D. M. Pepper, R. L. Abrams: Opt. Lett. **3**, 212 (1978)

[4.47] G. P. Agrawal, C. Flytzanis, R. Frey, F. Pradere: Appl. Phys. Lett. **38**, 492 (1981)

[4.48] J.-L. Oudar, Y. R. Shen: Phys. Rev. A**22**, 1141 (1980)

[4.49] D. G. Steel, R. C. Lind, J. F. Lam: Phys. Ref. A**23**, 2513 (1981)

[4.50] Peixian Ye, Y. R. Shen: Phys. Rev. A**25**, 2183 (1982)

[4.51] J. F. Lam, R. L. Abrams: Phys. Rev. A**26**, 1539 (1982)

[4.52] A. E. Siegmann: Appl. Phys. Lett. **30**, 21 (1977);

R. Trebino, A. E. Siegmann: Appl. Phys. B**28**, 250 (1982)

[4.53] H. J. Eichler: Optica Acta **24**, 631 (1977)

[4.54] V. N. Mahajan, J. D. Gaskill: J. Appl. Phys. **45**, 2799 (1974)

[4.55] M. D. Levenson: Physics Today **3**, 44 (1977);

W. M. Tolles, J. W. Nibler, R. McDonald, A. B. Harvey: Appl. Spectr. **31**, 253 (1977)

[4.56] C. Flytzanis: In *Quantum Electronics*, ed. by H. Rubin and C. L. Tang (Academic, New York 1975) Vol. 1

[4.57] Y. R. Shen: Rev. Mod. Phys. **48**, 1(1976)

第 5 章

[5.1] H. J. Eichler, Ch. Hartig, J. Knof: Phys. Status Solidi(a) **45**, 433(1978)

[5.2a] D. W. Phillion, D. J. Kuizenga, A. E. Siegmann: Appl. Phys. Lett. **27**, 85 (1975);

[5.2b] A. E. Siegmann: Appl. Phys. Lett. **20**, 21 (1977)

[5.3] T. Yajima: Opt. Commun. **14**, 378 (1975);

T. Yajima, H. Souma, Y. Ishida: Opt. Commun. **18**, 150 (1976); Phys. Rev. A**17**, 309 and 324 (1978);

T. Yajima: J. Phys. Soc. Japan **44**, 948(1978)

[5.4] H. Eichler, G. Salje, H. Stahl: J. Appl. Phys. **44**, 5383 (1973);

H. Eichler, G. Enterlein, P. Glozbach, J. Munschau, H. Stahl: Appl. Opt. **11**, 372 (1972)

[5.5] D. W. Pohl, S. E. Schwarz, V. Irniger: Phys. Rev. Lett. **31**, 32 (1973)

[5.6] H. E. Jackson, C. T. Walker: Phys. Rev. B3, 1428 (1971);

T. F. McNelly, S. J. Rogers, D. J. Channin, R. J. Rollefson, W. M. Gouban, G. E. Schmidt, J. A. Krumhansl, R. O. Pohl: Appl. Phys. Lett. 24, 100 (1970)

[5.7] A comprehensive list of references on the extended second-sound literature can be found in H. Beck, P. F. Meier, A. Thellung: Phys. Status Solidi A24, 11(1974), and in the papers of the previous reference

[5.8a] D. W. Pohl, S. E. Schwarz: Phys. Rev. B7, 2735 (1973);

[5.8b] D. W. Pohl: IBM J. Res. Develop. 23, 604 (1979)

[5.9] See, e.g., L. D. Landau, E. M. Lifshitz: *Statistical Physics* (Pergamon, Oxford, 1980), 67

[5.10] H. J. Eichler, J. Knof: Appl. Phys. 13, 209 (1977)

[5.11] D. W. Pohl: Proc. 3rd Intern. Conf. on Light Scattering in Solids, ed. by M. Balkanski, R. C. C. Leite, and S. P. S. Porto (Flammarion, Paris 1976);

D. W. Pohl, V. Irniger: Phys. Rev. Lett. 36, 480 (1976)

[5.12] W. Urbach, H. Hervet, F. Rondelez: Mol. Cryst. Liq. Cryst. 46, 209 (1978);

F. Rondelez, W. Urbach, H. Hervet: Phys. Rev. Lett. 41, 1058 (1978)

[5.13] D. W. Pohl: Appl. Phys. Lett. 43,143 (1979)

[5.14] See, e.g., the reviews of R. O. Pohl and G. L. Salinger: Annals N.Y. Acad. Sci. 279, 150 (1976), or S. Hunklinger, W. Arnold: in *Physical Acoustics*, Vol. 12 (Academic, New York 1976)

[5.15] C. Cohen: Phys. Rev. B13, 866 (1976)

[5.16] P. A. Fleury, K. B. Lyons: Phys. Rev. Lett. 36, 1188 (1976)

[5.17] J. A. Cowen, C. Allain, P. Lallemand: J. Physique Lett. 37, 313 (1976)

[5.18] R. D. Mountain: J. Res. Nat. Bur. Stand. 70A, 207 (1966) and 72A, 95 (1968)

[5.19] W. Chan, P. S. Pershan: Phys. Rev. Lett. 39, 1368 (1977)

[5.20] See, e. g., T. Riste (ed.): *Fluctuations, Instabilities, and Phase Transitions* (Plenum, New York 1975)

[5.21] C. Allain, H. Z. Cummins, P. Lallemand: J. Physique Lett. 39, L475 (1978)

[5.22] J. P. Boon, C. Allain, P. Lallemand: Phys. Rev. Lett. 43,199 (1979)

[5.23] W. Marine, J. Marfaing, F. Salvan: J. Physique Lett. 44, L271 (1983)

[5.24] K. Thyagarayan, P. Lallemand: Opt. Commun. 26, 54 (1978)

[5.25] D. W. Pohl: Phys. Lett. 77A, 53 (1980)

[5.26] A. W. Lowen, O. K. Rice: Trans. Faraday Soc. 59, 2723 (1963)

[5.27] E. Guelari, A. F. Collings, R. L. Schmidt, C. J. Pings: J. Chem. Phys. 56, 6169

（1972）

[5.28] H. Hervet，W. Urbach，F. Rondelez：J. Chem. Phys. **68**，2725 (1978)

[5.29] F. Rondelez：Solid State Commun. **14**，815 (1974)

[5.30] J. F. Wesson，H. Takezoe，H. Yu：J. Appl. Phys. **53**，6513 (1982)

[5.31] H. Hervet，L. Leger，F. Rondelez：Phys. Rev. Lett. **42**，1681 (1979)

[5.32] N. Nemoto，M. R. Landry，I. Noh，H. Yu：Polym. Commun. **25**，141(1984)

[5.33] D. G. Miles，P. D. Lamb，K. W. Rhee，C. S. Johnson：J. Phys. Chem. **87**，4815
      (1983)；

      K. W. Rhee，D. A. Gabriel，C. S. Johnson：J. Phys. Chem. **88**，4010 (1984)；

      K. W. Rhee，J. Shibata，A. Barish，D. A. Gabriel，C. S. Johnson：**88**，394

[5.34] H. Kim，T. Chang，H. Yu：J. Phys. Chem.，**88**，3946

[5.35] J. A. Wesson，I. Noh，T. Kitano，H. Yu：Macromolec. **17**，783 (1984)

[5.36] A. Korpel，R. Adler，B. Alpiner：Appl. Phys. Lett. **5**，86 (1964)

[5.37] D. E. Caddes，C. F. Quate，C. D. W. Wilkinson：In *Proc. Symp. on Modern Optics*
      (Polytechnic Press，Brooklyn 1967) p. 219

[5.38] R. E. Lee，R. M. White：Appl. Phys. Lett. **12**，12 (1968)

[5.39] D. C. Auth：Appl. Phys. Lett. **16**，521 (1970)

[5.40] G. Cachier：Appl. Phys. Lett. **17**，419 (1970)

[5.41] H. Eichler，H. Stahl：Opt. Commun. **6**，239 (1972)

[5.42] H. Eichler，H. Stahl：J. Appl. Phys. **44**，3429 (1973)

[5.43] E. V. Ivakin，A. M. Lazaruk，I. P. Petrovich，A. S. Rubanov：Kvant. Elektronika **4**，
      2421 (1977)

[5.44] F. V. Bunkin，M. I. Tribelskil：Sov. Phys. Usp. **23**，105 (1980)

[5.45] J. R. Salcedo，A. E. Siegman：IEEE J. QE－**15**，250 (1979)

[5.46] K. A. Nelson，M. D. Fayer：J. Chem. Phys. **72**，5205 (1980)

[5.47] K. A. Nelson，R. J. D. Miller，D. R. Lutz，M. D. Fayer：J. Appl. Phys. **53**，1144
      (1982)

[5.48] K. A. Nelson：J. Appl. Phys. **53**，6060 (1982)

[5.49] R. J. Miller，R. Casalegno，K. A. Nelson，M. D. Fayer：Chem. Phys. **72**，371 (1982)

[5.50] K. A. Nelson，R. Casalegno，R. J. D. Miller，M. D. Fayer：J. Chem. Phys. **77**，1144
      (1982)

[5.51] H. Stahl：„Untersuchungen an laserinduzierten Ultraschallwellen"，Dissertation，
      Technische Universität Berlin (1973)

[5.52] P. G. De Gennes：J. Physique Lett. **38**，1 (1977)

[5.53] M. Fermigier, E. Guyon, P. Jenffer, L. Petit: Appl. Phys. Lett. **36**, 361 (1980)

[5.54] M. Fermigier, P. Jenffer, J. C. Charmet, E. Guyon: J. Physique Lett. **41**, 519(1980)

[5.55] M. Fermigier, M. Cloitre, E. Guyon, P. Jenffer: J. Mecan. Theor. et Appl. **1**, 123 (1982)

[5.56] F. Durst, A. Melling, J. H. Whitelaw: *Principles and Practice of Laser Doppler Anemometry* (Academic, London 1976)

[5.57] G. Enterlein: Diplomarbeit, Optisches Institut, Technische Universität Berlin (1971)

[5.58] N. Wiese: Studienarbeit, Optisches Institut, Technische Universität Berlin (1982)

[5.59] D. H. Auston, C. V. Shank, P. Lefur: Phys. Rev. Lett. **35**, 1035(1976)

[5.60] B. Sermage, H. J. Eichler, J. P. Heritage, R. J. Nelson, N. K. Dutta: Appl. Phys. Lett. **42**, 259 (1983)

[5.61] H. J. Eichler, F. Massmann: J. Appl. Phys. **53**, 3237 (1982)

[5.62] J. P. Woerdman: Philips Res. Rep. Suppl. **7** (1971)

[5.63] K. Jarasiunas, J. Vaitkus: Phys. Stat. Sol. A**44**, 793 (1977)

[5.64] S. C. Moss, J. R. Lindle, H. J. Mackey, A. L. Smirl: Appl. Phys. Lett. **39**, 227 (1981)

[5.65] K. Jarasiunas, H. J. Gerritsen: Appl. Phys. Lett. **33**, 190 (1978)

[5.66] I. Broser, R. Broser, M. Rosenzweig: In *Landolt-Börnstein*, Vol. 176 (Springer, Berlin, Heidelberg 1982) p. 190

[5.67] C. A. Hoffmann, K. Jarasiunas, A. V. Nurmikko, H. J. Gerritsen: Appl. Phys. Lett. **33**, 536 (1980)

[5.68] C. A. Hoffmann, H. J. Gerritsen: J. Appl. Phys. **51**, 1603(1980)

[5.69] R. C. Powell, G. Blasse: "Energy Transfer in Concentrated Systems" in *Structure and Bonding*, Vol. 42 (Springer, Berlin, Heidelberg 1980)

[5.70] M. D. Fayer: Ann. Rev. Phys. Chem. **33**, 63 – 87 (1982)

[5.71] R. J. D. Miller, M. Pierre, M. D. Fayer: J. Chem. Phys. **78**, 5138 (1983)

[5.72] S. K. Lyo: Phys. Rev. B**3**, 3331 (1971)

[5.73] P. W. Anderson: Phys. Rev. **109**, 1492 (1958)

[5.74] H. J. Eichler, J. Eichler, J. Knof, Ch. Noack: Phys. Status Solidi (a) **52**, 481 (1979)

[5.75] D. S. Hamilton, D. Heiman, J. Feinberg, R. W. Hellwarth: Opt. Lett. **4**, 124 (1979)

[5.76] P. F. Liao, L. M. Humphrey, D. M. Bloom, S. Geschwind: Phys. Rev. B**20**, 4145 (1979)

[5.77] Ch. M. Lawson, R. C. Powell, W. K. Zwicker: Phys. Rev. Lett. **46**, 1020 (1981)

[5.78] J. R. Salcedo, A. E. Siegman, D. D. Dlott, M. D. Fayer: Phys. Rev. Lett. **41**, 131

(1978)

[5.79] P. Günter, F. Micheron: Ferroelectrics **18**, 27 (1978)

[5.80] R. Orlowski, E. Krätzig: Solid State Commun. **27**, 1351 (1978)

[5.81] A. Krumins, P. Günter: Appl. Phys. **19**, 153 (1979)

[5.82] P. Günter: Physics Rept. **93**, 199–299 (1982)

[5.83] F. Rondelez, H. Hervet, W. Urbach: Chem. Phys. Lett. **53**, 138 (1978)

[5.84] D. M. Burland, G. C. Bjorklund, D. C. Alvarez: J. Am. Chem. Soc. **102**, 7117 (1980)

[5.85] G. C. Bjorklund, D. M. Burland, D. C. Alvarez: J. Chem. Phys. **73**, 4321 (1980)

[5.86] D. M. Burland, Chr. Bräuchle: J. Chem. Phys. **76**, 4502 (1982)

[5.87] D. M. Burland: Acc. Chem. Res. **16**, 218 (1983)

[5.88] Chr. Bräuchle, D. M. Burland: Angew. Chem. Int. Ed. Engl. **22**, 582 (1983)

[5.89] J. R. Andrews, R. M. Hochstrasser: Chem. Phys. Lett. **76**, 207 (1980)

[5.90] H. J. Gerritsen, M. E. Heller: J. Appl. Phys. **38**, 2054 (1967)

[5.91] M. A. Cutter, P. Y. Key, V. I. Little: Appl. Opt. **13**, 1399 (1974); and **15**, 2954 (1976)

[5.92] W. Marine, J. Marfaing, F. Salvan: J. Physique Lett. **44**, 271 (1983)

[5.93] A. L. Dalisa, W. K. Zwicker, D. J. DeBitetto, P. Harnack: Appl. Phys. Lett. **17**, 208 (1970)

[5.94] R. M. Osgood, Jr., A. Sanchez-Rubio, D. J. Ehrlich, V. Daneu: Appl. Phys. Lett. **40**, 391 (1982)

[5.95] D. V. Podlenik, H. H. Gilgen, R. M. Osgood, A. Sanchez: Appl. Phys. Lett. **43**, 1083 (1983)

[5.96] M. Birnbaum: J. Appl. Phys. **36**, 3688 (1965)

[5.97] M. Siegrist, G. Kaech, F. K. Kneubühl: Appl. Phys. **2**, 45 (1973)

[5.98] J. F. Young, J. E. Sipe, J. S. Preston, H. M. vanDriel: Appl. Phys. Lett. **41**, 261 (1982)

[5.99] F. Keilmann, Y. H. Bai: Appl. Phys. A**29**, 9 (1982)

[5.100] Zhou Guosheng, P. M. Fauchet, A. E. Siegman: Phys. Rev. B**26**, 5366 (1982)

[5.101] S. R. J. Brueck, D. J. Ehrlich: Phys. Rev. Lett. **48**, 1678 (1982)

[5.102] D. J. Ehrlich, S. R. J. Brueck, J. Y. Tsao: Appl. Phys. Lett. **41**, 630 (1982)

[5.103] F. Keilmann: In *Surface Studies with Lasers*, ed. by F. R. Aussenegg, A. Leitner, M. E. Lippitsch, Springer Ser. Chem. Phys., Vol. 33 (Springer, Berlin, Heidelberg 1983)

[5.104] V. Butkus: Sov. Phys. Coll. **23**, No. 6 (1983)

241

[5.105] S. Komuro，Y. Aoyagi，Y. Segawa，S. Namba，A. Masuyama，H. Okamoto，Y. Hamakawa：Appl. Phys. Lett. **42**，79 (1983)

[5.106] T. Miyoshi，Y. Aoyagi，Y. Segawa，S. Namba，H. Okamoto，Y. Hamakawa：Jap. J. Phys. **22**，886 (1983)

[5.107] J. Vaitkus：Sov. Phys. Coll. **25**，No. 4 (1985)

第 6 章

[6.1] R. J. Collier，Ch. B. Burckhardt，L. H. Lin：*Optical Holography*（Academic，NewYork 1971)

[6.2] L. Solymar，D. J. Cooke：*Volume Holography and Volume Gratings*（Academic，London 1981)

[6.3] H. M. Smith：*Principles of Holography*（Wiley，New York 1975)

[6.4] W. T. Cathey：*Optical Information Processing and Holography*（Wiley，New York 1974)

[6.5] M. Françon：*Holographie*（Springer，Berlin，Heidelberg 1972)

[6.6] G. W. Stroke：*An Introduction to Coherent Optics and Holography*（Academic，New York 1969)

[6.7] H. M. Smith：*Holographic Recording Materials*，Topics Appl. Phys.，Vol. 20 （Springer，Berlin，Heidelberg 1977)

[6.8] H. Kogelnik：Bell Syst. Tech. J. **48**，2909 (1969)

[6.9] P. Günter：Physics Rept. **93**，199 (1982)

[6.10] H. Eichler：Z. Angew. Phys. **31**，1 (1971)

[6.11] J. W. Goodmann：*Introduction to Fourier Optics*（McGraw-Hill，New York 1968)

[6.12] J. P. Huignard，J. P. Herriau，T. Valentin：Appl. Opt. **16**，2796(1977)

[6.13] J. P. Huignard，J. P. Herriau：Appl. Opt. **16**，180(1977)

[6.14] A. Marrakchi，J. P. Huignard，J. P. Herriau：Opt. Commun. **34**，15 (1980)

[6.15] P. St. J. Russell：Appl. Phys. B**26**，37 and 89 (1981)

[6.16] J. C. Dainty：*Laser Speckle and Related Phenomena*，2nd ed.，Topics Appl. Phys.，Vol. 9 (Springer，Berlin，Heidelberg 1984)

[6.17] J. P. Huignard，J. P. Herriau，L. Pichon，A. Marrakchi：Opt. Lett. **5**，436 (1980)

[6.18] F. M. Küchel，H. J. Tiziani：Opt. Commun. **38**，17 (1981)

[6.19] J. Feinberg：Opt. Lett. **5**，330 (1980)

[6.20] J. P. Huignard，J. P. Herriau："Recent Advances in Holography"，SPIE Proc.，Vol.

215 (1980) p.178

[6.21] D. von der Linde, A. M. Glass: Appl. Phys. **8**, 88 (1975)

[6.22] O. N. Tufte, D. Chen: IEEE Spectrum **10**, 26 (1973)

[6.23] H. Kurz: Philips Tech. Rev. **37**, 109 (1977)

[6.24] H. Kurz: Optica Acta **24**, 463 (1977)

[6.25] J. D. Zook: Appl. Opt. **13**, 875 (1974)

[6.26] M. R. Latta, R. V. Pole: Appl. Opt. **18**, 2418 (1979)

[6.27] A. M. P. P. Leite, O. D. D. Soares, E. A. Ash: Optics and Acoustics **2**, 45 (1978)

[6.28] E. A. Ash, E. Seatford, O. Soares, K. S. Remington: Appl. Phys. Lett. **24**, 207 (1974)

[6.29] Yu, A. Bykovoky, A. V. Makovkin, V. L. Smirnov: Opt. Spectrosc. **37**, 579 (1984)

[6.30] H. Nishihara, S. Inohara, T. Suhara, J. Koyama: IEEE J. QE‐**11**, 794 (1975)

[6.31] G. Goldmann, H. H. Witte: Opt. & Quant. Electron. **9**, 75 (1977)

[6.32] H. J. Gerritsen, E. G. Ramberg, S. Freemann: *Symposium on Modern Optics* (Polytechnic Institute of Brooklyn 1967) p. 109

[6.33] G. Martin, R. W. Hellwarth: Appl. Phys. Lett. **34**, 371 (1979)

[6.34] P. Günter: Ferroelectrics **40**, 43 (1982)

[6.35] F. Laeri, T. Tschudi, H. Albers: Opt. Commun. **47**, 387 (1983)

[6.36] A. E. Krumins, P. Günter: Sov. J. Quantum Electron. **10**, 681 (1980)

[6.37] P. Refregier, L. Solymar, H. Rajbenbach, J.-P. Huignard: Electron. Lett. **20**, 656 (1984)

[6.38] V. Markov, S. Odulov, M. Soskin: Optics and Laser Techn. 95 (April 1979)

[6.39] J. P. Huignard, J. P. Herriau, F. Micheron: Appl. Phys. Lett. **26**, 256 (1975)

[6.40] J. P. Huignard, F. Micheron, E. Spitz: in *Optical Properties of Solids: New Developments*, ed. by B. O. Scraphin (North Holland, Amsterdam 1976) pp.851‐922

[6.41] J. P. Huignard, J. P. Herriau, F. Micheron: Ferroelectrics **11**, 393 (1976)

[6.42] C. S. Weaver, J. N. Goodmann: Appl. Opt. **5**, 1248 (1966)

[6.43] J. O. White, A. Yariv: Appl. Phys. Lett. **37**, 5 (1980)

[6.44] D. M. Pepper, J. Au Yeung, D. Fekete, A. Yariv: Opt. Lett. **3**, 7 (1978)

[6.45] N. D. Ustinov, L. N. Mateev: Soc. J. Quant. Electron. **7**, 1483 (1977)

[6.46] L. Pichon, J. P. Huignard: Opt. Commun. **36**, 277 (1981)

[6.47] R. W. Hellwarth: J. Opt. Soc. Am. **67**, 1 (1977)

[6.48] A. Yariv: IEEE J. QE‐**14**, 650 (1978)

[6.49] C. R. Giuliano: Phys. Today 27 – 34 (April 1981)

[6.50] B. Ya. Zel'dovich, N. F. Pilipetsky, V. V. Shkunov: *Principles of Phase Conjugation*, Springer Ser. Opt. Sci., Vol.42 (Springer, Berlin, Heidelberg 1985);

B. Ya. Zel'dovich, N. F. Pilipetskii, V. V. Shkunov: Sov. Phys. Usp. **25**, 713(1982)

[6.51] M. Ducloy: In *Festkörperprobleme*, Vol. 22 (Vieweg, Braunschweig 1982);

D. M. Pepper (ed.) Special issue on Nonlinear Optical Phase Conjugation, Optical Eng. **21**, (February 1982)

[6.52] R. A. Fischer (ed.) *Optical Phase Conjugation* (Academic, New York 1983)

[6.53] H. Kogelnik: Bell Syst. Tech. J. **44**, 2451 (1965);

E. N. Leith, J. Upatnieks: J. Opt. Soc. Am. **56**, 523 (1966);

J. P. Woerdman: Opt. Commun. **2**, 212 (1971);

B. Ya. Zel'dovich, V. I. Ragul'skii, F. S. Faizullov: Sov. Phys. JETP **15**, 109 (1972)

[6.54] W. T. Cathey: Proc. IEEE **56**, 340 (1968);

W. T. Cathey, C. L. Hayes, W. C. Davis, V. F. Pizzuro: Appl. Opt. **9**, 701 (1970)

[6.55] M. D. Levenson, K. M. Jonson, V. C. Hanchett, K. Chiang: J. Opt. Soc. Am. **71**, 737 (1981)

[6.56] M. D. Levenson: Opt. Lett. **5**, 182 (1980)

[6.57] J. Hubbard: J. Opt. Soc. Am. **71**, 1029 (1981)

[6.58] J. Feinberg, R. Hellwarth: Opt. Lett. **5**, 519 (1980) and Erratum, Opt. Lett. **6**, 257

[6.59] B. Fischer, M. Cronin-Golomb, J. O. White, A. Yariv, R. Neurgaonkar: Appl. Phys. Lett. **40**, 863 (1982)

[6.60] P. Günter: Opt. Lett. **7**, 10 (1982)

[6.61] A. Yariv: Appl. Phys. Lett. **28**, 88 (1976)

[6.62] G. C. Valley, G. J. Dunning: Opt. Lett. **9**, 513 (1983)

[6.63] T. R. O'Meara: Opt. Eng. **21**, 243 (1982)

[6.64] P. Günter, E. Voit, M. Z. Zha, H. Albers: Opt. Commun. **55**, 210 (1985)

[6.65] K. R. Mac Donald, J. Feinberg: J. Opt. Soc. Am. **73**, 548 (1983)

[6.66] S. M. Jensen, R. W. Hellwarth: Appl. Phys. Lett. **33**, 404 (1978)

[6.67] J. O. White, M. Cronin-Golomb, B. Fischer, A. Yariv: Appl. Phys. Lett. **40**, 450 (1982)

[6.68] M. Cronin-Golomb, B. Fischer, J. O. White, A. Yariv: Appl. Phys. Lett. **41**, 689 (1982)

[6.69] J. Feinberg: Opt. Lett. **7**, 486 (1982)

[6.70] J. Feinberg: J. Opt. Soc. Am. **72**, 46 (1982)

[6.71] D. M. Pepper, D. Fekete, A. Yariv: Appl. Phys. Lett. **33**, 41 (1978)

[6.72] J. Feinberg, G. D. Bacher: Opt. Lett. **9**, 420 (1984)

[6.73] B. J. Feldmann, I. J. Bigio, R. A. Fischer, C. R. Phipps Jr., D. E. Watkins, S. J. Thomas: Los Alamos Science **3** (Fall 1982)

[6.74] K. R. MacDonald, J. Feinberg: J. Opt. Soc. Am. **73**, 548 (1983)

[6.75] A. Litvinenko, S. Odulov: Opt. Lett. **9**, 68 (1984)

[6.76] J. F. Lam, W. P. Brown: Opt. Lett. **5**, 61 (1980)

第 7 章

[7.1] C. L. Tang, H. Statz, G. DeMars: J. Appl. Phys. **34**, 2289 (1963)

[7.2] S. E. Harris, O. P. McDuff: IEEE J. QE-**2**, 47 (1966)

[7.3] H. Eichler, P. Glozbach, B. Kluzowski: Z. Angew. Phys. **28**, 303-306(1970)

[7.4] H. G. Danielmeyer: J. Appl. Phys. **42**, 3125-3132 (1971)

[7.5] H. J. Eichler, J. Eichler: J. Appl. Phys. **45**, 4950 (1974)

[7.6] J. B. Hambenne, M. Sargent III: IEEE J. QE-**11**, 90 (1975)

[7.7] M. Sargent III: Appl. Phys. **9**, 127-141 (1976)

[7.8] D. Kühlke, R. Horak: Opt. Quant. Elect. **11**, 485-495 (1979)

[7.9] E. Kyrölä, R. Salomaa: Appl. Phys. **20**, 339-344 (1979)

[7.10] A. Bambini, R. Vallauri, R. Karamaliev: Phys. Rev. A**19**, 1673 (1979)

[7.11] H. Kressel, J. K. Butler: Semiconductor Laser and Heterojunction LED's (Academic, New York, 1977)

[7.12] B. W. Haki: J. Appl. Phys. **46**, 292 (1975)

[7.13] H. Kawaguchi, K. Takahei: IEEE J. QE-**16**, 706 (1980)

[7.14] H. Eichler, G. Schick, W. Wiesemann: IEEE J. QE-**11**, 168 (1975)

[7.15] D. Dammasch, H. J. Eichler, G. Schick: Rev. Bras. de Fisica **10**, 239 (1980)

[7.16] C. G. Aminoff, M. Kaivola: Appl. Phys. B**26**, 133 (1981)

[7.17] C. G. Aminoff, M. Kaivola: Opt. Commun. **37**, 133 (1981)

[7.18] R. L. Fork, B. I. Greene, C. V. Shank: Appl. Phys. Lett. **38**, 671 (1981)

[7.19] J.-C. Diels, J. J. Fontaine, I. C. McMichael, C. Y. Wang: Appl. Phys. B**28**, 172 (1982)

[7.20] R. G. Harrison, P. Key, V. I. Little, G. Magyar, J. Katzenstein: Appl. Phys. Lett. **13**, 253 (1968)

[7.21] J. Katzenstein, G. Magyar, A. C. Selden: Opto-Elec. **1**, 13 (1969)

[7.22] H. Kigelnick, C. V. Shank: Appl. Phys. Lett. **18**, 152 (1971)

[7.23] C. V. Shank, J. E. Bjorkholm, H. Kogelnik: Appl. Phys. Lett. **18**, 295 (1971)

[7.24] J. E. Bjorkholm, C. V. Shank: Appl. Phys. Lett. **20**, 3 (1972)

[7.25] J. E. Bjorkholm, C. V. Shank: IEEE J. QE‑**8**, 833 (1972)

[7.26] S. Chandra, N. Takendei, S. R. Hartmann: Appl. Phys. Lett. **21**, 144 (1972)

[7.27] A. N. Rubinov, T. Sh. Efendiev: Sov. J. Quant. Electron. **3**, 268 (1973)

[7.28] T. Sh. Efendiev, A. N. Rubinov: J. Appl. Spectrosc. **21**, 526 (1974)

[7.29] T. Sh. Efendiev, A. N. Rubinov: Sov. J. Quantum Electron. **2**, 858 (1975)

[7.30] J. S. Bakos, J. Füzessy, Zs. Sörlei, J. Szigeti: Phys. Lett. **50A**, 227 (1974)

[7.31] A. N. Rubinov, T. Sh. Efendiev, A. V. Adamushko, J. Bor: Optics Commun. **18**, 18 (1976)

[7.32] V. I. Vashchuk, K. F. Gorot', G. Yu. Kozak, N. N. Malykhina, E. A. Tikhonov: Sov. J. Quantum. Electron. **10**, 1006 (1981)

[7.33] M. Sargent III, W. H. Swantiner, J. D. Thomas: IEEE J. QE‑**16**, 465 (1980)

[7.34] A. N. Rubinov, T. Sh. Efendiev: Sov. J. Quantum Electron. **12**, 1539 (1982)

[7.35] Zs. Bor: Appl. Phys. **19**, 39 (1979)

[7.36] Zs. Bor: Opt. Commun. **29**, 103 (1979)

[7.37] Zs. Bor: IEEE J. QE‑**16**, 517 (1980)

[7.38] Zs. Bor, Alexander Müller, B. Racz, F. P. Schäfer: Appl. Phys. B**27**, 9 (1982)

[7.39] Zs. Bor, Alexander Müller, B. Racz, F. P. Schäfer: Appl. Phys. B**27**, 77 (1982)

[7.40] Zs. Bor, F. P. Schäfer: Appl. Phys. B**31**, 209 (1983)

[7.41] M. Gottlieb, C. L. M. Ireland, J. M. Ley: "Electro-optic and acousto-optic scanning and deflection" in *Optical Engineering*, Vol. 3 (Dekker, New York 1983)

[7.42] G. T. Sincerbox, G. Roosen: Appl. Opt. **22**, 690 (1983)

[7.43] G. Roosen, M.-T. Plantegenest: Opt. Commun. **47**, 358 (1983)

[7.44] J. P. Huignard, B. Ledu: Opt. Lett. **7**, 310 (1982)

[7.45] M. P. Petrov, S. V. Miridonov, S. I. Stepanov, V. V. Kulikov: Opt. Commun. **31**, 301(1979)

[7.46] M. P. Petrov, S. I. Stepanov, A. A. Kamshilin: Opt. Commun. **29**, 44 (1979)

[7.47] H. J. Gerritsen, E. G. Ramberg, S. Freeman: "Image processing with nonlinear optics" in *Proc. Symp. on Modern Optics* (Polytechnic Institute of Brooklyn, New York 1967) p.109

[7.48] D. M. Bloom, C. V. Shank, R. L. Fork, O. Teschke: In *Picosecond Phenomena*, ed. by C. V. Shank, E. P. Ippen, S. L. Shapiro, Springer Ser. Chem. Phys., Vol. 4

(Springer, Berlin, Heidelberg 1978) p. 372

[7.49] A. Morimoto, T. Kobayashi, T. Sueta: Jap. Appl. Phys. **20**, 1129 (1981)

[7.50] H. Vanherzeele, J. L. Van Eck: Appl. Opt. **20**, 524 (1981)

[7.51] J. G. Fujimoto, E. P. Ippen: Opt. Lett. **8**, 446 (1983)

[7.52] P. Günter: Phys. Rept. **93**, 199 (1982)

[7.53] M. Z. Zha, P. Günter: Opt. Lett. **10**, 187 (1985)

[7.54] P. Yeh: Optics Commun **45**, 323 (1983) and J. Opt. Soc. Am. **73**, 1268 (1983)

[7.55] Y. H. Ya: Optics and Quantum Electronics **14**, 574 (1982)

[7.56] D. M. Pepper, R. L. Abrams: Opt. Lett. **3**, 212 (1978)

[7.57] J. Nilsen, A. Yariv: Appl. Phys. **18**, 143 (1979)

[7.58] J. Nilsen, A. Yariv: J. Opt. Soc. Am. **71**, 180 (1981)

[7.59] L. K. Lam, R. W. Hellwarth: "A wide-angle narrow-band optical filter using phase-conjugation by four-wave mixing in a waveguide" 11th Intern. Quant. Electr. Conf. Boston, MA (1980); Ref. 6 in [7.60]

[7.60] J. Nilsen, N. S. Gluck, A. Yariv: Opt. Lett. **6**, 380 (1981)

[7.61] J. Nilsen, A. Yariv: Opt. Commun. **39**, 199 (1981)

[7.62] S. Saikan, H. Wakata: Opt. Lett. **6**, 281 (1981)

[7.63] D. Veleskas, K. Jarashiunas, P. Baltrameiunas, J. Vaitkus: Pisma, J. Teor. Fiz. **1**, 708 (1975)

[7.64] H. J. Eichler, U. Klein, D. Langhans: Appl. Phys. **21**, 215 (1980)

[7.65] H. J. Eichler, G. Enterlein, D. Langhans: Appl. Phys. **23**, 299 (1980)

[7.66] M. Born, E. Wolf: *Principles of Optics* (Pergamon, London 1970)

[7.67] M. Maier, W. Kaiser, J. A. Giordmaine: Phys. Rev. Lett. **17**, 1275 (1966)

[7.68] D. C. Champeney: *Fourier Transforms and their Physical Applications* (Academic, London 1973)

[7.69] D. L. Bradley: In *Ultrashort Light Pulses*, ed. by S. L. Shapiro, Topics Appl. Phys., Vol. 18 (Springer, Berlin, Heidelberg 1977) Chap. 2

[7.70] R. L. Fork, B. I. Greene, C. V. Shank: Appl. Phys. Lett. **38**, 671 (1981)

[7.71] E. P. Ippen, C. V. Shank: In *Ultrashort Light Pulses*, ed. by S. L. Shapiro, Topics Appl. Phys., Vol. 18 (Springer, Berlin, Heidelberg 1977) Chap. 3

[7.72] Ch. J. Kennedy, J. C. Matter, A. L. Smirl, H. Weiche, F. A. Hopf, S. V. Pappu: Phys. Rev. Lett. **32**, 419 (1974)

[7.73] C. V. Shank, D. H. Auston: Phys. Rev. Lett. **34**, 479 (1975)

[7.74] H. J. Eichler, U. Klein, D. Langhans: Appl. Phys. **21**, 215 (1980)

[7.75] Z. Vardeny, J. Tauc: Opt. Commun. **39**, 396 (1981)

[7.76] C. V. Shank, E. P. Ippen: Appl. Phys. Lett. **26**, 62 (1975)

[7.77] B: Wilhelmi, J. Herrmann: Kvantovaja Elektronika **7**, 1876 (1980)

[7.78] A. von Jena, H. E. Lessing: Appl. Phys. **19**, 131 (1979)

[7.79] D. Reiser, A. Laubereau: Appl. Phys. B**27**, 115 (1982)

[7.80] D. W. Phillion, D. J. Kuizenga, A. E. Siegmann: Appl. Phys. Lett. **27**, 85 (1975)

[7.81] D. Langhans: Dissertation, Technische Universität Berlin (1980)

[7.82] P. L. Liao, N. P. Economou, R. R. Freeman: Phys. Rev. Lett. **39**, 2473 (1977)

[7.83] P. F. Liao, D. M. Bloom, N. P. Economou: Appl. Phys. Lett. **32**, 813 (1978)

[7.84] J. P. Woerdman, M. F. H. Schuurmans: Opt. Lett. **6**, 239 (1981)

[7.85] J. F. Lam, D. G. Steel, R. A. McFarlane, R. C. Lind: Appl. Phys. Lett. **38**, 977 (1981)

[7.86] Y. Fukuda, K. Yamada, T. Hashi: J. Phys. Soc. Japan Lett. **48**, 1403 (1980)

[7.87] Y. Fukuda, K. Yamada, T. Hashi: J. Phys. Soc. Japan **50**, 592 (1981)

[7.88] Y. Fukuda, K. Yamada, T. Hashi: Optics Commun. **37**, 299 (1981)

[7.89] M. Kroll: Opt. Lett. **7**, 151 (1982)

[7.90] R. C. Lind, D. G. Steel, M. B. Klein, R. L. Abrams, C. R. Giuliano, R. K. Jain: Appl. Phys. Lett. **34**, 147 (1979)

[7.91] R. A. Fisher, B. J. Feldman: Opt. Lett. **4**, 140 (1979)

[7.92] D. G. Steel, R. C. Lind, J. F. Lam, C. R. Giuliano: Appl. Phys. Lett. **35**, 376 (1979)

[7.93] P. Aubourg, J. P. Bettini, G. P. Agrawal, P. Cottin, D. Guerin, O. Meunier, J. L. Boulnois: Opt. Lett. **6**, 383 (1981)

[7.94] G. P. Agrawal, A. van Lerberghe, P. Aubourg, J. L. Boulnois: Opt. Lett. **7**, 540 (1982)

[7.95] D. Bloch, M. Ducloy: J. Opt. Soc. Am. **73**, 635 (1983)

[7.96] J. F. Lam: Optical Engineering **21**, 219 (1982)

[7.97] M. Ducloy: "Nonlinear optical phase conjugation" in *Festkörperprobleme*, Vol. 22 (Vieweg, Braunschweig 1982) pp. 35 – 60

第 8 章

[8.1] T. Tamir(ed.): *Integrated Optics*, 2nd ed., Topics Appl. Phys., Vol. 7 (Springer, Berlin, Heidelberg 1982)

[8.2] R. G. Hunsperger: *Integrated Optics: Theory and Technology*, 2nd ed., Springer Ser.

Opt. Sci., Vol. 33 (Springer, Berlin, Heidelberg 1984)

[8.3] D. Casasent(ed.): *Optical Data Processing*, Topics Appl. Phys., Vol. 23 (Springer, Berlin, Heidelberg 1978)

[8.4] S. H. Lee (ed.): *Optical Information Processing*, Topics Appl. Phys., Vol. 48 (Springer, Berlin, Heidelberg 1981)

[8.5] H. J. Nussbaumer: *Fast Fourier Transform and Convolution Algorithm*, 2nd. ed., Springer Ser. Inf. Sci., Vol. 2 (Springer, Berlin, Heidelberg 1982)

[8.6] T. S. Huang (ed.): *Two Dimensional Digital Signal Processing I & II*, Topics Appl. Phys., Vol. 42 and 43 (Springer, Berlin, Heidelberg 1981)

[8.7] G. Mourou, D. M. Bloom, C.-H. Lee (eds.): *Picosecond Electronics and Optoelectronics*, Springer Ser. Electrophys., Vol. 21 (Springer, Berlin, Heidelberg 1985)

其他参考文献

近几年来，人们对动态光栅及其应用的兴趣迅速增长，发表了大量文章，这些文章仅部分包含在上述参考文献中。IEEE 量子电子学杂志将在一期关于动态光栅和四波混频(IEEE Journal of Quantum Electronics in a special issue on Dynamic Gratings and Four wave mixing)的特刊上发表对最新进展的研究，该特刊在 1986 年 8 月或随后几个月出版，下面列出其涵盖的主要议题，特刊将包含 500 多篇相关参考文献，包含在以下文章中。

四波混频与光栅理论

Enns，R. H.：Inverse scattering and the three-wave interaction in nonlinear optics

Fujimoto，J. F.，Yee，T. K.：Diagrammatic density matrix theory of transient four-wave mixing and the measurement of transient phenomena

Shen，Y. R.：Basic considerations of four-wave mixing and dynamic gratings

气体，液体，微乳胶，染料溶液

Freysz，E.，Claeys，W.，Ducasse，A.：Dynamic gratings induced by electrostrictive compression of critical microemulsions

Le Boiteux，S.，Simoneau，P.，Bloch，D.，De Oliveira，F. A. M.，Ducloy，M.：Saturation behaviour of resonant degenerate four-wave and multiwave mixing in the Doppler broadened regime：experimental analysis of a low-pressure Ne discharge

Scott，A. M.，Hazell，M. S.：High efficiency scattering in transient Brillouin enhanced four wave mixing

Todorov，T.，Nikolova，L.，Tomova，N.，Dragostinova，V.：Photo-induced anisotropy in rigid dye solutions for transient holography

液晶

Arakelian，S. M.，Chilingarian，Ju. S.：Dynamic self-diffraction effects in liquid crystals

Khoo, I. C.: Dynamic gratings and the associated self-diffraction and wave front conjugation processes in liquid crystals

Madden, P. A., Saunders, F. C., Scott, A. M.: Degenerate FWM in the isotropic phase of liquid crystals: the influence of molecular structure

半导体

Aoyagi, Y., Segawa, Y., Namba, S.: Study of the dynamics of excited states in CdS and CuCl by transient grating techniques

Baumert, R., Broser, I., Buschnik, K.: Nonlinearity in the refractive index due to an excitonic molecular resonance state in CdS

Bergner, H., Brückner, V., Supianek, M.: Ultrafast processes in silicon studied by transient gratings

Jarasiunas, K., Stomp, S., Sirmulis, E.: Transient gratings in InSb at two-photon excitation

Kalt, H., Renner, R., Klingshirn, C.: Resonant self-diffraction from dynamic laser-induced gratings in II – VI compounds

McKenzie, D. A., Hagan, D. J., AI-Attar, H. A.: Four-wave mixing in InSb

Shiren, N. S., Melcher, R. L., Kazyaka, T. G.: Multiple quantum phase conjugation in microwave acoustics

Vaitkus, J., Jarasiunas, K., Gaubas, E., Jonikas, L.: Diffraction of light by transient gratings in crystalline, ion-implanted and amorphous silicon

导波和注入激光结构的四波混频

Nakajima, H., Frey, R.: Collinear nearly degenerate four-wave mixing in intracavity amplifying media

Stegeman, G. I., Seaton, C. T., Karaguleff, C.: Degenerate four-wave mixing with guided waves

无机晶体：电子能量迁移

Morgan, G. P., Chen, S. Z., Yen, W. M.: Transient grating spectroscopy of LaP_5O_{14} : Nd^{3+}

Powell, R. C., Tyminski, J. K., Ghazzawi, A. M., Lawson, C. M.: Dynamics of population gratings in NdP_5O_{14}

光折变材料

Carrascosa, M., Agullo-Lopez, F.: Kinetics of optical erasure of sinusoidal holographic gratings in photorefractive materials

Jonathan, J. M. C., Hellwarth, R. W., Roosen, G.: Effect of applied electric fields on the buildup and decay of photorefractive materials

Miteva, M. G.: Some possibilities for improving the holographic recording characteristics in $Bi_{12}SiO_{20}$ monocrystals

Ringhofer, K. H., Rupp, R. A.: Light-induced scattering in photorefractive materials

表面光栅和固态相变

Marine, W., Mathiez, P.: Dynamics of laser annealing of amorphous Ge and GaAs films by the transient grating method

Siegman, A. E., Fauchet, P. M.: Stimulated Wood's anomalies on laser-illuminated surfaces

超快现象

Farrar, M. R., Cheng, Lap-Tak, Yan, Young-Xiu, Nelson, K. A.: Impulsive stimulated Brillouin scattering in KD_2PO_4 near the structural phase transition

Fayer, D.: Picosecond holographic grating generat ion of ultrasonic waves

Iadutilin, V. S.: Dynamic holography for ultrashort light pulses

Siegman, A. E., Fauchet, P. M.: Stimulated Wood's anomalies on laser-illuminated surfaces

Trebino, R., Barker, C. E., Siegman, A. E.: Tunable laser-induced gratings for the measurement of ultrafast phenomena

Vaitkus, J., Jarasiunas, K., Gaubas, E., Jonikas, L.: Diffraction of light by transient gratings in crystalline, ion-implanted and amorphous silicon

流体动力学和超声速研究

Charmet, J. C., Cloitre, M., Fermigier, M., Guyon, E., Jenffer, P., Limat, L., Petit, L.: Application of forced Rayleigh scattering to hydrodynamic measurements

Farrar, M. R., Cheng, Lap-Tak, Yan, Youg-Xiu, Nelson, K. A.: Impulsive stimulated Brillouin scattering in KD_2PO_4 near the structural phase transition

Fayer, D.: Picosecond holographic grating generation of ultrasonic waves

Shiren, N. S., Melcher, R. L., Karzyaka, T. G.: Multiple quantum phase conjugation in microwave acoustics

光化学

Burland, D. M.: Holographic methods for investigating solid state photochemistry

Deeg，F. W.，Pinsel，J.，Bräuehle，Chr.：New grating experiments in the study of irreversible photochemical reactions

Hochstrasser，R. M.，Myers，A. B.：Comparison of four-wave mixing techniques for studying orientational relaxation

相干光束放大

Tschudi，T.，Herden，A, Goltz，J.，Klumb，H.，Laeri，F.：Image amplification by two- und four-wave mixing in BaTiO₃ photorefractive crystals

Vinetskii，V. L.，Levskin，A. E.，Tomschik，P. M.，Chumnak，A. A：Theory of dynamic transformation of light beams by conduction eleetrons in semiconductors

具有动态光栅反馈的振荡器

Bor，Z.，Müller，A.：Picosecond distributed feedback dye lasers

Kwong，S. K.，Cronin-Golomb，M.，Yariv，A.：Oscillation with photorefractive gain

Onhayoun，M.，Guern，Y.：Laser mirror by degenerate four-wave mixing in a saturable absorber

替代技术和相关技术

Baumert，R.，Broser，I.，Buschnik，K.：Nonlinearity in the refractive index due to an excitonic molecular resonance state in CdS

Dorion，P.，Lalanne，J. R.，Pouligny，B.：Spatial Fourier spectrum analysis of an induced thermal lens：a complementary method to thermal dynamic gratings

Shiren，N. S.，Melcher，R. L.，Kazyaka，T. G.：Multiple quantum phase conjugation in microwave acoustics